市政工程专业人员岗位培训教材

质量检查员专业与实务

建设部 人事教育司 城市建设司 组织编写

中国建筑工业出版社

图书在版编目（CIP）数据

质量检查员专业与实务/建设部人事教育司 城市建设司组织编写. —北京：中国建筑工业出版社，2006
市政工程专业人员岗位培训教材
ISBN 978-7-112-08252-0

Ⅰ. 质… Ⅱ. 建… Ⅲ. 市政工程—工程质量—质量检验—技术培训—教材 Ⅳ. TU99

中国版本图书馆 CIP 数据核字（2006）第 051875 号

市政工程专业人员岗位培训教材
质量检查员专业与实务
建设部 人事教育司 城市建设司 组织编写
*
中国建筑工业出版社出版、发行（北京西郊百万庄）
各地新华书店、建筑书店经销
北京永峥印刷有限责任公司制版
北京建筑工业印刷厂印刷
*
开本：850×1168毫米 1/32 印张：$14\frac{3}{8}$ 字数：385千字
2006年7月第一版 2017年1月第十四次印刷
定价：**31.00**元
ISBN 978-7-112-08252-0
(20996)

本书包括的主要内容有：绪论、通用检验方法、道路工程、桥梁工程、排水及厂站工程、道路工程质量通病及防治、桥梁工程质量通病及防治、排水工程质量通病及防治等内容。本书介绍了工程中常用的施工工艺、检验方法以及近几年来日益广泛应用的新技术、新方法。内容全面、新颖，通俗易懂。本书可作为市政工程质量检查员培训教材，也可供市政工程质量检查员和施工工长使用。

* * *

责任编辑：胡明安　田启铭　姚荣华
责任设计：赵明霞
责任校对：张树梅　孙　爽

出版说明

为了落实全国职业教育工作会议精神，促进市政行业的发展，广泛开展职业岗位培训，全面提升市政工程施工企业专业人员的素质，根据市政行业岗位和形势发展的需要，在原市政行业岗位“五大员”的基础上，经过广泛征求意见和调查研究，现确定为市政工程专业人员岗位为“七大员”。为保证市政专业人员岗位培训顺利进行，中国市政工程协会受建设部人事教育司、城市建设司的委托组织编写了本套市政工程专业人员岗位培训系列教材。

教材从专业人员岗位需要出发，既重视理论知识，更注重实际工作能力的培养，做到深入浅出、通俗易懂，是市政工程专业人员岗位培训必备教材。本套教材包括8本：其中1本是市政工程专业人员岗位培训教材《基础知识》属于公共课教材；另外7本分别是：《施工员专业与实务》、《材料员专业与实务》、《安全员专业与实务》、《质量检查员专业与实务》、《造价员专业与实务》、《资料员专业与实务》、《试验员专业与实务》。

由于时间紧，水平有限，本套教材在内容和选材上是否完全符合岗位需要，还望广大市政工程施工企业管理人员和教师提出意见，以便使本套教材日臻完善。

本套教材由中国建筑工业出版社出版发行。

中国市政工程协会

2006年1月

市政工程专业人员
岗位培训系列教材编审委员会

前 言

市政工程质量检查工作，是市政工程质量管理工作的重要组成部分，是工程质量管理的重要手段。客观、准确、及时的质量检查是指导、控制和评定工程质量的科学依据。

市政工程质量通病是指工程中经常发生、普遍存在的一些工程质量问题。由于该类问题量大面广，因此对市政工程质量危害很大，是进一步提高工程质量的障碍。

近年来,随着我国城市建设工作的迅猛发展,新技术、新材料、新工艺不断涌现,对质量检查人员的业务水平、技术水平提出了更高的要求,然而,由于施工企业质量检查人员培训工作相对滞后,致使质量检查人员对工程中所使用的质量检验方法缺乏系统、全面的认识。

因此，本书在内容的选取及组织上，从需要出发，以工程中常用的施工工艺及检验方法和常见质量通病为主，同时涉及了近几年来日益广泛应用的新技术、工艺方法的检验项目。书中的检验方法以国家标准及行业标准为基础，同时借鉴了部分交通行业较为先进的工艺方法的检验项目。内容力求通用性强、使用面广、内容完整、简明实用。

本书由丁尚辉主编，参加编写的人员有：王显根、王明涛、辛猛。具体分工为：第一、二、三章由丁尚辉编写，第四章由王明涛编写，第五章由辛猛编写，第六、七、八章由王显根编写。

由于本书编写时间有限，加之内容涉及较广，限于编者水平，本书尚有不少缺点。我们热诚希望读者把使用中的问题和意见，随时告诉我们，以便今后补充修正。

编者

目　录

第一章 绪 论

一、质量检验的意义

质量问题是个战略问题，工程质量是工程建设中永恒的主题，它与人们的生活息息相关，是工程经济效益和社会效益的直接反映，也是一个企业生存、发展、壮大的基础。市政工程是建设工程的一个重要组成部分，其质量的优劣反映着一个城市建设的技术水平和管理水平。随着我国改革开放不断深入，国民经济飞速发展，城市市政建设日新月异，工程质量稳步提高，各地出现了一大批高质量高标准的工程。但就整体情况，工程质量水平仍然较低，质量事故也时有发生，给国家建设带来损失。

为提高市政工程质量，必须不断提高技术水平、管理水平和工作水平。为此，要健全检验机构，加强检验力量，改进检验方法和检验手段，采用相同的检验方法和取值方式来检测同一个项目，较为客观地反映工程质量水平，有利于进行质量评定对比，起到相互交流学习的作用。

二、检验方法的主要内容及依据

工程质量的形成是多种质量因素的反映，它贯穿于勘察、设计、施工、运行使用和维护管理的各个环节及全过程。市政工程质量检验，主要是对工程施工和成品的质量进行检验，因为一项工程质量的优劣是在施工生产过程中由一个工艺、一道程序、一种工法等逐步形成的。判定一个工程项目部位或单项工程的质量水平，则要通过质量检验，用检测获得的数据来反映。

市政工程中同一个项目的质量检验，可以有几种不同的检验方法、检验频率和取值方式，同一个检验部位就可以得出不同的质量特征值，由这些数值所评定的质量水平也不会一样。本检验方法主要根据部标《市政工程质量检验评定标准》中所规定的检验方法、检验频率、取样方法和取值方式，加以展开叙述。对一些国家标准要求而《市政工程质量检验评定标准》要求不足的项目，也予以补充。有些检查项目除规定的检验方法外，可能还有另外的检验方法，特别是目前引进了许多高科技手段，在此不做介绍，质量检查人员可自己学习掌握。

三、质量检验应注意的问题

质量检验是一项非常重要的工作，要做好质量检验工作，必须掌握正确的检验方法，只有方法正确才能从中获得完整、准确、可靠的质量特征数据，才能起到质量把关、预防和报告的职能。一名市政工程质量检查员，除具备必要的专业知识和实践经验外，质量检验方法和技能就是基本功，是必须掌握的。在学习这门课程时，首先要学懂各项检验方法的基本原理，熟悉它的适用范围和使用条件，掌握检验方法要领和操作步骤，学会如何按照规定和需要有计划地测定质量特征，并做好各项记录，同时要坚持理论联系实际。

通过工程质量检验会发现在实际施工过程中会出现一些偏差，这些偏差超过了标准所规定的数值，通常称为质量问题，这些质量问题在不同时期和不同的工程项目中均会出现，所以称为质量通病。本书通过对质量通病产生的原因进行分析，制定相应的预防措施。通过学习，有助于施工技术人员管理水平的提高，在工程施工过程中采取相应的措施避免质量问题的发生。

第二章　通用检验方法

第一节　压实度检验

一、压实度的概念

这里所述的压实度是指工程所用的土、石灰土、二灰碎石、水泥稳定碎石、碎石灰土、沥青碎石、沥青混凝土等经过压（夯、振）实后的干密度与最大干密度的比值，是相对密度。

市政工程中所涉及到的这些材料在结构中均需要有足够的强度，而压实度是衡量其强度的重要指标，压实度愈大其强度愈高，因此，在施工时必须严格控制压实度，确保压实度达到标准的要求。

二、土的最大干密度与最佳含水量的测定

土方工程是市政工程中常见的和基本的工程。为了有效控制土的压实度，国家有关标准、规范对不同工程部位的土方压实度指标都有明确规定。而压实度指标是相对最大干密度而言的，故必须测定土在最佳含水量时的最大干密度。土在最佳含水量时的最大干密度的测定，遵照《土工试验方法标准》GB/T50123—1999 的规定执行，测定的方法有轻型击实和重型击实。

三、击实试验

（一）适用范围

1. 本试验方法适用于在规定的试筒内，对各种土、级配碎石、水

泥稳定土及石灰稳定土进行击实试验，以绘制土骨料或稳定土的含水量-干密度关系曲线，从而确定其最佳含水量和最大干密度。

2. 本试验分轻型击实和重型击实。小试筒适用于粒径不大于25 mm的土，大试筒适用于粒径不大于38 mm的土。

（二）仪器设备

1. 标准击实仪（见图2-1和图2-2）。轻、重型试验方法和设备的主要参数应符合表2-1的规定。

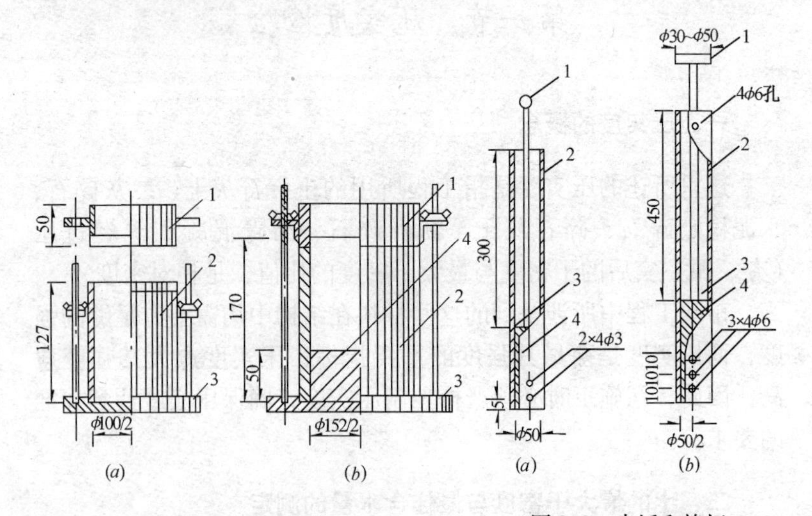

图2-1　击实筒

（a）小击实筒；（b）大击实筒

1—套筒；2—击实筒；3—底板；4—垫块

图2-2　击锤和捣杆

（a）2.5kg击锤（落高30cm）；

（b）4.5kg击锤（落高45cm）

1—提手；2—导筒；

3—硬橡皮垫；4—击锤

2. 烘箱及干燥器。

3. 天平：感量0.01g。

4. 台秤：称量10 kg，感量5 g。

5. 圆孔筛：孔径38 mm、25 mm、19 mm和5 mm各1个。

6. 拌合工具：400 mm × 600 mm、深70 mm的金属盘、土铲。

7. 其他：喷水设备、碾土器、盛土盘、量筒、推土器、铝盒、修土刀、平直尺等。

（三）试样

1. 干土法（土重复使用）将具有代表性的风干或在50℃温度下烘干的土样放在橡皮板上，用圆木棍碾散，然后过不同孔径的筛（视粒径大小而定）。对于小试筒，按四分法取筛下的土约3kg；对于大试筒，同样按四分法取样约6.5kg。估计土样风干或天然含水量，如风干含水量低于开始含水量太多时，可将土样铺于一不吸水的盘上，用喷水设备均匀地喷洒适当用量的水，并充分拌匀，闷料一夜备用。

2. 干土法（土不重复使用）按四分法至少准备5个试样，分别加入不同水分（按2%~3%含水量递增），拌匀后闷料一夜备用。

3. 湿土法（土不重复使用）对于高含水量土，可省略过筛步骤，用手捡除大于38 mm的粗石子即可，保持天然含水量的第一个土样，可立即用于击实试验，其余几个试样，将土分成小土块，分别风干，使含水量按2%~3%递减。

（四）试验步骤

1. 根据工程要求，按表2-1规定选择轻型或重型试验方法，根据土的性质（含易击碎风化石数量多少，含水量高低），按表2-2规定选用干土法（土重复或不重复使用）或湿土法。

击实试验方法种类　　表2-1

试验方法	类别	锤底直径（cm）	锤质量（kg）	落高（cm）	试筒尺寸			层数	每层击数	击实功（kJ/m^3）	最大粒径（mm）
					内径（cm）	高（cm）	容积（cm^3）				
轻型Ⅰ法	Ⅰ.1	5	2.5	30	10.0	12.7	977	3	27	598.2	25
	Ⅰ.2	5	2.5	30	15.2	12.0	2177	3	59	598.2	38
重型Ⅱ法	Ⅱ.1	5	4.5	45	10.0	12.7	977	5	27	2687.0	25
	Ⅱ.2	5	4.5	45	15.2	12.0	2177	3	98	2677.2	38

试料用量 **表2-2**

使用方法	类别	试筒内径（cm）	最大粒径（mm）	试料用量（kg）
干土法试样重复使用	a	10.0 10.0 15.2	5 25 38	3.0 4.5 6.5
干土法，试样不重复使用	b	10.0 15.2	至25 至38	至少5个试样，每个3.0 至少5个试样，每个6.0
湿土法，试样不重复使用	c	10.0 15.2	至25 至38	至少5个试样，每个3.0 至少5个试样，每个6.0

2. 将击实筒放在坚硬的地面上，取制备好的土样分3～5次倒入筒内。小筒按三层法时，每次约800～900g（其量应使击实后的试样等于或略高于筒高的1/3）；按五层法时，每次约400～500g（其量应使击实后的土样等于或略高于筒高的1/5）。对于大试筒，先将垫块放入筒内底板上，按五层法时，每层需试样约900g（细粒土）～1100g（粗粒土）；按三层法时，每层需试样1700g左右。整平表面，并稍加压紧，然后按规定的击数进行第一层土的击实，击实时击锤应自由垂直落下，锤迹必须均匀分布于土样面，第一层击实完后，将试样层面"拉毛"，然后再装入套筒，重复上述方法进行其余各层土的击实。小试筒击实后，试样不应高出筒顶面5mm，大试筒击实后，试样不应高出筒顶面6mm。

3. 用修土刀沿套筒内壁削刮，使试样与套筒脱离后，扭动并取下套筒，齐筒顶细心削平试样，拆除底板，擦净筒外壁，称量，准确至1g。

4. 用推土器推出筒内试样，从试样中心处取样测其含水量，计算至0.1%。测定含水量用试样的数量按表2-3规定取样（取出有代表性的土样）。两个试样含水量的精度应符合表2-4的规定。

测定含水量用试样的数量　　表 2-3

最大粒径（mm）	试样质量（g）	个数	最大粒径（mm）	试样质量（g）	个数
<5	15~20	2	约19	约250	1
约5	约50	1	约38	约500	1

含水量测定的允许平行偏差　　表 2-4

含水量（%）	允许平行偏差（%）	含水量（%）	允许平行偏差（%）
≤5	0.3	>40	≤2
≤40	≤1		

5. 对于干土法（土重复使用），将试样搓散，然后按本方法（三）进行洒水，拌合，但不需闷料，每次约增加2%~3%的含水量，其中有两个大于和两个小于最佳含水量，所需加水量按下式计算：

$$m_w = \frac{m_i}{1+0.01\omega_1} \times 0.01(\omega - \omega_1) \tag{2-1}$$

式中　m_w——所需的加水量（g）；

m_i——含水量 ω_1 时土样的质量（g）；

ω_1——土样原有含水量（%）；

ω——要求达到的含水量（%）。

按上述步骤进行其他含水量试样的击实试验。

对于干土法（土不重复使用）和湿土法，按本方法（三）所备各个试样，分别按上述步骤进行击实试验。

（五）结果整理

1. 按下式计算击实后各点的干密度（计算精确至0.01g/cm³）：

$$\rho_d = \frac{\rho_0}{1+w} \tag{2-2}$$

式中　ρ_d——干密度（g/cm^3）；

ρ_0——湿密度（g/cm^3）；

w——含水量（%）。

2. 以干密度为纵坐标，含水量为横坐标，绘制干密度与含水量的关系曲线（图2-3），曲线上峰值点的纵、横坐标分别为最大干密度和最佳含水量，如曲线不能绘出明显的峰值点，应进行补点或重做。

3. 按下式计算空气体积等于零的等值线，并将这根线绘在含水量与干密度的关系图上，以资比较（图2-3）。

$$\rho_d = \frac{1 - 0.01V_a}{\frac{1}{G_s} + \frac{w}{100}} \tag{2-3}$$

式中　ρ_d——试样的干密度（g/cm^3）；

V_a——空气体积（%）；

G_s——试样的相对密度，对于粗粒土，则为土中粗细颗粒的混合相对密度；

w——试样的含水量（%）。

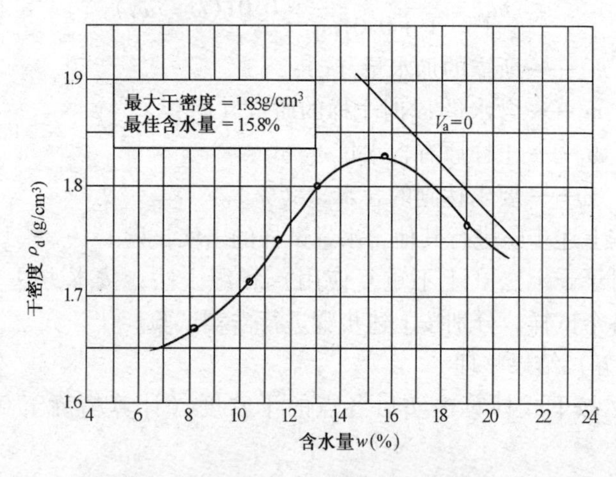

图2-3　含水量与干密度的关系曲线

4. 当试样中有大于 38 mm 颗粒时，应先取出大于 38 mm 颗粒，并求得其百分率 P，把小于 38 mm 部分作击实试验，按下面公式分别对试验所得的最大干密度和最佳含水量进行校正（适用于大于 38 mm 颗粒的含量小于 30% 时）。

最大干密度应按下式校正：

$$\rho'_{dm} = \frac{1}{\frac{1-0.01P}{\rho_{dm}} + \frac{0.01P}{G'_s}} \tag{2-4}$$

式中 ρ'_{dm}——校正后的最大干密度（g/cm^3）；

ρ_{dm}——用粒径小于 38mm 的土样试验所得的最大干密度（g/cm^3）；

P——试料中粒径大于 38mm 颗粒的百分数（%）；

G'_s——粒径大于 38mm 颗粒的毛体积密度，计算至 $0.01g/cm^3$。

最佳含水量应按下式校正：

$$w'_0 = (1-0.01P)w_0 + 0.01Pw_2 \tag{2-5}$$

式中 w'_0——校正后的最佳含水量（%）；

w_0——用粒径小于 38mm 的土样试验所得的最佳含水量（%）；

P——同前；

w_2——粒径大于 38mm 颗粒的吸水量（%）。

5. 本试验记录格式如表 2-5。

击实试验记录 **表 2-5**

土样编号		筒号		落距	45 cm
土样来源		筒容积	$997cm^3$	每层击数	27
试验日期		击锤质量	4.5kg	大于 5mm 颗粒含量	

干密度	试验次数		1	2	3	4	5
	筒加土质量	(g)	2907.6	2981.8	3130.9	3215.8	3191.1

续表

土样编号			筒号				落距			45 cm		
土样来源			筒容积		997cm³		每层击数			27		
试验日期			击锤质量		4.5kg		大于5mm颗粒含量					
干密度	筒质量	(g)	1103		1103		1103		1103		1103	
	湿土质量	(g)	1804.6		1878.8		2027.9		2112.8		2088.1	
	湿密度	(g/cm³)	1.81		1.88		2.03		2.12		2.09	
	干密度	(g/cm³)	1.67		1.71		1.80		1.83		1.76	
含水量	盒号											
	盒+湿土质量	(g)	33.45	33.27	35.60	35.44	32.88	33.13	33.13	34.09	36.96	38.31
	盒+干土质量	(g)	32.45	32.26	34.16	34.02	31.40	31.64	31.36	32.15	24.28	35.36
	盒质量	(g)	20	20	20	20	20	20	20	20	20	20
	水质量	(g)	1.00	1.01	1.44	1.42	1.48	1.49	1.77	1.94	2.68	2.95
	干土质量	(g)	12.45	12.26	14.16	14.02	11.40	11.64	11.36	12.15	14.28	15.36
	含水量	(%)	8.0	8.2	10.3	10.1	13.0	12.8	15.6	16.0	18.8	19.5
	含水量	(%)	8.1		10.2		13.0		15.8		19.0	
	最佳含水量=15.8%				最大干密度=1.83g/cm³							

四、土的含水量试验

土的含水量是影响土的压实度的重要因素。要使土在碾压过程中具有最大密实度，必须具有最佳含水量，因此土方工程施工时，必须严格控制含水量。含水量过大时，应将土摊开晾晒到接近最佳含水量时再进行碾压。含水量过小，需均匀加水使土湿润至最佳含水量时再碾压，因此，施工过程中必须测定土的含水量。测定含水量的方法有烘干法、酒精燃烧法、炒干法和相对密度法等。

（一）烘干法

1. 适用范围

（1）本法是测定土含水量的标准方法。含水量是指土在105~110℃下烘至恒量时所失去的水分质量与达恒量后干土质量的比值，以百分数表示。

（2）本法适用于黏质土、粉质土、砂类土和有机质土。

2. 仪器设备

（1）烘箱：可采用电热烘箱或温度能保持105~110℃的其他能源烘箱。

（2）天平：感量0.01g。

（3）其他：干燥器、称量盒等。

3. 试验步骤

（1）取代表性土样，细粒土15~30g，砂类土、有机土为50g，放入称量盒内，立即盖好盒盖，称量。称量时，可以在天平的一端放上等量的称量盒或与盒等量的砝码，称量结果即为湿土质量。

（2）打开盒盖，将盒置于烘箱内，在105~110℃的恒温下烘至恒量。烘干时间对黏土、粉土不得少于8h，对砂土不得少于6h，对含有机质超过干土质量5%的土，应将温度控制在65~70℃的恒温下烘至恒量。

（3）将称量盒从烘箱中取出，放入干燥容器内冷却至室温（一般只需0.5~1h即可）。冷却后盖好盒盖，称量，准确至0.01g。

（4）按下式计算含水量：

$$w = \frac{m - m_s}{m_s} \times 100 \tag{2-6}$$

式中 w——含水量（%）；

m——湿土质量（g）；

m_s——干土质量（g）。

计算至0.1%。

（5）本试验必须对两个试样进行平行测定，允许测定的平行差值应符合表2-4的规定，取两个测值的平均值，以百分数表示。

试验记录格式如表2-6。

含水量试验记录（烘干法）　　表2-6

项　目	编　号	盒　号			
		1	2	3	4
盒质量（g）	①				
盒、湿土合质量（g）	②				
盒、干土合质量（g）	③				
水分质量（g）	④=②-③				
干土质量（g）	⑤=③-①				
含水量（%）	⑥=④/⑤				
平均含水量（%）	⑦				

（二）酒精燃烧法

1. 适用范围

本试验方法适用于快速简易测定细粒土（含有机质的除外）的含水量。

2. 仪器设备

（1）称量盒（定期调整为恒质量）。

（2）酒精：纯度96%以上。

（3）天平：感量0.01g。

（4）滴管、火柴、调土刀等。

3. 试验步骤

（1）取代表性试样（黏质土5～10g，砂类土20～30g），放入称量盒内，称湿土质量。

（2）用滴管将酒精注入放有试样的称量盒内，直到盒中出现自由液面为止。为使酒精在试样中充分混合均匀，可将盒底在桌面上轻轻敲击。

(3) 点燃盒中酒精，烧至火焰熄灭。

(4) 将试样冷却数分钟，按以上 (2)、(3) 步骤方法重复燃烧两次。

(5) 待第三次火焰熄灭后，盖好盒盖，立即称干质量，准确至0.01g。

其余同烘干法。

五、压实度检验

压实度由标准干密度和现场压实后的干密度所决定。一般说来，某种土类的标准干密度变化不大，由此可知，压实度与现场实测的干密度有着密切关系。

当前现场测定干密度的方法主要有：

1. 环刀法：它是一种破坏性量测方法，优点是设备简单，使用方便。缺点是环刀打入土中时，产生的应力使土松动，壁厚时产生的应力较大。适合测定不含骨料的一般黏性土密度。

2. 灌砂法：这是一种破坏性量测方法，它适用于细粒土、粗粒料等的密度测定。

3. 核子密度仪测定：这是一种非破坏性测定方法，它利用放射性元素 γ 射线和中子射线来测定密度和含水量。具有现场快速测定、操作方便、显示直观的优点。

下面分别作详细介绍。

(一) 环刀法

1. 适用范围：对于一般黏性土，采用环刀法。适用于土路肩、路基、石灰土类基层、基坑填土、沟槽回填土等的压实度测定。

2. 检验频率：路基填挖方每 $1000m^2$，每层一组检查3点；路床每 $1000m^2$ 检查3点；石灰土类基层每 $1000m^2$ 检查1点；路肩每100m检查2点；构筑物回填土、沟槽两井之间回填土，每层一组，检查3点。

3. 仪器设备

仪器设备分人工取土器和电动取土器两种，本处介绍人工取土方法。人工取土器，包括环刀、环盖、定向筒和击实锤系统。

（1）环刀：内径6~8cm、高2~3cm，壁厚2mm。

（2）天平：称量200g，感量0.01g；称量500g，感量0.1g。

（3）其他：切土刀、钢丝锯、凡士林、锤、套环、木块等。

4. 操作步骤

（1）按工程检验部位，选取测定的位置，在试验地点，将面积约30cm×30cm的地面清扫干净，并将压实层铲去表面浮动及不平整的部分。

（2）将定向筒固定于铲平的地面上，顺次将环刀、环盖放入定向筒内与地面垂直；用取土器落锤将环刀打入压实层中，至环盖顶面与定向筒上平齐为止。

（3）用铁锹将环刀连土整体挖出，修去多余的土，土样面与环刀两端面齐平，擦净环刀外壁，称量环刀与土质量，准确至0.1g。

（4）按下式计算湿密度：

$$\rho_0 = \frac{m_1 - m_2}{v} \tag{2-7}$$

式中 ρ_0——湿密度（g/cm^3）；

m_1——环刀与土合质量（g）；

m_2——环刀质量（g）；

v——环刀体积（cm^3）。

（5）称量后，从环刀土样中挖取中心土样两分，立即做含水量试验（或装入铝盒，记下盒号，回试验室做含水量试验）。

（6）按式（2-8）计算干密度：

$$\rho_d = \frac{\rho_0}{1 + w_0} \tag{2-8}$$

式中 ρ_d——干密度（g/cm^3）；

w_0——含水量（%）。

（7）本试验需要进行二次平行测定，取其算术平均值，其平行差值不得大于0.03g/cm^3。

5. 本试验记录格式如表2-7。

密度试验记录（环刀法） 表2-7

土样编号				1		2		3	
环刀号				1	2	3	4	5	6
环刀容积	cm^3	(1)		100	100	100	100	100	100
环刀质量	g	(2)							
土+环刀质量	g	(3)							
土样质量	g	(4)	(3) - (2)	178.6	181.4	193.6	194.8	205.8	207.2
湿密度	g/cm^3	(5)	(4) / (1)	1.79	1.81	1.94	1.95	2.06	2.07
含水量	%	(6)		13.5	14.2	18.2	19.4	20.5	21.2
干密度	g/cm^3	(7)	(5)/[1+0.01(6)]	1.58	1.58	1.64	1.63	1.71	1.71
平均干密度	g/cm^3	(8)		1.58		1.64		1.71	

（二）灌砂法

1. 适用范围：在现场条件下，对于粗料，采用灌砂法测定其密度。适用于砂石基层、石灰土、水泥稳定碎（砾）石基层、沥青结合料基层和面层等。

2. 检验频率：道路砂石基层、碎石基层、沥青灌入式碎石基层、石灰、粉煤灰类混合料基层，每$1000m^2$范围检查1点；沥青混凝土面层每$2000m^2$范围检查1点。

3. 仪器设备

(1) 灌砂筒：当集料最大粒径小于15mm，测定厚度≤150mm时，宜采用ϕ100mm的小型灌砂筒；当15mm≤集料最大粒径≤40mm，150mm＜测定厚度≤200mm时，应采用ϕ150mm的灌砂筒；当集料最大粒径76mm时，灌砂筒和现场试洞直径应为200mm。本文以直径100mm进行叙述。

圆筒的内径为100mm，总高度为360mm。灌砂筒主要分两部分：上部分为储砂筒，筒深270mm（容积约$2120cm^3$），筒底中心有一个直径 10mm 的圆孔；下部装一倒置的圆锥形漏斗，漏斗上端开口直径为 10mm，并焊接在一块直径 100mm 的铁板上，铁板中心有一直径 10mm 的圆孔与漏斗上开口相接。在储砂筒筒底与漏斗顶端铁板之间设有开关，开关铁板上也有一个直径 10mm 的圆孔。将开关向左移动时，开关铁板上的圆孔恰好与筒底圆孔及漏斗上开口相对，即三个圆孔在平面上重叠在一起，砂就可以通过圆孔自由落下。将开关向右移动时，开关将筒底圆孔堵住，砂即停止下落。

灌砂筒的形式和主要尺寸如图 2-4 所示。

（2）金属标定罐：内径 100mm，高 150mm 和 200mm 的金属罐各一个，上端周围有一罐缘，如图 2-5 所示。

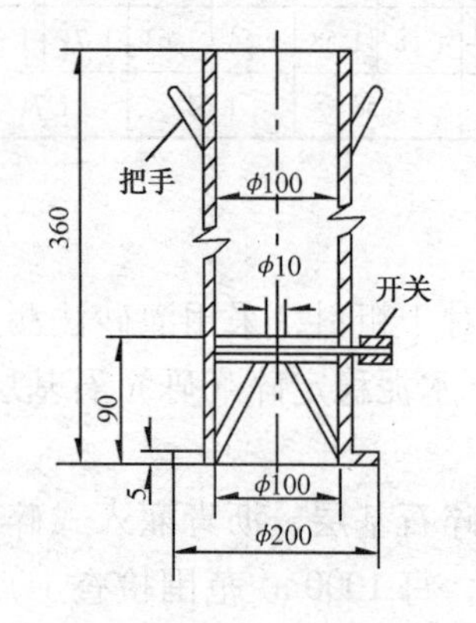

图 2-4　灌砂筒（尺寸单位：mm）

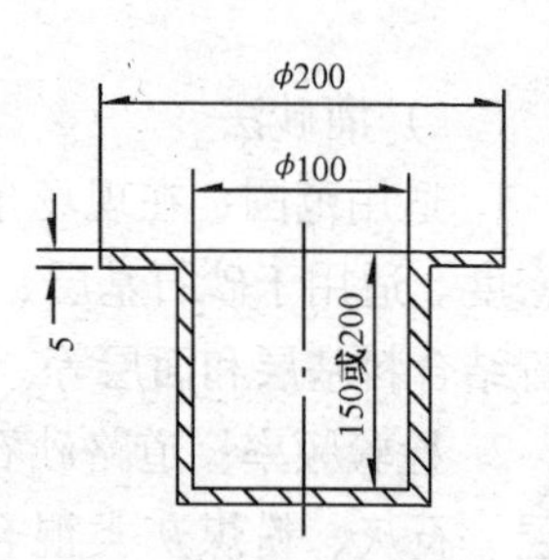

图 2-5　标定罐（尺寸单位：mm）

注意：如由于某种原因，试坑不足 150mm 或 200mm 时，标定罐的深度应与拟挖试坑深度相同。

（3）基板：一个边长 350mm，深 40mm 的金属方盘，盘中心有一直径 100mm 的圆孔。

（4）打洞及从洞中取料的合适工具，如凿子、铁锤、长把勺、毛刷等。

（5）试样盘若干。

（6）台秤：称量10～15kg，感量5g。

（7）其他：铝盒、天平、烘箱等。

4. 量砂：粒径0.25mm～0.50mm清洁干燥的砂约20～40kg。应先烘干，并放置足够的时间，使其与空气的湿度达到平衡。

5. 标定筒下部圆锥体内的砂的质量

标定筒下部圆锥体内的砂的质量的步骤如下：

（1）在灌砂筒筒口高度上，向灌砂筒内装砂至距筒顶15mm左右为止。称取装入筒内砂的质量m_1，准确至1g 。以后每次标定及试验都应该维持装砂高度和质量不变。

（2）将开关打开，让砂自由流出，并使流出砂的体积与工地所挖试坑内的体积相当（可等于标定罐的容积），然后关上开关，称灌砂筒内剩余砂质量m_5，准确至1g 。

（3）不晃动灌砂筒的砂，轻轻地将灌砂筒移至玻璃板上，将开关打开，让砂流出，直到筒内砂不再下流时，将开关关上，并细心地取走灌砂筒。

（4）收集并称量留在板上的砂或称量筒中的砂，准确至1g。玻璃板上的砂就是填满锥体的砂m_2。

（5）重复上述过程测量三次，取平均值。

6. 确定量砂的密度ρ_s（g/cm^3）

（1）用水确定标定罐的容积V（cm^3），方法如下：

将空罐放在台秤上，使罐的上口处于水平位置，读记罐质量m_7，准确至1g。向标定罐中灌水，注意不要将水弄到台秤上或罐的外壁。将一直尺放罐顶，当罐中水面快要接近直尺时，用滴管往罐中加水，直到水面接触直尺。移出直尺，读记罐和水的总质量m_8。重复测量时，仅需用吸管从罐中取少量水，并用滴管重新加满到接触直尺。标定罐的体积按下式计算：

$$V = m_8 - m_7 \tag{2-9}$$

（2）在灌砂筒中装入质量为m_1的砂，并将灌砂筒放在标定罐上，打开开关，让砂流出，直到灌砂筒内的砂不再下流时，关闭开关。取下灌砂筒，称筒内剩余的砂质量，准确至1g。

（3）重复上述测量，至少三次，最后取其平均值 m_3，准确至1g。

（4）按下式计算填满标定罐所需砂的质量 m_a（g）：

$$m_a = m_1 - m_2 - m_3 \tag{2-10}$$

式中　m_1——灌砂入标定罐前，筒内砂的质量（g）；

m_2——灌砂筒下部圆锥体内砂的平均质量（g）；

m_3——灌砂入标定罐后，筒内剩余砂的质量（g）。

（5）按下式计算量砂的密度 ρ_s（g/cm^3）

$$\rho_s = \frac{m_a}{\nu} \tag{2-11}$$

式中　ν——标定罐的体积（cm^3）。

7. 试验步骤

（1）在试验地点，选一块约 40cm×40cm 的平坦地面，并将其清扫干净，将基板放在此平坦表面上。如果表面的粗糙度较大，则将盛有量砂 m_5（g）的灌砂筒放在基板中间的圆孔上。打开灌砂筒开关，让砂流入基板的孔内，直到储砂筒内的砂不再下流时关闭开关。取下灌砂筒，并称筒内砂的质量 m_6，准确至1g。

（2）取走基板，将留在试验地点的量砂收回。重新将表面清扫干净。将基板放在清扫干净的表面上，沿基板中孔凿洞，洞的直径100mm。在凿洞过程中，应注意不使凿出的试样丢失，并随时将凿松的材料取出，放在已知质量的塑料袋内，密封。试洞的深度应等于碾压层厚度。凿洞毕，称此塑料袋中全部试样质量，准确至1g，减去已知塑料袋质量后，即为试样的总质量 m_6。

（3）从挖出的全部试样中取出有代表性的样品，放入铝盒中，测定其含水量 w。样品数量对于细粒土，不少于100g；对于粗粒土，不少于500g。

（4）将基板安放在试洞上，将灌砂筒安放在基板中间（灌砂筒内放满砂至恒量 m_1），使灌砂筒的下口对准基板的中孔及试洞。打开灌砂筒开关，让砂流入试洞内，关闭开关。仔细取走灌砂筒，称量筒内剩余砂的质量 m_4，准确至1g。

（5）如清扫干净的平坦的表面上，粗糙度不大，则不需要放基板，将灌砂筒直接放在已挖好的试洞上。在此期间，应注意勿碰动灌砂筒。打开灌砂筒开关，直到灌砂筒内的砂不再下流时，关闭开关。仔细取走灌砂筒，称量筒内剩余砂的质量 m_4，准确至1g。

（6）取出试洞内的量砂，以备下次试验时再用。若量砂的湿度已发生变化或量砂中混有杂质，应重新烘干，过筛，并放置一段时间，使其与空气的湿度达到平衡后再用。

（7）如试洞中有较大孔隙，量砂可能进入孔隙时，则按试洞外形，松弛地放入一层柔软的纱布，然后再进行灌砂工作。

8. 结果计算

（1）按下式计算填满试洞所需砂的质量 m_b（g）

灌砂时试洞上放有基板的情况下：

$$m_b = m_1 - m_4 - (m_5 - m_6) \tag{2-12}$$

灌砂时试洞上不放基板的情况下：

$$m_b = m_1 - m_4' - m_2 \tag{2-13}$$

式中 m_1——灌砂入试洞前筒内砂的质量（g）；

m_2——灌砂筒下部圆锥体内砂的平均质量（g）；

m_4、m_4'——灌砂入试洞后，筒内剩余砂的质量（g）；

$m_5 - m_6$——灌砂筒下部圆锥体内的基板和粗糙表面间砂的总质量（g）。

（2）按下式计算试验地点土的湿密度 ρ（g/cm³）：

$$\rho = \frac{m_t}{m_b}\rho_s \tag{2-14}$$

式中 m_t——试洞中取出的全部土样的质量（g）；

m_b——填满试洞所需砂的质量（g）；

ρ_s——量砂的密度（g/cm³）。

（3）按下式计算土的干密度 ρ_d（g/cm³）

$$\rho_d = \frac{\rho}{1 + 0.01w} \tag{2-15}$$

（4）本试验的记录格式如表2-8

密度试验记录（灌砂法） **表2-8**

取样桩号	取样位置	试洞中湿土样质量 m_t（g）	灌满试洞后剩余砂质量 m_4、m_4'（g）	试洞内砂质量 m_b(g)	湿密度ρ（g/cm³）	盒号	盒+湿土质量（g）	盒+干土质量（g）	盒质量（g）	干土质量（g）	水质量（g）	含水量（%）	干密度 ρ_d（g/cm³）
		4031		2233.6	2.31	B_5	1211	1108.4	195.4	913	102.6	11.2	2.08
		2900		1613.9	2.30	3#	1125	1040	195.9	844.1	85	10.1	2.09

（三）用核子密度仪测定压实度及含水量

1. 适用范围

（1）本方法适用于现场用核子仪以散射法或直接透射法测定路基路面材料的密度和含水量，当输入标准干密度时，亦可得出施工压实度。

（2）本方法适用于施工质量的现场快速评定，不得用作仲裁或验收的依据。

2. 仪器与材料

（1）核子密度仪：密度的测定范围为1.12～2.73g/cm³，含水率的测定范围为0～0.64%，它主要包括以下部分：

1）γ射线源：双层密封的同位素放射源，如铯-137，钴-60，镭-226等；

2）读数显示设备：脉冲记数器、数率表或直接读数表；

3）标准板：提供检验仪器操作和散射计数参考标准用；

4）安全保护设备。

（2）刮平板、钻杆、锤等。

（3）细砂粒径0.15～0.30mm。

（4）天平或台秤。

3. 试验方法

（1）用标准板标定仪器的标准值，每天使用前进行一次。

在测定前，应检查仪器性能是否正常。在标准板上取3～4个读数的平均值建立原始标准值，并与使用说明书提供的标准值核对，如标准读数超过仪器使用说明书规定的限界时，应重复此项标准的测量；若第二次标准计数仍超出规定的限界时，需视作故障并进行仪器检查。

（2）密实度的标定

在进行混合料密度测定前，应用核子仪对钻孔取样试件的密度进行标定。

选择压实度的混合料表面，按规定步骤用核子仪测定的同一位置用钻机钻取试件，量试件厚度，按规定方法测试件的密度。对同一类型的混合料，在使用前至少测定15处，求得两种不同方法测定的密度的相关关系，其相关系数不应小于0.9。

对于其他类型的路基路面材料，可用环刀法或灌砂法测定密度，对核子仪的密度测定值进行标定，其要求相同。

（3）测试位置的选择

按照随即取样的方法确定测试位置，但测试位置距路面边缘或其他物体至少30cm，核子仪距其他的射线源至少保持10m。

当用射线法测定时，对测试位置路面结构凹凸不平处，应用细砂填平，使路面平整，能与仪器紧密接触；当用直接透射法测定时，仪器放置的路表面处理与散射法要求相同，并在路面上用钻头打孔到要求的深度，孔应圆滑并大于射线源探头。

（4）如用散射法测定时，将核子仪平稳地置于已用细砂平整的测试位置上，如用直接透射法测定时，将放射源放下插入已预先打好的孔内，但应避免接触孔的边缘。按照标定仪器时同样的预热时间，读取显示的数值。各种型号的仪器在具体操作步骤上有所不同，可按仪器使用说明书进行。

（5）测定路基路面密度及压实度的同时，记录气温、路面结构深度、路面结构类型、打洞深度、路面结构及厚度等数据和资料。

第二节　平整度检验

工程构筑物、构件表面平整度的测定，在于评定其表面的使用质量和外观质量，在一定程度上也反映着工程（产品）的内在质量。目前国内测定工程构筑物、构件表面平整度的方法，仍以直尺、小线等人工量测方法为主。主要有3m直尺、3m小线、2m直尺量测等方法。本处重点介绍2m直尺检验法。3m直尺、3m小线多用于道路工程，其检验方法将在第三章道路工程中介绍。

1. 2m直尺检验法适用范围

2m直尺的检验适用于构筑物的挡土墙（重力式）砌体，整体式结构模板，装配式构件模板，水泥混凝土构筑物（构件），一般抹灰、饰面，水泥混凝土及钢筋混凝土渠墙面，石渠墙面，砖渠墙面，砖砌构筑物、防水层等表面平整度的检验。

2. 检验频率

挡土墙和渠道表面平整度检验每20m范围计2点，构筑物或构件以一座或一个构件分别计不同数量的点，饰面及抹灰平整度检验则以每跨侧分别计4点。具体的检验频率可查《市政工程质量检验评定标准》中有关规定。

3. 检验工具

（1）直尺：长2m，可用硬木、玻璃钢或铝合金材料制作，具有一定刚度，一般宽度为10~15cm。

（2）楔形塞尺：用合金材料制成，呈直角梯形，斜边坡度为1:10，读数精度为0.1mm。

（3）钢板尺或钢卷尺：最小刻数1mm。用于砖砌体墙面平整度的量测。

4. 量测方法

（1）对于挡土墙、沟渠等以长度为检验范围的，一般选取墙高的2/3处为量测部位，也可以选取墙高的其他部位，但选定后，该范围的检验就统一按此部位量测。

（2）划线及编码：将准备量测的部位，清除表面浮渣杂物，划出量测线，并在量测线上每20m作一标记，依次标注编码。

（3）抽样：就是在各量测段（20m）范围内有规则地按规定间距抽样检测。可从每一量测段起点开始，分别用2m直尺量测，获得每一量测段的平整度偏差值。

（4）对于构筑物（构件）等以每座或每个构件为检验单位的，可以在规定范围内任意抽样。力求使抽样能反映生产的实际情况。而对于随即抽样的样品（检验对象）的平整度量测，可以任意选定部位，量取平整度最大偏差值。

（5）量测：将2m直尺放置在量测位置上用手扶住，使直尺平稳，用钢板尺或塞尺量测直尺底边与被量测面间最大缝隙。

（6）依次量测检验范围的各量测段平整度最大偏差值，作出记录。

5. 结果计算

检验范围全部平整度偏差值量测后，统计应检点数、合格点数和超差点数，最大偏差值在允许偏差值的规定倍数之内，可以计算其合格率。

6. 注意事项

（1）2m直尺的放置，应避开个别凸起颗粒将直尺“顶起”的现象，使直尺放置平稳。

（2）为避免量测部位凹凸不平，而使量测数值不能正确反映平整度偏差值，可在2m直尺底部的两端制成凸出10mm的高度，量测平整度偏差值的初始读数为10mm。

第三节　高程检验

高程检验是工程施工中一项重要检验项目，它贯穿工程施工的全过程。工程开工前要对设计给定的水准点高程进行复核检验，对施工中转引的临时水准点标高要进行校核；对施工中建筑物、构筑物放线的各部位控制桩的高程复核，对构件吊装、设备安装、管线铺设高程的控制和检验；在工序交接中对高程验收，在工程验收中的高程检验等。高程检验主要用水准仪或全站仪。根据市政工程的特点和验收标准，水准仪高程检验可分为水准仪对构筑物中线高程检验和水准仪对各结构部位的高程检验。

一、水准点闭合和闭合差

为保证水准点高程的可靠性，在使用前我们必须对其校核，现场水准点校核的方法一般有三种：往返测法、闭合测法和附和测法。

（1）往返测法是由现场一个已知水准点标高 BM 向现场欲求标高点引测，得到往测高差（h 往）后，再向已知点返回测得返测高差（h 返），当（h 往 + h 返）小于允许误差时，则已知水准点可用。

（2）闭合测法也是由一个已知水准点标高 BM 起按一个环线引测，最后又闭合到起始点 BM，各段高差的总和应为零，若不等于零，其差值即为闭合差。

（3）附合测法是由一个已知标高点 BM1 为起点向现场引测后，又测到另一个已知水准点 BM2，附合校核。

实测中最好不使用往返测法和闭合测法，因这两种方法只有一个已知水准点为依据，其可靠性不易得到保证。

（4）水准点允许闭合差：$\pm 12\sqrt{K}$（mm）。式中 K 为水准点之间的水平距离，单位为 km。

二、中线高程检验

1. 适用范围：路床、道路基层和面层、边沟沟底，沟槽槽底、垫层、基础，管内底，沟渠底等中线高程检验。

2. 检验频率：道路路床、基层、面层和边沟沟底中线高程，是沿中线每 20m 计 1 点；管道沟槽槽底中线高程，是以两井之间计3点，管内底高程以两井之间计2点；管道垫层、平基、管座中线高程的检验，是沿中线每10m计1点；各种沟渠底中线高程，是沿中线每20m计1点。

3. 检验仪器

（1）水准仪：一般工程，普通水准仪即可满足精度要求。

（2）水准尺：有折叠式和塔式两种。

4. 检验方法和步骤

（1）校核现场水准点或转引的临时水准点高程，确认无误。

（2）清除检验部位表面泥土和浮渣，划出中心线作一标记，依次编号。

（3）随机抽样。即在各检测范围内有规则地按同一间距抽样检测。

（4）检测：按照测量操作规程和记录格式进行检测。

管道两井之间的内底高程不便施测，可在两井之间的管顶找两处检测，然后换算成管内底高程。管道沟槽槽底中线高程的检测，可在两井中间和距井1/3处检测。

5. 结果评定：将检测点高程值与相应的设计值一一对照，算出各测点的正负误差值，是否超出质量标准的允许偏差值，计算合格率，评定该项工序的质量等级。计算方法和质量等级的评定，见行业标准《市政工程质量检验评定标准》。

三、各部位高程检验

1. 适用范围：道路路基、各结构层横断面（横坡），水泥混凝土路面模板、侧石顶面，挡土墙和砌体基底及顶面，涵洞、倒虹管流水面，桥梁基坑底面，沉入桩桩尖，沉井整体式结构模板的支承面，悬浇梁板的顶面，预埋件高程，水泥混凝土构筑物（构件）的顶面，拱肋（桁）各接点及相应拱脚的高程，墩、柱的顶面，箱梁顶进的内底面，钢结构安装的支承面，管道检查井井底和井盖等部位的高程。

2. 检验频率

（1）道路基层和各结构层横断面高程的检验，每 20m 为一检验段，每段抽样应避开桩号所在横断面，在横断面上按路宽不同分别计点。路宽小于 9m 取 2 点，即在距路边 1.5m 左右各取 1 点；路宽在 9m 至 15m 取 4 点，即在距路边 1.5m 和路拱曲线与直线段交接点处各取 1 点；路宽大于 15m 取 6 点，即在上述取点的基础上，在路拱部位加 2 点。

（2）挡土墙基底和顶面高程的检验，每 20m 计 2 点，即 1/3 段处各计 1 点。

砌体顶面高程的检验，为每个构筑物计 4 点，即砌体四个角部各计 1 点。涵洞、倒虹管流水面高程检验，每座计 2 点，即进出口处各计 1 点。检查井井底和井盖高程，每座计 1 点。

（3）桥梁基坑底面高程检验每座计 5 点，即基坑四个角部和中央各计 1 点。沉井下沉刃角高程、水泥混凝土构筑物顶面高程的检验，每座计 4 点，即在沉井或构筑物顶面四角处各计 1 点。

其他各点高程的检验频率参见《市政工程质量检验评定标准》。

3. 检验仪器

（1）水准仪：一般工程使用普通水准仪即可满足精度要求。

（2）水准尺：有折叠式和塔式两种。

4. 检验方法和步骤

（1）对现有水准点或转引的临时水准点的高程校核无误，选择检验部位附近的水准点作后视。

（2）清除检验部位表面的浮渣：沿长度分段检验的部位，划出检验线，作出标记，依次编码；按点检验的部位，在测点处用红色作出标记。

（3）抽样：采取随机抽样的方式确定检验部位和点位。如检验部位有较明显凹凸不平之处，直接影响后序工程质量或使用效果的，要做重点抽样。

（4）检测：按照测量操作规程和记录格式检测。

5. 结果评定

将各测点测得的高程分别与设计高程进行对照，算出各测点高程的正负误差值，是否超出质量标准的允许偏差值。若是道路各层横坡，还要计算坡度是否符合要求。通过各项指标的计算，评定该项工程的质量等级。计算方法和质量等级的评定，见行业标准《市政工程质量检验评定标准》。

第四节　尺寸检验

市政工程中属于尺寸检验的项目较多，尺寸检验常用的方法是用尺量，一般市政工程尺寸检验用尺量的精确度（常用的钢尺，最小读数是mm），可以满足质量标准中允许偏差值所提出的要求。

一、长度、宽度、厚度的检验

长度、宽度、厚度的检验，是指工程部位或工序的检验项目中需要检验其中的某一尺寸或全部尺寸。

1. 直接用尺量检验

(1) 适用范围：模板（整体式、装配式和小型预制构件）的长度、宽度和高度；

钢筋：受力钢筋成型长度，弯起钢筋弯起点位置、弯起点高度；钢筋网片长、宽、网格尺寸和对角线之差；钢筋骨架长、宽和高度；受力钢筋间距、排距；箍筋尺寸、间距；保护层厚度。

水泥混凝土构筑物（构件）长度、间距，同跨各肋（桁）间距。

(2) 检验频率

1) 模板：整体式、装配式和小型预制构件模板模内尺寸的检验，长、宽、高各计一点。

2) 钢筋：受力钢筋成型长度、弯起钢筋弯起点位置和弯起高度以及箍筋尺寸检验，为每根（或同一类型抽查10%，且不少于5件）计1点；受力钢筋间距和顺高度方向配置两排以上的排距检验是每个构筑物或构件计4点；钢筋网片长、宽和网格尺寸的检验是每片网片计2点，每个网片对角线之差计1点；钢筋骨架长、宽、高的检验是每一骨架分别计3点；箍筋及构造筋间距的检验是每个构筑物或构件计5点。

3）钢筋保护层厚度的检验：每个构筑物或构件计6点。

4）水泥混凝土构筑物或构件长度的检验：每一个构筑物或构件（拱波、板、柱、桩等每一类型抽查10%，且不少于5件）计4点；柱、梁、板间距的检验，（每一类型抽查10%，且不少于5件）计1点；同跨各肋（桁）间距的检验，每件计3点。

（3）检验工具：根据检验部位尺寸，可备量程为15m、3m、2m的钢尺，最小刻度为1mm。

（4）检验方法和步骤：由于尺寸检验所涉及的项目较多，不能一一叙述，现选择有代表性的项目分别介绍其检验方法和步骤：

1）模板（整体式、装配式和小型预制构件）的模内尺寸检验：模板的模内尺寸通常检验长、宽、高，对于基础、墩台、桁架等断面较大的模板，还应检验其对角线之差。用钢尺量测时，选择尺寸有最大偏差处量测，读数至毫米。

2）钢筋尺寸检验：钢筋尺寸检验主要介绍弯起钢筋弯起点的位置、高度；受力钢筋间距、排距；箍筋尺寸、间距和保护层厚度。

a. 弯起钢筋弯起点位置的检验：如图2-6所示，以P表示弯起点位置，它是弯起钢筋中心线（折线）的交点，找出P点，即可用钢尺由弯起钢筋的中点量测到P的距离，就是检验弯起钢筋弯起点的位置，精度为毫米。

b. 弯起钢筋弯起高度的检验：是指钢筋弯起后的中心线与未弯起部分钢筋中心线间的距离，如图2-6所示。为便于量测，可在弯起钢筋的上边缘放置一靠尺，用钢尺量测靠尺下缘到未弯起部分钢筋上缘的距离h，即为弯起钢筋的弯起高度，精确至毫米。

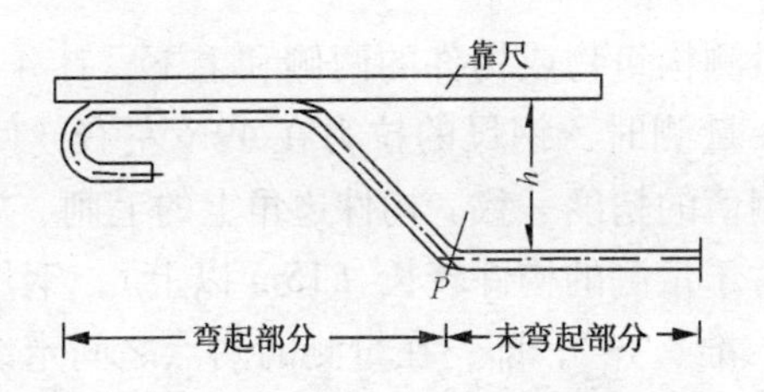

图 2-6　弯起钢筋弯起位置和弯起高度示意图

c. 受力钢筋间距和排距的检验：在一个构筑物或构件中，任意选取一个断面，用钢尺沿该断面通长拉紧，连续量取受力钢筋间距（即钢筋中至中或边至边的间距）。同样，将钢尺在该断面顺高方向拉紧，连续量取钢筋排距。取值的方式有两种，一种是取各间距的平均值，另一种是取最大偏差值。平均值不能反映间距的实际偏差，最大偏差值才能反映实际偏差，所以取最大偏差值应是适当的。

d. 箍筋尺寸和间距的检验：箍筋尺寸是指箍筋的宽和高，实际上它是箍筋的净宽和净高的检验。检验时，从同一类型箍筋批中任意抽查 10%，且不少于 5 件，用钢尺分别量取净宽和净高，读数至毫米。对于明显不规则的箍筋，除分别量取其最大值和最小值，还应检验其对角线差值，评定其偏差值是否超出允许偏差值。

箍筋（包括构造筋）间距的检验，是在同一构筑物或构件中，用钢尺连续量取 5 档，读取其间距最大偏差值，精确至毫米，即为箍筋或构造筋间距。

3）保护层厚度：钢筋保护层厚度指的是受力钢筋与混凝土表面的净距。按照标准中检验频率的规定，对于构筑物或构件应在六个面（一般为六个面）上分别检验，在每个面上有目的地选取一个断面，用钢尺量取受力钢筋外缘至模板内表面的距离，凌空面可拉小线用钢尺量取，在该断面中读取保护层最大偏差值，读数至毫米。该数值即可代表这个检测面上的钢筋保护层厚度。

4）混凝土构筑物或构件长度的检验，是在抽样选取的样品上，用钢尺量测构筑物或构件的两侧和上下，计4个长度尺寸，读数至毫米。量测时，钢尺的拉力在49N左右，使钢尺在构件上下左右所测值的精度一致。构件边角上的毛刺、漏浆要清除后开始量测，对于量测的构件较长（15m以上），钢尺量测更要做到“直、平、准、齐”，即：在量测的两点之间定线要直；量测时尺身要平行构件表面；两端拉力要准、稳；两端量测人员动作配合要齐，对点与读数要快、准。

（5）结果计算：

1）最大偏差值在标准允许偏差值规定倍数之内，可分别计算其检验范围的合格率。

2）计算精确至0.1%。

2. 挂中线用尺量检验

（1）适用范围：挂中线用尺量是检验构筑物中心线两侧的半幅宽度。它适用于道路路基宽度、管道的沟槽、垫层、平基、管肩宽度、沟渠的渠底、基础的宽度等。

（2）检验频率：

1）道路路基宽度的检验，是沿中心线每20m计2点，即沿路基横断面从中心向两边各量1点。

2）管道沟槽槽底宽度的检验，为两井之间计6点，即沿两井之间中心线，每侧各3点。

3）管道垫层、平基宽度的检验，是沿中心线每10m计2点，即从中心线向两侧各量1点。管座宽度的检验则挂边线，即在两井之间，根据中心线每侧规定的管肩宽度挂线，用尺量，每侧计1点。

4）沟渠渠底、垫层、基础宽度的检验，是沿中心线每20m计2点，即从中心线向两侧各量1点。

（3）检验工具：

1）小线：直径为0.3~0.5mm锦纶线。

2）钢尺：量程15m，最小读数1cm；量程3m或2m，最小读数1mm，根据检验部位宽度不同分别取用。

（4）检验方法和步骤：

1）选择量测位置：在检验范围内，根据检验频率要求，沿中心线从起点每20m（10m）或管道两井之间作出标记，依次编码，划出各量测段。

2）抽样：在各量测段内有规则地按规定间距抽样。可以在每一量测段起点（即桩号）抽样或离开每一量测段起点一定距离抽样；管道两井之间抽样可在两井中间和两端1/4井距处每侧各抽取1点。

3）量测：将中心线拉紧，两端固定，分别向两侧量测，并作出记录。

（5）结果计算评定：

1）按照不同构筑物和部位，分别统计其宽度。

2）检测值是从构筑物中心线向两侧分别记取的半幅宽，不可将左右两个半幅宽合在一起计算其整幅宽。

3）分别统计超差点和超差倍数，超差值在允许偏差值的规定倍数之内，可分别计算其检验范围的合格率。

4）计算精确度至0.1%。

二、相邻板（件）高差检验

相邻板（件）的高差主要是在施工操作、预制加工和构件安装时产生的，高差值如果超出检验标准的允许偏差，将影响工程质量、使用功能和外观。所以工程质量检验标准对相邻板（件）间的高差值的允许偏差有严格规定。

1. 适用范围

相邻板（件）高差的尺量检验，主要适于对水泥混凝土和预制混凝土相邻板，井框（井面）与路面，路面侧石、缘石相邻块，整体式和装配式结构模板的相邻板面，安装梁的相邻两梁端面，悬臂拼装块间接缝，两拱波底面间，相邻构件支点处顶面，箱体顶进相邻段及饰面相邻的量测。

2. 检验频率

（1）水泥混凝土板或预制水泥混凝土板间高差的检验，每道缝量测1点，取最大偏差值。

悬臂拼装板块件间高差的检验，每道连接缝量测2点，取最大偏差值。

（2）井框（井面）与路面高差的检验，每一座井量测1点，取最大偏差值。

（3）侧石、缘石相邻高差的检验，每20m量测1点，取最大偏差值。

（4）模板制作相邻板面高差的检验，桥梁、排水、供热等不同类型的工程，它们相邻板间高差的检验范围和频率不同，可根据不同工程类型采取相应的量测计点规定，但用尺量的方法相同。

（5）相邻栏杆扶手面高差的检验，每跨侧抽查20%，每接头处量测1点。相邻栏杆扶手联结板预埋件的检验，每一类型抽查10%，且不少于5件，每件计1点。梁间焊接板预埋件高差的检验，每孔抽查25%，每一构件计1点。

（6）构件安装：安装梁相邻两端面高差的检验，每一构件量测1点，取最大偏差值。安装相邻两构件支点处顶面高差检验，每一构件量测2点，取最大偏差值。安装相邻两拱波底面高差的检验，每跨两肋间量测3点，取最大偏差值。饰面板间高差的检验，每跨侧量测2点，取最大偏差值。

（7）箱体顶进相邻两段高差的检验，每一座每一接头处量测1点，取最大偏差值。

3. 检验工具

（1）钢尺：钢板尺最小刻度0.5mm，2m钢卷尺最小刻度1mm，根据检验尺寸的需要选用。

（2）塞尺。

（3）靠尺：一般300mm长，可用硬木、玻璃钢或铝合金材料制作。

4. 量测方法

（1）抽样：在质量检验评定标准中有规定的检验方法，量测时选最大偏差值；对于按批抽样的构件，按抽样比例连续抽取样品，分别逐一量测，取最大偏差值。

（2）量测前，清除构件测点附近的浮渣、边角处的毛刺和浆茬。

（3）构件间相邻高差在5mm以上且顶面平整，可用量程2m的钢卷尺或钢板尺靠在两构件相接处，直接读其高差值；构件相邻高差小于5mm或两构件相隔一定距离，不便于用钢板尺直接量测，可用靠尺靠在较高一侧的构件上，靠尺另一端伸向较低一侧的构件，如图2-7所示，然后用钢尺量测两构件高差值；当其高差值较小，钢尺读数有困难时，可用塞尺，读数至mm。

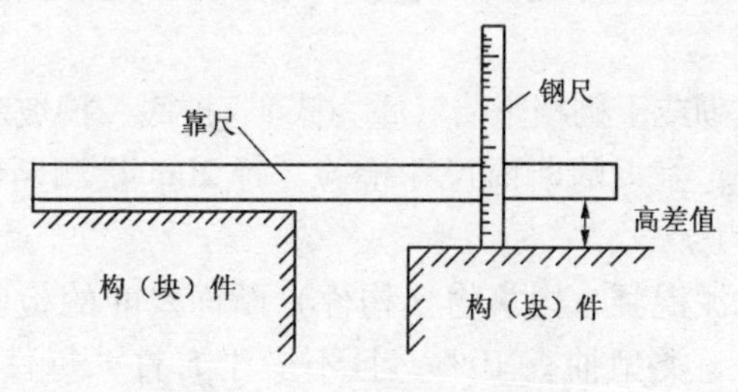

图2-7　高差量测示意图

（4）依次量测检验范围的各构件或样品，分别读取各量测点高差值，作出记录。

5. 结果计算

（1）按同一类型构件量测获得的高差值进行计算。

（2）同一检查项目中，各相邻板（件）的高差超差值在允许偏差值的规定倍数之内，可计算其高差的合格率。

（3）计算精确至0.1%。

三、断面尺寸检验

1. 适用范围

（1）适用于涵洞、倒虹管泄水断面，收水井尺寸，护底、护坡、挡土墙（重力式）砌体断面，预制侧石、缘石外形尺寸，基坑尺寸。

（2）适用于桥梁工程的水泥混凝土构筑物的基础、墩、台、梁、柱、板、墙、扶手等。

（3）适用于检查井井身、井盖尺寸，水泥混凝土和钢筋混凝土渠、石渠、砖渠的拱圈、盖板的断面尺寸。

（4）适用于地下工程的现浇水泥混凝土构筑物断面，结构尺寸，砖砌结构室内尺寸。

2. 检验频率

（1）涵洞、倒虹管泄水断面，收水井井内尺寸，检查井井身尺寸、井盖尺寸等检验，每座（件）长、宽各计1点，直径计2点。

（2）浆砌或干砌挡土墙（重力式）、护底、护坡断面，渠道结构的拱圈、盖板的断面尺寸检验，每20m量测断面高（厚）和宽，各计1点。

（3）水泥混凝土构筑物（构件）断面尺寸的检验，构筑物或构件，每一类型抽查10%，且不少于5件，每件量测端部、1/4长和中间共5处，每处量测高（厚）、宽，各计1点。

（4）现场浇筑水泥混凝土构筑物和砖砌构筑物断面尺寸的检验，每一构筑物量测长或直径，计2点；厚度量测4点，计4点。

3. 检验工具

（1）钢尺：量程视检验尺寸的大小而选用，一般多用量程为3m，最小刻度为1mm的钢卷尺。为量测断面内径，有一种相当于普通钢卷尺的内径钢卷尺，可以直接量测断面内径。

（2）辅助尺：配合量测挡土墙底宽，在辅助尺上安装线坠（垂球）。

4. 检验方法

一般可直接量测断面的量测方法不再叙述，下面就断面尺寸检验中比较特殊的情况，举例叙述其量测方法：

(1) 涵洞、倒虹管、收水井、检查井等构筑物内部尺寸的量测，用普通钢尺量测时零点可以顶在构筑物一侧内壁上，另一端则用手指将钢尺折弯，使折弯部分顶在构筑物另一侧内壁上，读取钢尺折弯处的刻度值，代表构筑物内部断面的长、宽或内径。这种方法，有一定误差，如采用一种内径丈量的钢卷尺就可以直接量测，直接取值。

(2) 挡土墙砌体断面尺寸的检验，主要是量测挡土墙上、下端宽度。上端的宽度容易量测，下端墙脚部分断面宽度需要借助辅助尺，如图 2-8 所示。读数精确至毫米。

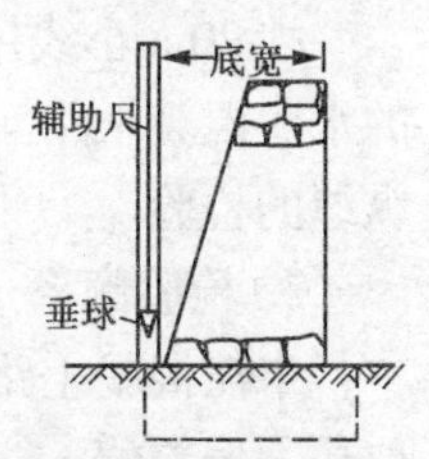

图 2-8 辅助尺使用示意图

(3) 现浇混凝土和钢筋混凝土渠道的拱圈或盖板断面厚度的检验。由于渠道较长，渠道中部拱圈或盖板的断面厚度在混凝土浇筑后，难以用尺量测。为了检验其厚度，一般可以采用以下方法：一种是量测模板的断面尺寸。盖板模板量测两侧厚度，拱圈模板除量测两侧厚度外，还应量测拱圈中部和 1/4 跨度部位的厚度。另一种方法是在混凝土经振动后，用 $\phi 5$ 钢钎插入塑性状态的混凝土中，钢钎应垂直拱圈轴线，量测拱圈厚度。钢钎插入形成的孔，再用振动器补振弥合。

5. 结果计算

(1) 按同一类型构筑物或构件量测，进行计算。

(2) 同一检查项目中，各检测断面尺寸的超差值在允许偏差规定倍数范围内，可计算其断面尺寸的算术平均值。

(3) 计算精确至 mm。

第五节 直顺度（侧向弯曲）检验

直顺度（侧向弯曲）的检验，是指在直线段和同一纵坡条件下的直顺度。主要是挂小线用尺量其最大误差值，用以表示工程、构筑物或构件的直顺度。直顺度（侧向弯曲）从一个方面反映着工程的使用功能和外观质量。

根据检验范围不同，直顺度（侧向弯曲）的检验分为20m小线、10m小线和沿构件全长（宽）挂小线用尺量检验。

一、20m小线检验

1. 适用范围

挂20m小线用尺量测构筑物（构件）直顺度，适用于道路的水泥混凝土路面面层模板、纵缝、侧石、缘石、预制块人行道纵缝的检验。

2. 检验频率

水泥混凝土路面面层模板直顺度的检验，每50m量测1点，取最大偏差值；

水泥混凝土路面纵缝、道路侧石和缘石的检验，每100m量测1点，取最大偏差值；

预制块人行道纵缝的检验，每40m量测1点，取最大偏差值。

3. 检验工具

（1）小线：长20m以上、直径0.5mm的锦纶线，20m锦纶线的两端系在小线板上；

（2）钢尺：最小刻度为1mm。

4. 检验方法

（1）分段和编码：按照检验项目的检验范围的规定划分检验段，并对每段的起点编号或标注桩号。

（2）抽样：在每一检验段内有规则地按规定间距抽样。可取各检验段的起点，作为检测的起始点，也可离开检验段起点相同距离处作为检测的起始点。

（3）量测：从检测起始点沿检测方向挂20m小线，两端拉紧或固定。在20m小线范围内，用目测找出所检部位的边缘与小线之间最大的偏离处，再用钢尺量测该处偏离值，读数至mm。

（4）依次量测检验范围内的其他检验段，分别读取各量测段直顺度的最大偏差值，并作好记录。

5. 结果计算

（1）按同一检验项目的直顺度最大偏差值进行计算；

（2）同一检查项目中，各检验段直顺度的最大偏差值在允许偏差值的规定倍数之内，可计算其直顺度合格率；

（3）计算精确至0.1%。

二、10m 小线检验

1. 适用范围

挂10m小线用尺量测构筑物（构件）直顺度，适用于桥梁的地梁、扶手，浆砌料石、砖和砌块的挡土墙（重力式）、墩、台。

2. 检验频率

地梁、扶手直顺度的检验，每跨侧量测1点，取最大偏差值。

浆砌料石、砖、砌块的重力式挡土墙和墩台砌体水平缝直顺度的检验范围，每一构筑物量测4点，量取最大偏差值。

3. 检验工具

（1）小线：长10m以上、直径0.5mm的锦纶线，10m小线系在小线板上。

（2）钢尺：最小刻度为1mm。

4. 检验方法

（1）直顺度的含义：应该用水平和竖向两个位置的直顺度来表示。地梁、扶手的直顺度是指它们在直线桥上的棱边直顺情况；重力式挡土墙和墩台砌体的直顺度是用水平缝和棱边直顺情况来衡量的。

（2）抽样：地梁和扶手直顺度检验部位的选取，应在每跨的中部、1/4跨或1/3跨处抽样。不过，选取一个部位后，同跨另一侧和其他各跨侧的取样部位也应该相同。墩、台和重力式挡土墙砌体水平缝直顺度检验部位的选取，可以在砌体上部或中部；砌体的竖向直顺度检验部位，可以取其中部、1/3 砌体长的部位或棱边处。砌体的两个侧面均可选取。

（3）划线编码：按检验频率要求，在抽取的检验部位划线编码，清除检验部位的毛刺和浆渣。

（4）量测：在检测部位挂线，用钢尺量测最大偏差值。

（5）依次量测检验范围内其他各检测段，分别记录各量测段直顺度的最大偏差值。

5. 结果计算

（1）按同一检查项目的直顺度最大偏差值进行计算。

（2）同一检查项目中，各检测段直顺度的超差值在允许偏差值的规定倍数之内，可计算其直顺度的合格率。

（3）计算精确至 0.1%。

三、沿构筑物全长（宽）挂线检验

1. 适用范围

沿构筑物或全长（宽）挂线用尺量检验其直顺度（侧向弯曲值）。适用于水泥混凝土面层和预制块人行道的横缝；装配式构件模板中的梁、柱、桩、板、拱肋、桁架的侧向弯曲；水泥混凝土构筑物（构件）中的梁、柱、桩、板、拱波、箱体、扶手的侧向弯曲的检验。

2. 检验频率

（1）水泥混凝土道路面层横缝直顺度的检验，每 40m 量测 1 点，沿路宽拉小线（小线最长拉 20m），量取最大值。

（2）预制块人行道横缝直顺度的检验，每 20m 量测 1 点，沿人行道宽拉小线量取最大值。

（3）装配式构件模板直顺度（侧向弯曲）的检验，每个构件量测 1 点，沿构件全长拉线量取最大值。

（4）水泥混凝土构筑物（构件）直顺度（侧向弯曲）的检验，每个构筑物或构件（同一类型抽查 10%，且不少于 5 件）沿其全长拉线量取最大值，左右各计 1 点。

3. 检验工具

（1）小线：长度视检验的构件长取用，直径0.5mm的锦纶线。

（2）钢尺：最小刻度为1mm的钢卷尺或钢板尺。

4. 检验方法

（1）水泥混凝土路面面层和预制块人行道的横缝直顺度检验，沿道路纵向按检验范围划分检验段，并对每段起点编码；在检验段内用目测选取横缝中直顺度偏差最大的一条，在该条横缝上沿全路宽挂小线，用钢尺量取直顺度最大偏差值，读数至毫米。

（2）装配式构件模板的直顺度（侧向弯曲）检验，每一构件均作检验，并沿构件全长挂小线，小线挂在构件侧向弯曲的弦线部位，用钢尺量取最大矢高值，即为该构件直顺度（侧向弯曲）的最大偏差值，读数至毫米。

（3）水泥混凝土构筑物或构件直顺度（侧向弯曲）的检验，对于构件中的拱波、板、柱、桩等，采取抽样的方式，即同一类型的构件可以连续取样10%、每一预制周期抽取10%或整堆构件中集中抽取10%作样品，且不少于5件。

沿构件全长挂线用钢尺量测其直顺度（侧向弯曲），构件左右挂线，分别量取最大矢高和最大缝隙偏差值，读数至毫米。

（4）依次量测其他样品的直顺度（侧向弯曲）值，作出记录。

5. 结果计算

（1）按同一检查项目的侧向弯曲最大偏差值进行计算。

（2）同一检查项目中，各检测构件直顺度（侧向弯曲）的最大偏差值在允许偏差值的规定倍数之内，可计算其合格率。

（3）计算精确至0.1%。

第六节　轴线及平面位置检验

根据市政工程质量验收标准和工程特点，轴线和平面位置的检验分别用全站仪或经纬仪和钢尺检验。

一、控制线、角度校核

1. 定位桩的确定

设计文件或交桩记录中对工程定位桩的确定有以下两个内容：

（1）定位依据：城市规划部门测定的坐标桩、红线桩或基线桩，设计给定的永久性建筑物、构筑物上的特征点，都可作为定位依据。

（2）定位条件：是惟一确定该工程控制桩位置的几何条件。最常用的定位条件，是惟一能确定该工程上一个点的点位和一个边的方向的条件。

2. 点位校核的基本做法

（1）点位的测设：测设点位的方法有直角坐标法、极坐标法，角度交会法和距离交会法等。

（2）直线的延长：是施工测量中经常要做的工作，测法视现场条件而定：有正倒镜法、三角形法和矩形法。

（3）测量水平角：用经纬仪采用测回法测量水平角和测设已知角度的水平角。

（4）轴线竖向投测：用经纬仪作竖向投测，一般以采取盘左、盘右向上投测取其平均位置的方法为宜，可以抵消视准轴与横轴，横轴与竖轴互相不垂直的误差影响。

（5）距离的丈量：用钢尺量距应做到量尺要直，尺身要平，拉力要匀和配合要齐，即以“直、平、匀、齐”丈量的方法用于往返丈量，往返次数视要求的精度而定。

用光电测距仪测距，除对测距仪进行检验，在使用中要遵守有关注意事项。

不能直接丈量距离时，也常用角度交会法计算两点之间的距离。

3. 闭合差及允许偏差

（1）三角网法测定桥位时，角度测量的最大闭合差见表2-9。

测量三角网的仪器型号测回数及闭合差　　表 2-9

序号	桥梁长度（m）	测回数			允许最大闭合差（″）
		DJ_6	DJ_2	DJ_1	
1	<200	3	1		30
2	200~500	6	2		15
3	>500		6	4	9

注：①正倒镜各测一次为一测回；

②DJ_6、DJ_2、DJ_1 为国产或相同规格进口经纬仪型号。

（2）导线方位角闭合差

$\pm 40\sqrt{n}$（″）

（3）直接丈量测距的允许偏差见表 2-10。

直接丈量测距允许偏差　　表 2-10

序号	固定测桩间或墩台间距离（m）	允许偏差
1	<200	1/5000
2	200~500	1/10000
3	>500	1/20000

（4）基线丈量允许偏差见表 2-11。

基线丈量允许偏差　　表 2-11

序号	桥梁长度（m）	允许偏差	序号	桥梁长度（m）	允许偏差
1	<200	1/10000	3	>500	1/50000
2	200~500	1/25000			

二、用经纬仪检验

1. 适用范围

经纬仪检验构筑物和构件的轴线及平面位置，适用于浆砌料石，块石砌体，基坑、钢管沉入桩、沉井下沉，整体式结构模板，现浇和预制混凝土构筑物（构件），水泥混凝土构件安装及箱体顶进等。

2. 检验频率

（1）构筑物基坑、钢管沉入桩桩位、构筑物砌体、整体式结构模板、现浇和预制水泥混凝土构筑物或构件（板、桩等每一类型抽查 10%，且不少于 5 件）、水泥混凝土构件安装中的梁、板、墩、桩及箱体顶进等，检验频率范围是每个构筑物或构（块）件的纵、横轴线位移各计 1 点。

（2）沉井下沉、水泥混凝土构件安装中的悬臂拼装件等，检验频率范围是每座（块）的纵轴线位移计 2 点，沉井的横轴线位移计 2 点。

（3）拱肋，拱桁安装的检验频率范围是每件纵轴线在拱脚、拱顶和接头处的位移各计 1 点。

3. 检验仪具

（1）经纬仪：一般工程采用国产 DJ_6 型经纬仪，桥梁工程采用国产 DJ_2 或 DJ_1 型经纬仪。也可采用相同规格的进口经纬仪。

（2）标杆：长 2. 5m、3. 0m。

（3）测钎。

（4）钢尺：量程 30m、50m。

（5）其他。

4. 检验方法和步骤

这里所述的工程构筑物、构件的轴线位移及平面位置，是指其纵、横轴线偏离规定轴线的位置，而没有指纵、横轴线的转角，如发生轴线转角，可分别用纵、横轴线偏移值来表示。

（1）验桩：工程构筑物、构件纵、横轴线位移的检验，是根据设计给定的工程坐标桩、红线桩或基线桩有关数据，将各部位纵、横轴线放线定位，作施工控制。检验开始前，需要将各控制桩、包括施工放线的控制桩进行校核。校核时，检验人员应独立地建立一套检验程序和方法，以免利用原放线成果，发生不必要的差错，从而核定施工放线的纵、横轴线的可靠性。

（2）划线编码：对需要检验的工程构筑物、构件，按检验部位的要求，在构筑物按对称中心划线（纵、横轴线），并做标记或编码。

三、用尺量检验

1. 适用范围

用尺量检验构筑物和构件的轴线位移或平面位置，适用于基础沉入桩的基础桩、排架桩和板桩的桩位，钢筋电弧焊绑条接头沿接头中心线的纵向偏移、接头处钢筋轴线的弯折和偏移，先张法预应力筋中心位移；预埋件、预留孔、预应力筋孔道位置；铸铁管、钢管管件安装的中心线位移等。

2. 检验频率

基础沉入桩的基础桩、排架桩和板桩的桩位位移的检验频率范围，每根桩检测计1点。

钢筋电弧焊绑条接头沿接头中心线的纵向偏移，接头处钢筋轴线的弯折和偏移，预埋件、预留孔、预应力筋孔道位移的检验频率范围，每一接头、每一件（每批抽查10%，且不少于10个）检测计1点。

先张法预应力筋中心位移的检验频率范围，每一构件检测计1点。

管件安装的中心线位移的检验频率范围，每一节点检测计2点。

3. 检验工具

（1）钢尺：最小读数1 mm。

（2）小线：直径为0.3～0.5mm的锦纶线。

4. 检验方法

（1）基础桩桩位位移的检测。是将桩位纵横控制桩校核无误的基础上，挂上纵、横控制线，用钢尺量取基础桩中心至纵、横控制线的垂直距离，取最大值作为桩位偏差值，单位为毫米。

（2）钢筋电弧焊绑条中心偏离接头中心的检验，是用钢尺量取绑条中点至钢筋接头中心的距离δ，以毫米计。两侧绑条中心位移取最大偏差值；接头处钢筋轴线弯折的检验，是用角度尺量测钢筋轴线或边线所折的夹角，以度计；

接头处钢筋轴线偏移的检验，是用钢尺量取接头处偏移的钢筋轴线以外钢筋轴线之间的距离，以毫米计。

（3）预埋件、预留孔和预应力筋孔道位置的检验，要在模板上按图纸设计位置，标出它的相应位置，即模板的两端、两侧和底板上分别标出它们的空间位置。有的位置可直接用尺量取。预应力孔道位置可挂线分别量测孔道各部位的空间位置，与设计位置对照，得出各部位的偏差值，取最大偏差值，以毫米计。

（4）先张预应力筋中心线位移的检验，实际上是检验端头锚固板上锚孔中心位置，量测各锚孔中心至预制件纵、横轴线的距离，与设计图规定尺寸比较，其尺寸误差值即为预应力筋中心位移，以毫米计。

（5）管件安装中心线位移的检验，在管道井之间挂中心线，用尺量测每一管件中心线的距离，该距离即为管件中心位移值，以毫米计。有的工程，也有采用挂边线控制和检查管道安装中心线位移的方法，这样便于安装操作和检测。

5. 结果计算

（1）按同一检查项目的各个中线位移最大偏差值进行计算。

（2）同一检查项目中，各检测构件的中线位移的超差值在允许偏差值的规定倍数之内，可计算轴线位移的合格率。

（3）计算精确至0.1%。

四、用样板检验

采用样板进行构筑物施工、构件加工、预制品制作等检验，仍然是行之有效的方法。在质检上也往往用来作为检查的工具。样板的种类和式样也因具体的工程产品不同而异，样板本身力求准确、适用、构造简单。

1. 适用范围

适用于装配式构件模板的横隔梁，中线位移的检验。

2. 检验频率

横隔梁中线位移的检验频率范围是每根梁计 2 点。

3. 检验工具

（1）样板：一种是方尺，另一种是根据设计角度制作的角度样板。

（2）钢尺：最小读数 1mm。

4. 检验方法

（1）在作横隔梁中线位移检验之前，应先对横隔梁的箱式模板进行检验。除对箱式模板各部尺寸按规定检验外，还应重点对箱式模板的角度进行检验。

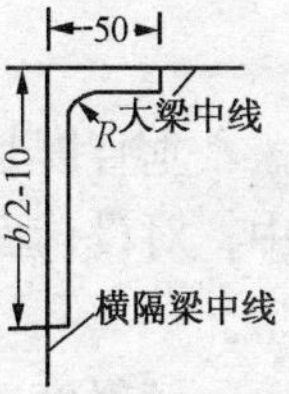

箱式模板各部尺寸的检验方法可参见本章第四节尺寸检验的有关部分。

箱式模板的角度检验，是用根据设计角度制作的角度样板如图 2-9 所示。

图 2-9　角度样板（单位：cm）

靠在箱式模板的角部如图 2-10 所示，样板的一个边靠在梁腹位置的模板面上，样板的另一个内边视其是否与横隔梁位置的模板相吻合，来评定其合格与否。

（2）横隔梁中线位移的检验可分为两步进行，第一步是在底模板上量测横隔梁的放样位置，第二步是在大（箱）梁模板安装后，量测横隔梁模板的位置。

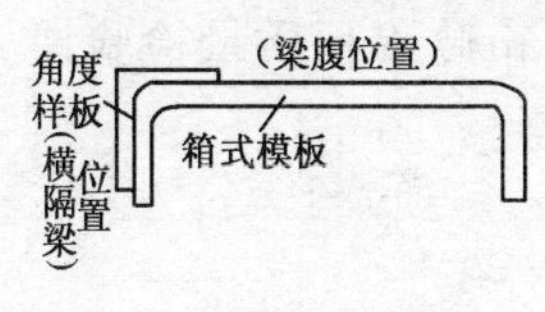

图 2-10　箱式模板角度检验示意图

第一步，大梁底板放样后，用钢尺自大梁中心沿中心线分别向两端量测，检查各横隔梁模板中心线位置与设计位置的偏差，再用特制的角度样板量测各横隔梁中线与大梁梁腹轴线间的夹角。

第二步，大梁模板安装后，按设计

位置沿梁腹中线和横隔梁中线挂线，用钢尺分别量测横隔梁模板上下端与设计横隔梁中心线的距离，其误差即为横隔梁中心位移，以毫米计；量测中对横隔梁上下端各量测一次，取最大偏差值。用同一方法量测其他各横隔梁中线位移值，作出记录。

5. 结果计算

（1）按同一量测方法检验各主梁横隔梁模板的中心线位移，量取每一主梁中横隔梁模板中线位移的两个最大偏差值。

（2）同一检验批中，横隔梁模板中线位移的超差值在允许偏差值的规定倍数之内，可计算中线位移的合格率。

（3）计算精确至0.1%。

第七节 垂直度检验

垂直度是表示构筑物施工、构（管）件预制、安装或沉入中，对设计面或中心轴线偏离的程度。一般以其高度的百分比衡量。

倾斜度或倾斜率是表示带有一定设计倾角的构筑物、构（管）件，在施工、预制和沉入中，对设计倾角的偏差程度。一般以其倾角的百分率衡量。

构筑物和构（管）件的垂直度、倾斜度或倾斜率的大小，关系着结构尺寸，构件安装就位和一定的受力状况。垂直度、倾斜度或倾斜率的检验，就是为了评定构筑物、构（管）件的合格程度。

构筑物、构（管）件垂直度（倾斜度）的检验，可以采用垂线检验和经纬仪检验两种方法。按照《市政工程质量检验评定标准》的规定，分别叙述两种检验方法。

一、垂线检验

1. 适用范围

用垂线检验构筑物，构（管）件的垂直度，主要是构筑物高度较低，用垂线法检验较为适合。

垂线法检验主要用于重力式挡土墙和墩、台砌体，混凝土和砖石渠道以及砖砌构筑物，沉入桩和灌注桩，沉井预制和下沉，预制箱体，构件安装中的支架和栏杆柱，抹灰和装饰抹灰的墙面，饰面料（砖），铸铁管和钢管的立管等。

2. 检验频率

重力式挡土墙和墩、台砌体垂直度的检验频率范围是每个构筑物计3点。

混凝土、钢筋混凝土，砖、石渠道墙面垂直度的检验频率是沿渠长20m计2点。

沉入桩、灌注桩的直桩垂直度和斜桩倾斜度，检验频率范围是每根桩计1点。

沉井预制、下沉和箱体预制的垂直度，检验频率范围是每个构件计2点。

栏杆柱安装的垂直度，检验频率范围是每一检验批抽查20%，每处计1点。

钢筋混凝土支架安装的垂直度，检验频率范围是每件检测，不计点。

一般抹灰、装饰抹灰、饰面墙的垂直度，检验范围是每侧墙面计2点。

铸铁管和钢管的立管垂直度，检验频率范围是每个节点计2点。

3. 检验工具

（1）线坠：又名垂球，重量约300g至500g，上端系一锦纶线，长2m以上。

（2）靠尺：长2m以上，断面60mm×20mm。上端系线坠。

（3）钢尺：最小刻度1mm。

4. 检验方法

用垂线方法检验构筑物或构件的垂直度，可分别以检验构筑物墙面和构（管）件中心线的垂直度（倾斜度）来表示。

（1）检验部位的选取：重力式挡土墙、墩、台砌体垂直度的检验部位，可分别选取其两端和中间部位检测。

各种结构材料的渠道墙面垂直度的检验部位，从检验起点开始，每20m分段，并在两侧墙面上划线标记，作为各段的检测部位。

沉井、箱体垂直度的检验部位，则可选择其纵、横方向的竖轴线部位检测。

抹灰和饰面的墙面垂直度的检验部位，一般选取墙的中部检测。

桩和管道立管垂直度的检验部位是选其中线检测。

（2）检测：检测构筑物竖轴线或构（管）件中心线垂直度，可将靠尺靠在倾斜的一侧墙面或构（管）件上，如图2-11所示。线坠自然竖直下垂。用钢尺量测线坠附近锦纶线至靠尺准线的距离δ，根据靠尺刻度长l和距离δ，就可以计算该处的垂直度。

用同样的方法可检测斜桩和斜面构筑物的倾斜度。

（3）依次量测其他构筑物或构件的垂直度（倾斜度），对于带有一定倾角的沉入桩，灌注桩等，检测其倾斜度的有效做法，应该是当桩就位时，即检测倾斜度，尤其是要检查打桩机械或钻机导轨的倾斜度，随着桩的沉（钻）入，分别检测未入土部分的桩或导轨的倾斜度，并作出记录。当桩全沉（钻）入后，将难以检测倾斜度。

5. 结果计算

（1）计算一个构筑物的垂直度。如图2-11。

已知靠尺取点处刻度长ob，量得偏移距离ab。

则构筑物或构（管）件的垂直度 $$a'b' = \frac{ab}{ob}o'b'$$

已知$o'b' = H$（H为构筑物或构件的高度），为计算方便，上式即为：

$$a'b' = \frac{ab}{ob}H \quad \text{（以百分比表示）} \tag{2-16}$$

（2）计算斜桩或斜面的倾斜率或倾斜度。

如图 2-11，已知靠尺取点处刻度长 ob，量得偏移量 ab，θ_0 为斜桩中心线与垂线间的夹角，θ 为设计倾斜角，则构筑物或构件的倾角差为：

$$\theta_0 - \theta \text{（以度表示）}$$

构筑物或构件的倾斜度为 $\mathrm{tg}\theta_0 - \mathrm{tg}\theta$，其倾斜率为 $\frac{\mathrm{tg}\theta_0 - \mathrm{tg}\theta}{\mathrm{tg}\theta}$（以 $\mathrm{tg}\theta$ 的百分率表示）

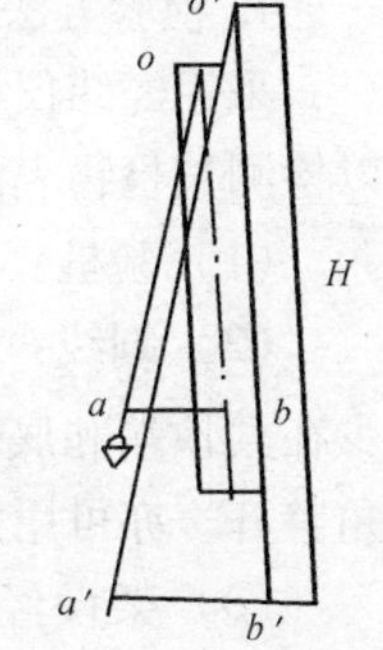

图 2-11　垂直度计算示意图

（3）按同一种构筑物或构件的各垂直度（倾斜度）的最大偏差值进行计算。

（4）同一检查项目中，各构筑物或构件的垂直度（倾斜度）的超差值在允许偏差值的规定倍数之内，可计算其垂直度（倾斜度）的合格率。

二、经纬仪检验

在工程施工中，往往构筑物，构件高度较大，或结构复杂，用垂线法检测其垂直度有一定困难时，可以用经纬仪和尺量来检测。

1. 适用范围

用经纬仪和尺量检测构筑物，构件的垂直度，主要用于整体式结构模板的墙、柱、墩、台，塔柱，水泥混凝土构筑物（构件）的墩、台、柱，墙、塔柱；水泥混凝土构件安装的墩、柱、灯柱和钢柱安装等。

2. 检验频率

整体式结构模板、水泥混凝土构筑物（构件）的制作安装及钢桁式柱等垂直度的检验频率范围，每个构筑物或构件计 1 点。

3. 检验仪具

（1）经纬仪：精度在国产 DJ_6 型经纬仪或相当规格进口经纬仪的精度以上。

（2）钢尺或钢板尺：最小刻度 lmm。

4. 检验方法和步骤

采用经纬仪检测构筑物及构件的垂直度（倾斜度）可分别以检测被检物表面中心线的垂直度（倾斜度）来表示。

（1）验桩：同本章第六节（二）之“4”。

（2）划线：在构筑物或构件被检测的表面划出中心线，至少在其顶端和底部划出中心线，见图 2-12。当构筑物表面及棱角整齐，亦可用其边线或棱线代替。

（3）架设经纬仪：在检测部位相应的控制桩上架设经纬仪，使经纬仪竖线所视方向正好在该构筑物（构件）设计位置的纵（横）轴线上。

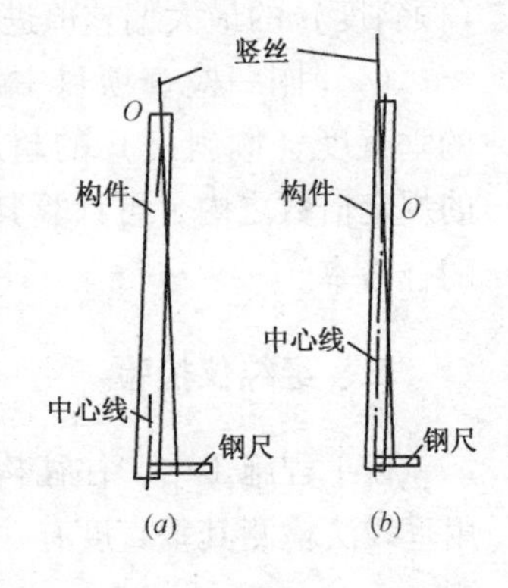

图 2-12　经纬仪检验示意图

（4）量测：按照测量规范，操作规程，经纬仪在构筑物（构件）的纵（横）轴线方向的控制桩上，后视另一端控制桩（如两点之间不能通视，应事先设立准确的另一个后视中心桩），固定视轴的方向；前视构筑物（构件），并用经纬仪竖丝上下扫描，竖丝与构件中心线相交点 o 可能在构件顶部、底部或中部，在构件中心线与竖丝间最大距离处，用尺读取该距离的数值，读数至毫米。

该数值表示构筑物或构件在被检测面方向的垂直度。同样方法检测构筑物或构件在另一个方向的垂直度，取两个方向垂直度的较大值作为该构筑物或构件的垂直度。

（5）依次检测其他构筑物或构件的垂直度；斜桩倾斜度的检测方法与垂直桩的垂直度检测方法相同，只是桩的垂直度和倾斜度检测，应在桩就位时，沉（钻）桩过程中和沉（钻）桩最后阶段分别进行，及时控制其垂直度或倾斜度，并作出记录。

5. 结果计算

构筑物（构件）的垂直度或倾斜度的计算同本节前述。

第八节 混凝土和砂浆检验

混凝土强度检验主要采用现行国家标准《普通混凝土拌合物性能试验方法标准》（GB/T50080—2002）、《普通混凝土力学性能试验方法标准》（GB/T50081—2002）和《普通混凝土长期性能和耐久性能试验方法》（GBJ82—85）的规定：

本节重点介绍常用的混凝土物理力学性能和耐久性能试验。

一、混凝土的取样、试件制作及养护

1. 目的及适用范围

制作提供各种性能试验用的混凝土试件。

2. 一般技术规定

（1）混凝土物理力学性能试验的试样应在混凝土浇筑地点随机抽取，取样频率应符合以下规定：

1）每100盘，且不超过100m^3的同配合比的混凝土，取样次数不应少于一次；

2）每一工作班拌制的同配合比的混凝土不足100盘时，其取样次数不得少于一次。

（2）每组三个试件应在同一盘混凝土中取样制作，其强度代表值的确定。应符合下列规定：

1）取三个试件强度的平均值作为每组试件的强度代表值；

2）当一组试件中强度的最大值或最小值与中间值之差超过中间值的5%时，取中间值作为该组试件的强度代表值；

3）当一组试件中强度的最大值和最小值与中间值之差均超过中间值的15%时，该组试件的强度不应作为评定的依据。

（3）当采用非标准尺寸时，应将其抗压强度折算为标准试件抗压强度。折算系数：

1）以边长为150mm的立方体试件为1.00。

2）对边长为100mm的立方体试件取0.95。

3）对边长为200mm的立方体试件取1.05。棱柱体试件宜采用卧式成型；特殊方法成型的混凝土（离心法、压浆法、真空作业法及喷射法等），其试件的制作可按相应的规定进行。

（4）配制混凝土骨料最大粒径应不大于试件最小边长的三分之一。

（5）制作不同力学性能试验所需标准试件的规格及最少制作数量的要求见表2-12。

标准试件规格及制作数量　　表2-12

序号	试验项目	试件规格（mm）	与标准试件比值	制作试件数量组（块）	骨料最大粒径（mm）
1	立方体（轴心）抗压强度试验	150×150×150（300）	1.00	1（3）	40
		100×100×100（200）	0.95	1（3）	30
		200×200×200（400）	1.05	1（3）	60
2	劈裂抗拉强度试验	150×150×150	0.9	1（3）	40
		100×100×100	0.85	1（3）	20
3	抗折强度试验	150×150×600(或550)	1.00	1（3）	40
		100×100×400	0.85	1（3）	30
4	静力弹性模量试验	150×150×300	1.00	1（3）	40

3. 试验设备

（1）试模：由铸铁或钢制成、应具有足够的刚度并便于拆装。试模内表面应刨光，其不平度应不大于试件边长的0.05%，组装后各相邻面的不垂直度应不超过±0.50。

（2）捣实设备可选用下列三种之一

1）振动台：试验用振动台的振动频率应为50±3Hz，空载时振幅应约为0.5mm。

2）振捣棒，直径30mm高频振捣棒。

3）钢制捣棒。直径16mm，长600mm，一端为球面型。

（3）混凝土标准养护室。温度应控制在20±3℃，相对湿度为90%以上。

4. 试验步骤

（1）在制作试件前，检查试模，拧紧螺栓并清刷干净。在其内壁涂上一薄层矿物油脂（或脱模剂）。

（2）室内混凝土拌合应按《普通混凝土拌合物性能试验方法》中有关规定进行拌合。

（3）振捣成型

1）采用振捣台成型时，应将混凝土拌合物一次装入试模，装料时应用抹刀沿试模内壁略加插捣并应使混凝土拌合物稍有富裕。振动时应防止试模在振捣台上自由跳动。振捣应持续到表面呈现水泥浆为止，刮除多余的混凝土并用抹刀抹平。

2）采用插入式振捣棒成型时，应将混凝土拌合物一次装入试模并应使混凝土拌合物稍有富裕。振动时应在试模中心插入，振动持续到表面呈现水泥浆为止。振捣棒停止振捣前应随振随提，并应缓慢进行。试件表面凹坑应及时用混凝土填补抹平。

3）采用人工插捣时，混凝土拌合物应分二层装入试模，每层的装料厚度应大致相等。插捣时用捣棒按螺旋方向从边缘向中心均匀进行，插捣底层时，捣棒应达到模底面，插捣上层时，捣棒应穿入下层深度约2~3 cm。插捣时捣棒保持垂直不得倾斜，并用抹刀沿试模内壁插入数次，以防止试件产生麻面。每层的插捣次数应视试件的截面而定，一般每100cm^2面积应不少于12次。然后刮除多余的混凝土，并用抹刀进行初步抹平。

（4）试件成型后，在混凝土初凝前1~2h需进行抹平，要求沿模口抹平。

（5）成型后的带模试件宜用湿布或塑料布覆盖，并在20±

5℃的室内静置1d（但不得超过2d），然后编号拆模。

（6）拆模后的试件应立即送入养护室养护，试件之间应保持一定的距离（10～20mm），并应避免用水直接冲淋试件。

在缺乏标准养护室时，混凝土试件允许在温度为20±3℃的不流动水中养护。

同条件养护的试件成型后应覆盖表面。试件拆模时间可与构件的实际拆模时间相同，拆模后，试件仍需保持同条件养护。

二、混凝土立方体抗压强度试验

1. 目的及适用范围

测定混凝土立方体的抗压强度，以检验材料质量，确定、校核混凝土配合比，并为控制施工质量提供依据。

适用于水泥混凝土路面层、人行道，灌注桩、沉井，水泥混凝土构筑物（构件），管道基础，管座等。

2. 检验频率

取样频率见本节之“一”的一般技术规定，按质量评定标准的规定计点。

3. 仪器设备、试验操作步骤　按《普通混凝土力学性能试验方法》（GB/T50081—2002）的有关规定。结果计算和评定按《混凝土强度检验评定标准》（GBJ107—87）执行。

三、混凝土劈裂抗拉强度试验

1. 目的及适用范围

测定混凝土立方体试件的劈裂抗拉强度，确定混凝土抗拉性能。适用于水泥混凝土路面层，有设计要求的混凝土构筑物（构件）。

2. 试件制备要求　采用150mm×150mm×150mm立方体作为标准试件，制作标准试件的混凝土骨料的最大粒径不应大于40mm。

如确有必要，允许采用边长100mm非标准尺寸的立方体试件，非标准试件所用骨料的最大粒径不应大于20mm。

混凝土劈裂抗拉强度的试验仪器设备，操作步骤和结果计算均见《普通混凝土力学性能试验方法》（GB/T50081—2002）有关规定。

采用本法测得的劈裂抗拉强度值，如需换算成轴心抗拉强度，应乘以换算系数0.9。

四、混凝土抗折强度试验

1. 目的及适用范围

用来测定混凝土的抗折（即弯曲抗拉）强度。检验其是否符合结构设计要求，适用于混凝土路面、桥梁受弯构件和厂站混凝土梁等构件的抗折强度检测。

2. 检验频率

水泥混凝土路面和受弯构件的取样频率见本节之“一”的一般技术规定，按质量评定标准的规定计点。

3. 试件制备

混凝土抗折试验采用160mm×160mm×600（550）mm 棱柱体小梁作为标准试件。

如确有必要，允许采用100mm×100mm×400mm 棱柱体试件。

关于混凝土抗折强度试验操作步骤和结果计算，详见《普通混凝上力学性能试验方法》（GB/T50081—2002）的有关规定。

五、混凝土抗冻性能试验

1. 目的及适用范围

测定以一定试验条件下混凝土试件所能经受的冻融循环次数为指标的抗冻等级。

2. 试件制备

（1）混凝土抗冻标号检验如采用慢冻法时，所用试件应采用立方体试件。试件的具体尺寸见表2-12序号1，立方体（轴心）抗压强度试验栏。

（2）每次试验所需的试件组数如表2-13所示，每组试件为三块。

混凝土抗冻性能试验试验所需的试件组数　　表2-13

设计抗冻等级	FD25	FD50	FD100	FD150	FD200	FD250	FD300
检验强度时的冻融循环次数	25	50	50 100	100 150	150 200	200 250	250 300
鉴定28d强度所需试件组数	1	1	1	1	1	1	1
冻融试件组数	1	1	2	2	2	2	2
对比试件组数	1	1	2	2	2	2	2
总计试件组数	3	3	5	5	5	5	5

关于混凝土抗冻性能试验的试验设备，试验操作步骤，结果计算，以及采用快冻法试验等，详见《普通混凝土长期性能和耐久性能试验方法》（GBJ82—85）的有关规定。

混凝土的抗冻等级，以同时满足强度损失率不超过25%；质量损失不超过5%时的最大循环次数来表示。

根据结果计算数据，评定其合格率。

六、抗渗性能试验

1. 目的及适用范围

本试验用以测定硬化后混凝土抗渗等级。

2. 试件制备

（1）采用顶面直径为175mm、底面直径为185mm、高150mm的圆台体试件。抗渗试件以6个为一组。

（2）试件成型后24h拆模，刷去两端面水泥浆，然后送入标准养护室养护。

(3) 试件一般养护至 28d 龄期进行试验，如有特殊要求，可在其他龄期进行。

混凝土抗渗性能试验的仪器设备、试件制备、试验操作步骤及结果计算，详见《普通混凝土长期性能和耐久性能试验方法》(GBJ82—85) 的有关规定。

根据结果计算的数据，评定其合格率。

七、混凝土静力受压弹性模量试验

1. 目的和适用范围

测定混凝土的静力受压弹性模量（简称弹性模量）。测定的混凝土弹性模量值是指应力为轴心抗压强度 40% 时的应力应变关系曲线上割线的斜率。为结构变形计算提供依据。

2. 试验设备

(1) 试验机：弹性模量试验用的试验机应符合“立方体抗压强度试验”的设备要求规定。

(2) 变形测量仪表：精度应不低于 0.001mm，当使用镜式引伸仪时，允许精度不低于 0.002mm。

3. 试件制备

做混凝土弹性模量试验用的标准或非标准棱柱体试件的各项要求与轴心抗压强度试件的要求相同。即标准试件为 150mm × 15mm × 300mm 棱柱体，非标准试件的高宽比应在 2 ~ 3 倍的范围内。每次试验应制备 6 个试件。其中 3 个用于测定轴心抗压强度。

关于混凝土静力受压弹性模量试验操作步骤和结果计算，详见《普通混凝土力学性能试验方法》(GB/T50081—2002) 的有关规定。

根据计算结果，评定其合格率。

八、混凝土强度的检验评定

本评定标准适用于混凝土立方体抗压强度的检验评定，摘引自《混凝土强度检验评定标准》（GBJ107—87），混凝土其他强度的检验评定可参考此标准，并执行现行国家标准有关规定。

九、混凝土非破损检验技术介绍

不破坏结构或构件，而通过测定与混凝土性能有关的物理量，来推定混凝土或其结构强度、弹性模量及其他性能的测试技术，被称为混凝土的非破损检验技术。这里介绍无破损检验法检验混凝土质量。

检验方法有：

表面硬度法—回弹法、超声脉冲法、超声与回弹综合法、拉拔法、钻取芯样测定法、早期推定混凝土强度试验法等。

1. 回弹法评定混凝土抗压强度 详见《回弹法检测混凝土抗压强度技术规程》（JGJ/T23—2001）。它适用于水泥混凝土路面或其他构筑物普通混凝土的快速评定，不适于作为仲裁试验或工程验收的最终依据。

有下列情况之一时，方可按回弹法评定混凝土强度，并可作为混凝土强度检验的参考：

（1）缺乏同条件试块或标准试块数量不足。

（2）试块的质量缺乏代表性。

（3）试块的试压结果不符合现行标准、规范、规程所规定的要求，并对该结果持有怀疑。

2. 超声波法检测混凝土内部缺陷

本方法适用于视密度 $1.9\sim2.5t/m^3$、板厚大于10cm、龄期大于14d、强度已达到设计抗压强度80%以上的水泥混凝土，不适于作为仲裁试验或工程验收的最终依据。

（1）超声波法的检验项目：

1）混凝土的匀质性、密度和现有强度。

2）混凝土内部孔洞的大小范围。

3）混凝土表面裂缝深度。

4）混凝土经冻融、火灾、化学腐蚀等作用后破坏层的厚度及混凝土强度的变化情况。

(2) 超声波法探测混凝土缺损的几种方法

1) 探测混凝土内部孔洞，通过超声波在有无孔洞处的不同声速测得孔洞大小。

2) 探测混凝土裂缝深度：采用平测法或对测法探测裂缝深度。

3) 探测混凝土破坏层厚度 t 利用超声波仪的发射探头和不同测试位置上的接收探头所显示出来的超声波传播速度，计算混凝土破坏层厚度。

3. 超声与回弹综合法

采用两种以上的单一非破损检验法来测定混凝土强度的方法，称为综合法。众所周知，影响抗压强度的因素是非常多的，各种非破损法对每种影响因素的敏感程度是不同的。例如声波在混凝土中的传播速度，对水灰比和混凝土密实度反应灵敏，但对骨料级配，水泥品种、用量、水泥石与骨料粘结力等因素可能反应不灵敏，也可能反应偏大，回弹仪对水泥品种，水灰比、混凝土表面硬度反应灵敏，但对混凝土密实度反应不灵敏。如果两者互相配合对混凝土同时测量超声波传播速度与回弹值，取长补短，就可以提高检验混凝土强度的准确性。

世界各国在研究采用综合法中，以声速与回弹值综合法研究反应居多，并被认为最有发展前途。

本检测法不适用于下列情况：

隐蔽或外露局部缺陷区，裂缝或微裂缝区面层或深部质量不一致，钢筋密集区，特别是脉冲速度沿钢筋方向测试时，距构件边缘小于6~8mm的部位。

4. 拉拔法测定混凝土强度

在混凝土表面以下一定距离处预先埋入一个钢质圆盘。混凝土硬化后通过圆盘向外施力，圆盘外侧的一部分混凝土将处于复杂的应力状态。由于混凝土的脆性特征，当外力增加至一定限度时，混凝土将沿着一个与轴线约成45°角的圆锥面破裂，并且最后有一个锥体脱落。混凝土对于这种拉拔力的抵抗作用是与标准试件抵抗压力作用相似的，因而可以用极限抗拔力作为推算混凝土抗压强度的指标。

5. 钻取芯样测定混凝土强度

钻芯法是使用钻芯机直接从混凝土结构上钻取圆柱形芯样进行试验。本法较为直观，可测定结构不同深度部位的混凝土。进行强度和内部缺陷的质量鉴定。

（1）测试仪器：取芯机及其配套设备见表2-14。

取芯机及其配套设备 **表2-14**

类 别	型 号	技术性能
混凝土取芯机	GZ-200型	三相电动机，功率为3kW；钻头转速为450和900r/min，两级变速可进行水平及垂直角度的ϕ150mm以内芯样的钻取工作
	TXZ-83-X型	柴油机功率为5kW；可进行垂直角度的ϕ150mm以内芯样的钻取工作
切割机	DQ-2型	自动，无级调速
	G-210型	半自动
金刚石钻头	公称直径（mm） ϕ150、ϕ100、ϕ75、ϕ50	
金刚石锯片	直径（mm） ϕ500、ϕ600	

（2）芯样制备。芯样端面应采用金刚石锯片切割平整，表面不平的芯样可采用水泥浆或其他材料找平。芯样平均直径用游标卡尺测量，两端和中部各测两次，两次测量互为直角，其六次测量的算术平均值作为平均直径d，精确至0.1mm。芯样的长度用游标卡尺对圆周上的4个测面高度进行测量，取算术平均值，精确至0.1mm。

垂直度用万能角尺测量。

如芯样端面有2mm以上凸起，端面偏离垂直轴线3°以上，芯样表面有裂缝或较大蜂窝及气孔者均应舍弃。

（3）抗压试验。芯样试块的抗压试验方法与立方体试块相同。芯样试块的抗压强度按下式计算。

$$B_{芯} = \frac{4P}{\pi d^2} \tag{2-17}$$

式中 P——抗压荷载（kg）；

d——芯样平均直径（cm）。

6. 早期推定混凝土强度试验方法

该方法是用加速养护的混凝土试件早期强度，推定标准养护28d（或其他龄期）的混凝土强度。推定的混凝土强度用于混凝土生产中的质量控制以及混凝土配合比的设计和调整。

该方法适用于符合国家标准规定的各种硅酸盐水泥拌制的普通混凝土，也适用于掺用木质素磺酸钙的普通混凝土，当掺用其他类型外加剂时，须经试验确定。

十、砂浆抗压强度试验

砂浆抗压强度试验是检验砂浆的实际强度，确定砂浆是否达到设计要求的等级。用于砌筑砂浆、抹灰砂浆和防水砂浆强度的检验。

1. 仪器设备

（1）试模：70.7mm×70.7mm×70.7mm。砌石时采用有底试模，其他试验采用无底试模。

（2）钢制捣棒。直径10mm，长350mm圆形棒，其一端呈半球形。

（3）抹刀、拌具。

（4）压力机。

2. 试验步骤

（1）将拌好的砂浆一次注满涂过矿物油的试模内（无底试

模的底部在垫砖上铺一张吸水性好的纸）。

（2）用捣棒插捣砂浆。插捣从四周呈螺旋形向中心顺序进行，插捣25次，再用刮刀沿试模壁插捣一遍，砂浆应高出试模顶面7～8mm。

（3）约15～30min后。将高出试模部分的砂浆沿试模顶面刮平。在正常温度条件下养护24 h，编号拆模。

（4）养护。在标准条件或与现场相同条件下继续养护至所需龄期。

（5）强度试验。将试块表面刷净、擦干，加压方向须垂直于捣实方向。试件与压力机接触的表面应洁净，加载速度均匀，一般以每秒钟为预计破坏荷载的10%，或每秒取0.3MPa为宜。

3. 结果计算

每组试件6块，取6个试块试验结果的算术平均值作为该砂浆的抗压强度。抗压强度计算值精确至0.1MPa。

十一、水泥砂浆抗渗性试验

水泥砂浆抗渗性试验用于比较不同品种水泥砂浆的防水性能。一般用以表明外加剂对提高水泥砂浆抗渗性的效果。

1. 仪器设备

（1）砂浆渗透试验仪（SS15型）。

（2）圆台形金属试模，上口直径70mm，下口直径80 mm，高30mm。

（3）捣棒：直径10mm，长350mm，一端为半球形。

（4）抹刀拌具等。

2. 试验步骤

（1）将试模放置在厚玻璃板上。将拌好的砂浆一次装满试模，用捣棒轻轻插捣除去气泡。1～2h后，刮去多余的砂浆，抹平表面。经两昼夜脱模。每组试件三块。

（2）脱模后的试件均保持在养护室同条件下养护到规定龄期，取出试件并待表面干燥后，用密封材料密封，装入渗透仪中，进行渗水试验。

（3）水压从 0.2MPa 开始，保持 2h，增至 0.3MPa。以后每隔 1h 增加水压 0.1MPa，直至所有试件顶面渗水为止。记录每个试件的最大水压力和保持最大水压的时间 t（以小时计）。如果水压增至 1.5MPa，而试件仍未透水，则不再升压，持荷 6h 后，停止试验。

3. 试验结果

一般采用掺有外加剂的砂浆与基准砂浆的对比试验。

$$K = \frac{I_1 - I_0}{I_0} \times 100\% \tag{2-18}$$

式中 K——不透水性提高率；

I_0——空白砂浆试件不透水性系数；

I_1——掺外加剂的砂浆试件不透水性系数。I_0 或 I_1 均取三个试件的平均值。

第三章　道 路 工 程

第一节　路　　基

路基工程质量检查控制项目有：土基强度和模量、压实度、中线高程、平整度、宽度、横坡、边坡坡度、边沟沟底高程、沟底宽度等。有关路基压实度，中线高程、宽度、横坡等项的检验方法与步骤，见本教材第二章有关各节的叙述。本节针对道路土基强度和模量、路基压实度、横断面横坡，边坡坡度等项目检验的特点和方法作一叙述。

一、土基强度和模量检验

（一）承载比（CBR）试验

路基回填材料,应有一定的强度。路基填方材料,应经野外取土试验,或现场进行 CBR 值测试。本处介绍取土试验测试 CBR 值。

本试验适用于在规定的试筒内制件后，对各种土和路面基层、底基层材料进行承载比试验，以确定用料强度是否符合相应规范要求。

1. 本试验法只用于在规定的试筒内制件后，对各种土和路面基层、底基层材料进行承载比试验。混合料的最大粒径，应控制在 25mm 以内，最大不得超过 38mm（圆孔筛，如为方孔筛，应控制在 20mm 以内，最大不得超过 30mm）。路基土或强度不随龄期增长的材料不需养生。

2. 仪器设备

（1）圆孔筛：孔径 38mm、25mm、20mm 及 5mm 的筛各

一个。

（2）试筒：内径152mm，高170mm的金属圆筒；套环，高50mm，筒内垫块直径151mm，高50mm；夯击底板（同击实仪）。可采用击实试验法的试筒。

（3）夯锤和导管：夯锤的底面直径50mm，总质量4.5kg。夯锤在导管内的总行程为450mm，夯锤的型式和尺寸与重型击实试验法所用的相同。

（4）贯入杆：端面直径50m，长约100mm的金属柱。

（5）路面材料强度试验仪或其他荷载装置：能量不小于50kN，能调节贯入速度到每分钟贯入1mm，如图3-1所示。

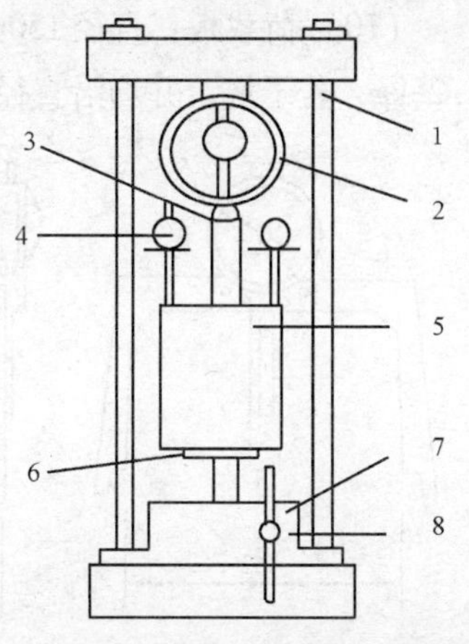

图3-1　手摇测力环式路面材料强度试验仪示意图

1—框架；2—测力环；3—贯入杆；4—升降台；5—涡轮涡杆箱；6—摇把；7—试件；8—百分表

（6）百分表三个。

（7）试件顶面上的多孔板（测试件吸水时的膨胀量），如图3-2所示。

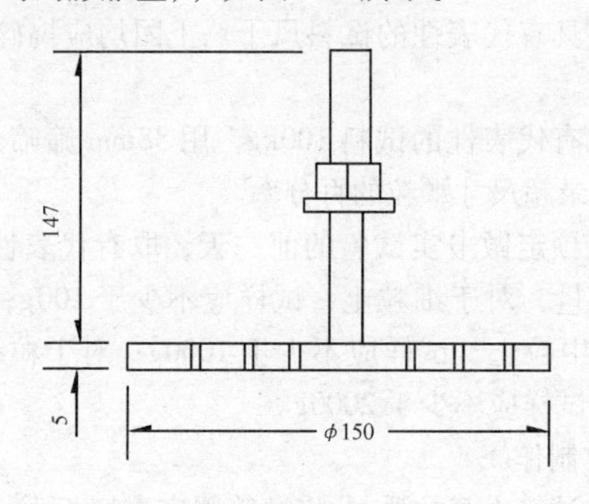

图3-2　多孔板

（8）多孔底板（试件放上后浸泡水中）。

（9）测膨胀量时支承百分表的架子，如图3-3所示。

（10）荷载板：直径150mm，中心孔眼直径52mm，每块质量1.25kg，若干块，并均沿直径分为两个半圆块，如图3-4所示。

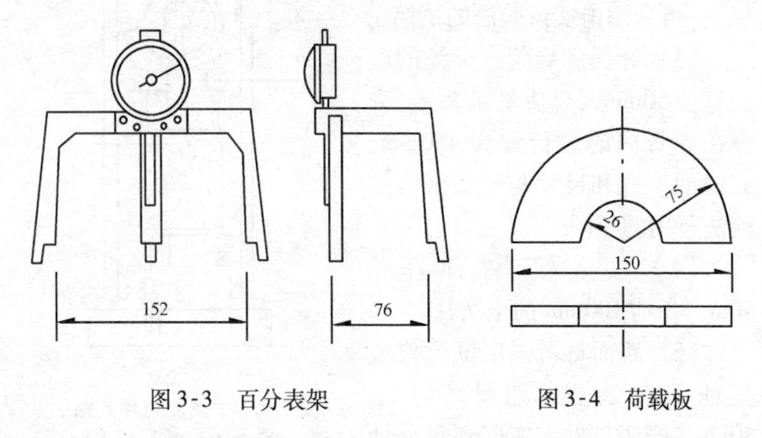

图3-3　百分表架　　　　图3-4　荷载板

（11）水槽：浸泡试件用，槽内水面应高出试件顶面25mm。

（12）其他：台秤（感量为试件用料量的0.1%）、拌合盘、直尺、滤纸、脱模器等与重型击实试验法同。

3. 试料准备

（1）将具有代表性的试料风干。土团均应捣碎到通过5mm的筛孔。

（2）取有代表性的试料100kg，用38mm筛筛余大于38mm的颗粒并记录超尺寸颗粒的百分率。

（3）在预定做击实试验的前一天，取有代表性的试料测定其风干含水量，对于细粒土，试样应不少于100g；对于粒径小于25mm的中粒土，试样应不少于1000g；对于粒径小于38mm的粗粒土，试样应不少于2000g。

4. 试件制作

（1）称试筒本身的质量 将试筒固定在底板上，垫块放入筒内，并在垫块上放一张滤纸，安上套环。

（2）一般要制3种试件，如每种试件制作3个，则共制9个试件。3种试件均分3层夯击，差别是每层夯击次数分别为30次、50次和98次。使试件的干密度从低于95%到等于100%的最大干密度（9个试件共需试料约50kg）。

（3）将已过筛的试料，用四分法逐次分小，至最后取出约50kg试料。再用四分法将取出的试料分成9份，每份约重5.0kg。

（4）按最佳含水量制备试件试样。将一份试料平铺于金属盘内将事先计算得到的该份试料中应加的水量均匀地喷洒在试料上，如为细料土，所加水量应较最佳含水量小3%；对于中粒土和粗粒土，可直接按最佳含水量加水。用小铲将料充分拌合到均匀状态。如为石灰稳定土和水泥石灰综合稳定土，可将石灰和试料一起拌匀，然后装入密闭容器塑料口袋内浸润备用。

浸润时间：重黏土不得少于24h，轻黏土可缩短到12h，砂土可缩短到1h，天然砂砾土、红土砂砾、级配砾石可缩短到2h左右，含土很少的未筛分碎石、砂砾及砂可以缩短到lh。

制每个试件时，都要取样测定试料的含水量。对于细粒土（最大粒径5mm），每次取样100g，中粒土每次取样500g，粗粒土每次取样1000g。

（5）如为水泥稳定土和水泥石灰综合稳定土，将所需的水泥加到浸润后的土中，并用小铲、泥刀或其他工具充分拌合到均匀状态。对于细粒土在拌合过程中加入适量的水使水分达到最佳含水量。试样拌合后用湿布覆盖，以防蒸发，对于加有水泥的试样应在lh内完成下述制作工作，拌合后超过lh的试样应予以作废。

（6）将击实筒放在坚实（最好是水泥混凝土）地面上，取制备好的试样1.8kg左右（其量应使击实后的试样略高于筒高的1/3，约高出1~2mm）倒入筒内。整平其表面后稍加压紧。然后按所需击数进行第一层试样的击实（先击98次）。击实时，击锤应自由铅直落下，落高应为45cm，锤亦必须均匀分布于试样面。第一层击实完后，检查该层的高度是否合适，以便调整以后两层的试样用量。用刮刀或改锥将已击实层的表面“刮松”，然后重复上述做法，进行其余两层试样的击实。最后一层试样击实后，试样超出试筒顶的高度不得大于6mm，超出高度过大的试件应该作废。

（7）卸下套环，用直刮刀沿试筒顶修平压实的试件，表面不平整处用细料修补。取出垫块，称试筒和试件的质量并进行湿气养生（如不是石灰或水泥稳定土，则不需要养生）。

（8）按步骤（6）和（7）制作其余两种试件。只是制作第二种试件时，每层的夯实次数为50次，制作第三种试件时，每层夯击次数为30次。

5. 泡水测膨胀量

（1）试料经过湿气养生3d后，如为素土，则在试件制成后，取下试件顶面的破残滤纸，放一张好的滤纸。并在上面安放附有调节装置的多孔板，在板上加足够的荷载板，使试件面上的压力等于该材料层上路面的压力。

（2）将试筒与多孔底板一起放在水槽内（先不放水）并用拉杆将模具拉紧，安装百分表，并读取初读数。

（3）向水槽内放水，使水自由进到试件的顶和底部。在泡水期间，槽内水面应保持在试件顶面上大约25mm。通常，试件要泡水96h。

（4）在96h终了时，读取试件上百分表的终读数，并用式（3-1）计算膨胀量，其中原试件高为120mm。

$$\text{膨胀量} = \frac{\text{饱水后试件高度的变化}}{\text{原试件高}} \times 100\% \qquad (3\text{-}1)$$

（5）从水槽中取出试件，倒出试件顶面的水，静置15min让其排水，然后卸去附加荷载和多孔板、底板及滤纸，并称量其质量 m_4 以计算试件的湿度和密度的变化。

6. 贯入试验

（1）将泡水试验终了的试件放到路面材料强度试验仪的升降台上，调整扁球座，使贯入杆与试件顶面全面接触。在贯入杆周围放置预定数量的半圆荷载板。

（2）先在贯入杆上施加45N荷载然后将测力和测形变的百

分表指针都调到零点。

（3）加荷。使贯杆以 1~1.25mm/min 的速度压入试件。记录测力环内百分表某些整读数（如 20，40，60…）时的贯入量。并需注意使贯入量为 250×10^{-2}mm 时，能有 8 个以上的读数。因此，测力环内百分表的第一个读数应是贯入量为 20×10^{-2}mm 左右，总贯入量应超过 700×10^{-2}mm。

7. 计算

（1）绘制压力（单位压力）—贯入量曲线将单位压力作为横坐标，贯入量作为纵坐标，绘制单位压力—贯入量关系曲线，见图 3-5 所示。图上曲线 1 是合适的，曲线 2 开始段是凹曲线，需要进行修正。修正时在变曲率点引一切线与纵坐标相交于 o' 点，o'即为修正后的原点。

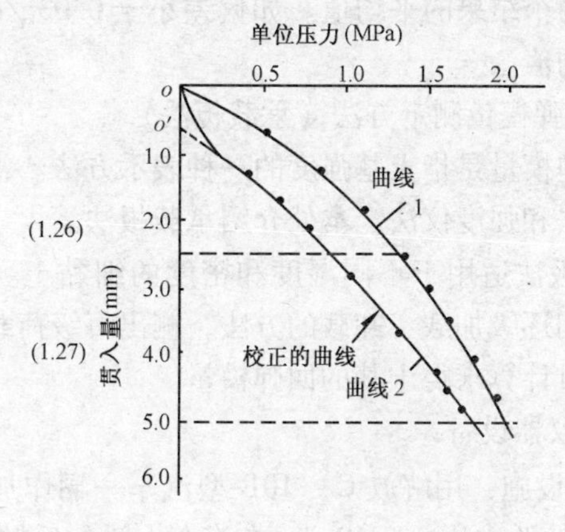

图 3-5　单位压力—贯入量曲线

（2）计算承载比

一般采用贯入量为 2.5mm 时的单位压力（MPa）与标准压力之比作为材料的承载比。

因此：

$$CBR = \frac{P}{7000} \times 100 \tag{3-2}$$

同时计算贯入量为5.0mm时的承载比：

$$CBR = \frac{P}{10500} \times 100 \tag{3-3}$$

式中 CBR——承载比（%）；

P——单位压力（kPa）。

如贯入量为5.0mm时的承载比大于2.5mm时的承载比，则试验要重新作。如结果仍然如此，则采用5.0mm时的承载比。

（3）精度要求

如根据三个平行试验结果计算得到的承载比偏差系数 C_v 大于12%，则去掉一个偏离大的值，取其余两个结果的平均值。如 C_v 小于12%则取三个结果的平均值。如三个平行试验结果计算得到的干密度的偏差超过0.03g/cm^3，则去掉一个偏离大的值，取其余两个结果的平均值。如偏差小于0.03g/cm^3，则取三个结果的平均值。

（二）回弹模量测定方法（承载板法）

所谓回弹模量是指土基强度的一种表示方法。常用的检验方法有承载板法和强度仪法。本处介绍承载板法。

1. 承载板法适用于不同湿度和密度的细黏土。在土基表面用承载板采用逐级加载、卸载的方法，测出每级荷载相应的回弹变形值，通过计算求得土基的回弹模量。

2. 主要仪器设备

1）加载设施：用解放CA-10B型汽车一辆作加载设备（后轴重60kN，轮胎内压0.5MPa），在汽车大梁的后轴之后约80cm处，附设加劲小横梁一根作反力架。

2）刚性承载板一块，直径28cm，直径两端设有立柱和可以调整高度的支座，供安放弯沉仪测头。

3）弯沉仪两台，附有百分表及其支架。

4）油压千斤顶一台，规格80～100kN，装有经过标定的压力表或测力环。

3. 测试步骤

(1) 选定有代表性的测点。

(2) 仔细平整土基表面，撒细砂填平土基凹处，砂子不可覆盖全部土基表面，避免形成一层砂面。

(3) 安置承载板，并用水平尺进行校正。

(4) 将试验车置于测点上，使系于加劲小横梁中部的垂球对准承载板中心，然后收起垂球。

(5) 在承载板上安放千斤顶，上面衬垫钢圆筒、钢板，并将球座置于顶部与加劲小横梁接触。如用测力环时，应将测力环置于千斤顶与横梁中间，千斤顶衬垫物必须保持铅直，以免加压时千斤顶倾倒，发生事故并影响测试数据的准确性。

(6) 安放弯沉仪，将两台弯沉仪的测头分别置于承载板立柱的支座上，百分表对零或其他合适的位置如图 3-6 所示。

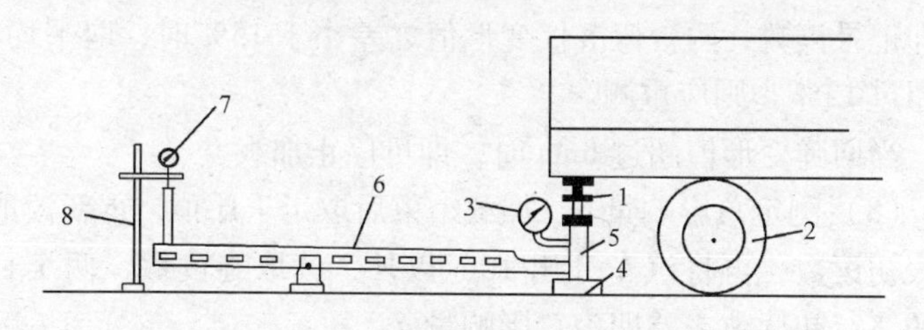

图 3-6　承载板试验示意图

1—支撑小横梁；2—汽车后轮；3—千斤顶油压表；4—承载板；5—千斤顶；6—弯沉仪；7—百分表；8—表架

(7) 测定土基的压力—变形曲线。采用逐级加载、卸载法，用经过标定的压力表或测力环控制加载大小。各级压力所需加载大小见表 3-1。

加　载　表　　　　**表 3-1**

加载　　　卸载	压强 (MPa)	荷载 (kN)
0→0.05→0	0.05	3.079
0→0.10→0	0.10	6.156
0→0.15→0	0.15	9.236

续表

加载　　卸载	压强（MPa）	荷载（kN）
0→0.20→0	0.20	12.315
0→0.30→0	0.30	18.473
0→0.40→0	0.40	24.630
0→0.50→0	0.50	30.788

首先预压0.05MPa，使承载板与土基紧密接触。同时检查百分表的工作情况是否正常，然后放松千斤顶油门卸载，百分表稳定1min后，读初读数。

再按下列程序逐级进行加载、卸载测定：

每级卸载后百分表不再对零。每次加载、卸载稳定1min后立即记录读数，两台弯沉仪变形值之差小于15%时，取平均值。若超过15%，则应重测。

当回弹变形值超过1mm时，即可停止加载。

（8）测定总影响量a。加载结束后取走千斤顶，重新读取百分表初读数，再将汽车开出10m以外，读取终读数，两个百分表的终、初读数之差即为总影响量a。

各级压力的回弹变形值加该级的影响量后，则为计算回弹变形值。表3-2是以解放牌CA-10B为测试车的各级荷载影响量。

各级荷载影响量　　表3-2

承载板压力（MPa）	0.05	0.10	0.15	0.20	0.30	0.40	0.50
影响量	0.06a	0.12a	0.18a	0.24a	0.36a	0.48a	0.60a

4. 资料整理

（1）绘制P-l曲线。将各级计算回弹变形值绘于标准计算纸上，排除异常点，并绘制P-l曲线。如果P-l曲线不通过原点，允许用初始直线段用纵坐标轴的交点当作原点，修正各级荷载下的回弹变形和回弹模量。

(2) 计算 E_0 值。按下式计算每级荷载下的土基回弹模量 E_0:

$$E = \frac{\pi}{4}D(1-\mu^2)\frac{P}{l} \tag{3-4}$$

式中 E——土基回弹模量(MPa);

μ——泊松比,取0.35;

D——承载板直径(cm);

P——承载板单位压力(MPa);

l——相对于 P 的计算回弹变形(cm)。

土的回弹模量由三个平行试验的平均值确定,每个平行试验结果与均值回弹模量相差应不超过5%。

二、路基压实度检验

路基填方压实度检验范围是,每一层每1000m² 取3个压实度试验结果,试坑的位置一般要求在路中心和两侧(距路边1~1.5m处)部位各取1点,共3点。这3点应在碾压轮迹较大的部位取样,3点的压实度如能达到质量标准规定的数值,那么其他的地方一般都能达到质量标准规定的压实度,若在轮迹较小或表面平整的部位取样,如试验结果刚刚达到或刚刚超过标准,那么其他轮迹较大的部位就有可能达不到质量标准。因此试验点应选在轮迹较大的部位为好,所测定的压实度才有保证。质量标准规定压实度的合格率必须达到100%,压实度达不到要求时必须追加碾压或采取相应措施,直至达到要求的密实度为止。

各种路面对路基压实度的要求各有不同,按质量标准规定数值执行。具体的检验方法,见通用检验方法第一节压实度检验的有关内容。

三、路基中线高程和横坡检验

路基中线高程和横坡的检验,是指已经碾压成活的路床的实际高程是否符合横断面设计高程，尤其是中线高程。检验方法采用水准仪进行高程测量，所测之值与设计路拱的高程之差在质量标准的允许偏差之内为合格，否则为不合格。依据质量标准规定，其检验频率为每 20m 量测一个横断面。具体位置是测定 20m 的整桩号为宜。每个断面所测的点数根据路基的不同宽度而定，一般规定：路宽小于 9m，每个断面测 3 点，其位置为路中心 1 点，两侧路边 1.5m 范围各 1 点，路宽 9 ~ 15m 测 5 点，其位置是在上述的基础上，在路拱曲线与直线交接处各加 1 点；路宽大于 15m 测 7 点，其位置是在直线段中间部位各 1 点；广场大路口等可根据设计的方格网或具体情况而定。

四、路肩、人行道横坡检验

道路路肩、人行道横坡检验，是指已经碾压成活的路肩及人行道的横坡是否符合设计坡度。横坡可用横断高差经过计算求出。所以横坡检验可采用水准仪进行高程测量。根据路肩、人行道的实际高程与设计高程之差，检验其横坡是否合格。

检验频率路肩为每 40m 测 2 点，人行道每 20m 测 1 点，一般以桩号为测点，具体测量方法：

（1）路肩、人行道与侧石相接时，路肩、人行道实测高程与经验收合格的侧石（立道牙）顶高相比；

（2）路肩、人行道与缘石（平道牙）相接时，路肩，人行道实测高程与经验收合格的缘石（平道牙）顶高相比；

（3）路肩、人行道外侧边缘与缘石（平道牙）或自然地面相接时，其外侧边缘的实际高程与设计缘石（立道牙）或自然地面高程相比。

五、边沟、边坡检验

1. 适用范围

边沟、边坡的检验是指填土或挖土路基的边坡，路边的排水沟、排洪沟，截水沟等的边坡，经过修整夯实后或护砌后的实际坡度与沟底宽度是否符合设计要求。质量标准规定:边坡的坡度不陡于设计规定为合格,否则为不合格;边沟的沟底宽度不得小于设计规定。因此边沟的坡度要尽量做到接近于规定的坡度,边坡坡度缓了虽为合格,又必然造成沟底宽度小于设计规定,造成不合格。

2. 检验频率

检验频率为每 20m 检验 2 点，路边两侧各检验 1 点，其位置在两个桩号的中部 1/2 处为宜。

3. 检验工具

坡度尺辅以垂球。坡度尺制作简单，使用方便，检验结果能满足精度要求。

因土壤类别和边沟深度各不相同，边坡坡度也不相同。这样，就要随边坡坡度的不同比例，制作相应的坡度尺。

采用的坡度尺是一直角三角形。两直角边的比例就是挖槽边坡坡度，见图 3-7 所示。

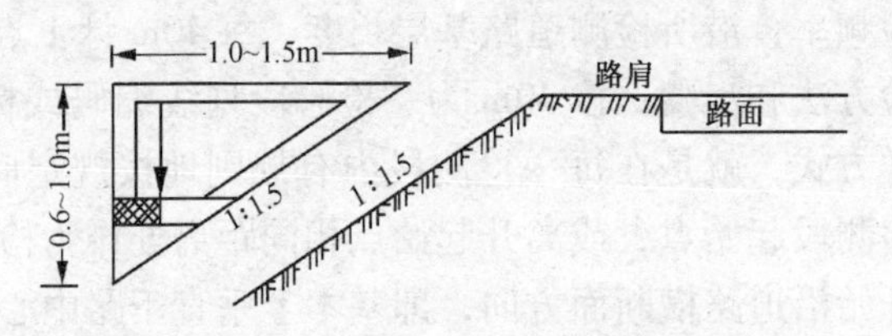

图 3-7　边坡坡度尺检验示意图

4. 检验方法和步骤

检验方法是从两个桩号处量出路肩的宽度，在路肩的外侧拉一条直线，以直线为准，用坡度尺检查。对于挖土路基，从下边缘拉一条直线，用坡度尺检查。当垂球尖部背向边坡的方向。说明边坡坡度陡干设计坡度为不合格，需要修整。为了避免贴补修整所造成边坡不稳定，一般对填土路基应稍填宽一些，采用削坡的方法，使边坡坡度达到合格标准。对挖土路基，边坡坡度稍留陡一些并以路基宽度为准，进行修坡达到标准。

第二节　基　层

基层的重要作用，是将路面上的交通荷载均匀、安全地传递给路基。因此它必须具有足够的承载能力、稳定性和耐久性，并具有足够的宽度、均匀的厚度和充分的压实度。

为此，道路基层应对压实度、高程、宽度、厚度、强度等项目进行检验。关于压实度、高程的检验方法，在第二章第一节和第三节已有叙述，平整度检验方法在本章第三节路面部分介绍。本节重点介绍基层宽度及厚度检验和强度检验。

一、基层宽度检验

道路基层宽度检验一般用直尺直接量测，量尺规格采用与道路基层相适应的钢卷尺。以一尺量测全幅基层宽度为宜。

检验频率：沿所检测道路基层长度，每 40m 计 1 点。

检验方法和步骤：按 40m 为一检验段划线编码或标注桩号。采取抽样方式，就是在每一检测段内有规则地按规定间距抽样，如取每检测段起始点，或离开起始点相同距离处作为检测点。从检测点开始沿道路横断面方向，即基本上垂直于路中心线，用钢尺量测道路基层宽度。量测时，施测人员将钢尺零点对准一侧路边，待道路另一侧的施测人员拉紧钢尺后，钢尺基本水平，发令“准备”当零点对准路边时发令“好”，另一侧施测人员读数，即为该基层检测段的实测宽度。当路宽大于 15m、路拱横坡影响而不便于一尺丈量时，可分两尺丈量，以提高量测精度。读数精确至 mm。

二、基层厚度检验

道路基层厚度的均匀一致是保证整体结构强度均匀的一个重要因素。基层厚度不足，影响本基层的强度。基层超厚能保证本基层的强度，但可能造成断面高程超高，或影响上一基层与面层的厚度和强度。因此基层的厚度要尽量做到合格，在允许偏差之内越小越好。

道路基层结构厚度的检验一般可与检测基层压实度结合进行。

检测频率为1000m^{2}取一个检验值。

检测方法根据不同种类的基层做法如下：

1. 石灰土类、水泥稳定土类的厚度检测

石灰土类和水泥稳定土类厚度的检验可与密度检验结合进行。取样后，在原坑的位置上继续向下挖坑，一直挖到该层的底面为止。在该结构层的表面上放一木靠尺，由木靠尺向下量到下一层面的距离即为结构层的厚度，如图3-8所示。量测厚度值一般取2~3个值平均。

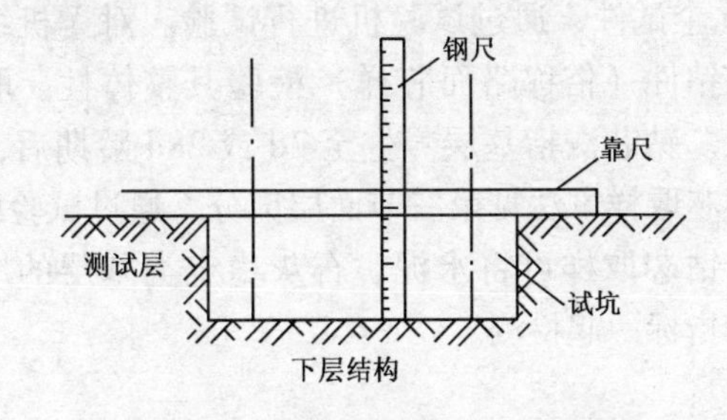

图3-8　基层厚度检测示意图

2. 砂石、碎石、块石、水泥稳定砂砾石、石灰粉煤灰稳定砂砾石，沥青稳定碎石等基层的厚度检测可随密度试验同时进行。一般要挖40cm×40cm正方形的垂直试坑，挖到本结构层的底面，用“三线九点”的方法，量取九点高度，取其平均值为其厚度。碎石及沥青稳定碎石在碾压过程中，碎石一般都嵌入到下层结构中一部分。在用尺量之前应将下层表面稍加平整，拍打密实再量厚度，这样比较准确。沥青稳定碎石为不损坏已稳定好的结构层。可在撒布沥青之前量测其厚度。

3. 大块石基层厚度检测

是将上面小下面大接近截锥体的大块石，用手工铺砌在下层基层上，再用嵌缝的小块石，下面小（星锥状）上面大地嵌入大块石的缝隙内。用锤击挤紧，上面找补 3 ~ 6 cm 大小的碎石，经碾压嵌挤密实而成。挖取一块大块石及其嵌缝碎石，量坑的厚度。块石层厚度允许偏差许薄不许厚，厚度允许偏差为 - 10% 的层厚。

三、基层强度检验

对水泥和石灰稳定类基层，设计文件一般有强度要求，强度指标为 7d 或 28d 无侧限抗压强度。强度检验有试件法和钻芯法两种方法。试件法是对拌合料制取试件，试件制取按《公路工程无机结合料稳定材料试验规程》（JTJ057—94）每一作业段或每 2000m^2 6 个试件，通过试验机进行试验。对无机结合料稳定基层，应取钻件（俗称路面芯样）检验其整体性。取样频率每 1000m^2 1 点。钻芯法指基层养生至 7d 或 28d 龄期后，在现场钻芯取样，钻芯取样方法见第三节面层部分。通过试验机试验测得基层强度。钻芯取样可将水泥、石灰稳定类基层的厚度、压实度、强度等指标一起检测。

第三节　面　　层

道路面层是路面的最上层，多数用水泥混凝土或沥青混凝土铺筑而成。它必须能抵抗因交通车辆引起的磨耗和水平剪力，平坦而不滑，使行车舒适而安全，还必须具有防止雨水渗入下部的性能。

一、沥青类面层压实度检验

沥青类路面层的压实度是评定道路面层质量的主要指标。经碾压达到了规定的压实度，行车后能够保证路面的平整度并延长其使用寿命；若压实度不足，行车后可能造成路面凹凸不平或出现车辙，促使路面早期破坏，因此必须保证路面达到规定的压实度。

其检验频率，根据质量标准规定每 2000m^2 取 1 个试验结果，取样位置距路边缘 1 ~ 1.5m 处有代表性的部位为宜。

检验方法：一般可采取挖坑取样或钻芯取样，直接称量或蜡封称量，以及用灌砂法求其密度，计算该材料的压实度。

1. 挖坑取试样法

试样的大小一般为 15cm × 15cm 的正方形为宜，厚度要取沥青混凝土面层或黑色碎（砾）石面层总厚度用直接称量或蜡封称量法求其压实度。

2. 钻芯取样法

（1）适用范围

本方法适用于对水泥混凝土面层、沥青混合料面层或水泥、石灰、粉煤灰等无机结合料稳定基层取样，以测定其密度或其他物理力学性能。

（2）仪器设备

路面钻芯机：牵引式（可用手推）或车载式，钻机由发动机或电力驱动。钻头直径根据需要决定，宜采用直径 100mm 的金刚石钻头，对无机结合料稳定基层可采用 ϕ150mm 的钻头，均带有淋水冷却装置。

（3）试验方法

1）在选取采样地点的路面上，将钻机牢固安放在取样地点，垂直对准路面放下钻头；

2）开放冷却水，启动马达，徐徐压下钻杆，钻芯取样；待钻透全厚后，上抬钻杆，拔出钻头，取出芯样，试样不得破碎；

3）填写样品标签，一式两份，一份贴在试样上，另一份作为记录备查。

3. 灌砂法

沥青灌入式面层的压实度用灌砂法检验，检验频率范围是每 2000m^2 取一个试验结果，计 1 点，检验方法见第二章第一节压实度检验的有关内容。

二、厚度检验

1. 沥青混凝土面层。沥青混凝土密度检验法，用挖坑取样或钻取芯样，量其厚度，为求得精确的厚度值，可以从试件的四面各量取二个数据。求其平均值为路面的实际厚度。

2. 水泥混凝土面层的厚度检验可采用两种方法，一是在混凝土浇筑之前，在已验收合格的两侧模板顶面挂一条横向小线，从小线向下量取设计路面厚度，应为砂垫层面高度，若砂垫层与小线间的高度不符合这个数值，应修整砂垫层，使之符合这个高度，即为混凝土板的预控厚度。二是在混凝土拆模后，将混凝土板侧边缘上的毛边打掉。直接用尺量其混凝土板的厚度。

除上述两种测量方法外，还可用钻取芯样的办法测其厚度。

3. 沥青贯入式面层是属于松散碎石材料，经碾压撒布沥青，小碎石嵌缝，粗砂罩面，再经碾压形成坚固的路面。其厚度的检验，本应在路面形成以后挖坑量测其厚度，但因挖坑后修补路面比较困难，除有特殊要求以外，故不宜在路面形成之后挖坑测厚度。其厚度的检验可在碎石碾压达到密度后，在撒布沥青之前测其碎石的密度与厚度。但由于碎石在碾压过程中嵌入下部基层内，量其一点厚度不易准确，因此试坑应以 40cm × 40cm 为宜。试坑下层松散的部分应拍打坚实平整，在面层上纵向拉小线按“三线九点”取其平均值，则为面层的厚度。

4. 黑色碎（砾）石面层、泥结碎石面层、级配砾石面层等路面面层厚度用尺量检验。检验方法可结合压实度检验一并进行，或参考沥青贯入式面层厚度检验的方法。

三、混凝土蜂窝麻面检验

麻面现象：混凝土表面局部缺浆，石子外露，表面粗糙或者有许多小凹坑，但无深坑松动的现象。

蜂窝现象：混凝土局部酥松，砂浆少。石子多，石子间出现空隙形成蜂窝状孔眼。

水泥混凝土面层的蜂窝麻面现象一般出现在混凝土板的侧面较多。主要原因是掖边、振动不实而造成的。

施测人员根据外观将每侧混凝土侧面蜂窝麻面范围确定。然后再将每一部位的蜂窝麻面用直尺和粉笔标出较规则的几何图形。如正方形、矩形、梯形、三角形等。根据每个圈定的几何图形，用相应的计算公式，算出各自面积，面积的累积，为每一侧面的蜂窝总面积。求另一侧，以此类推。两侧蜂窝面积之和，为检验范围内的蜂窝总面积。

根据质量标准规定：每块混凝土板每个侧面蜂窝麻面面积不超过2%。

四、纵、横断高程检验

各种路面纵横断高程是指路面的竣工高程。它的合格与否将直接影响到路型的美观、行车的舒适及雨后排水流畅等等。其检验频率每20m测一个断面，检验方法与路基相同，但是其允许偏差比路基的标准严格，按路面允许偏差的要求执行。

五、弯沉值检验

（一）贝克曼梁测定路基路面回弹弯沉试验方法

1. 适用范围

本方法适用于测定各类路基路面的回弹弯沉，用以评定其整体承载能力，沥青路面的弯沉以路表温度20℃时为准，在其他温度测试时，对厚度大于5cm的沥青路面，弯沉值应予温度修正。

2. 仪具与材料

本试验需要下列仪具与材料：

（1）标准车：双轴、后轴双侧4轮的载重车，其标准轴荷载轮胎尺寸、轮胎间隙及轮胎气压等主要参数应符合表3-3的要求。测试车可根据需要按道路等级选择。

测定弯沉用的标准车参数 **表 3-3**

标准轴载等级	BZZ-100	BZZ-60
后轴标准轴载 P（kN）	100 ±1	60 ±1
一侧双轮荷载（kN）	50 ±0.5	30 ±0.5
轮胎充气压力（MPa）	0.70 ±0.05	0.50 ±0.05
单轮传压面当量圆直径（cm）	21.3 ±0.5	19.50 ±0.5
轮隙宽度	应满足能自由插入弯沉仪测头的测试要求	

（2）路面弯沉仪：由贝克曼梁、百分表及表架组成，贝克曼梁由合金铝制成，上有水准泡，其前臂（接触路面）与后臂（装百分表）长度比为2∶1。弯沉仪长度有两种：一种长 3.6m，前后臂分别为 2.4m 和 1.2m；另一种加长的弯沉仪长 5.4m，前后臂分别为 3.6m 和 1.8m。当在半刚性基层沥青路面或水泥混凝土路面上测定时，宜采用长度为 5.4m 的贝克曼梁弯沉仪，并采用 BZZ-100 标准车，弯沉采用百分表量得，也可用自动记录装置进行测量（图 3-9）。

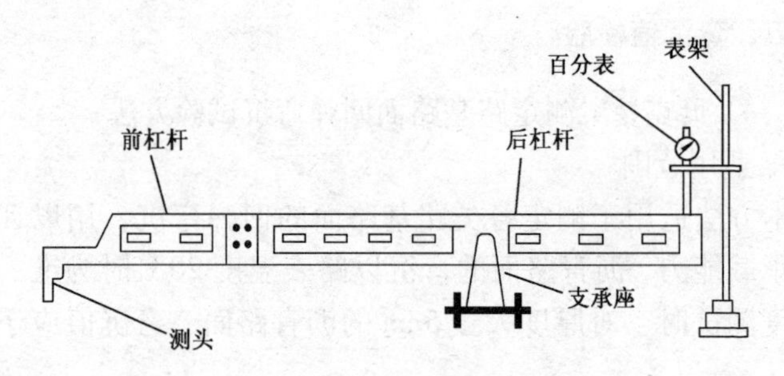

图 3-9　路面弯沉仪

（3）接触式路表温度计：端部为平头，分度不大于1℃。

（4）其他：皮尺、口哨、白油漆或粉笔、指挥旗等。

3. 试验方法

（1）准备工作

1）检查并保持测定用标准车的车况及刹车性能良好，轮胎内胎符合规定充气压力。

2）向汽车车槽中装载（铁块或骨料），并用地中衡称量后轴总质量，符合要求的轴重规定，汽车行驶及测定过程中，轴重不得变化。

3）测定轮胎接地面积：平整光滑的硬质路面上用千斤顶将汽车顶起，在轮胎下方铺一张复写纸，轻轻落下千斤顶，即在方格纸上印上轮胎印痕，用求积仪数方格的方法测算轮胎接地面积，准确至0.1cm^2。

4）检查弯沉仪百分表灵敏情况。

5）当在沥青路面上测定时，用路表温度计测定试验时气温及路表温度（一天中气温不断变化，应随时测定），并通过气象台了解前5d的平均气温（日最高气温与最低气温的平均值）。

（2）测试步骤

1）在测试路段布置测点，其距离随测试需要而定。测点应在路面行车车道的轮迹带上，并用白油漆或粉笔划上标记。

2）将试验车后轮轮隙对准测点后约3～5cm处的位置上。

3）将弯沉仪插入汽车后轮之间的缝隙处，与汽车方向一致，梁臂不得碰到轮胎，弯沉仪测头置于测点上（轮隙中心前方3～5cm处），并安装百分表于弯沉仪的测定杆上，百分表调零，用手指轻轻叩打弯沉仪，检查百分表是否稳定回零。

弯沉仪可以是单侧测定，也可以是双侧同时测定。

4）测定者吹哨发令指挥汽车缓缓前进，百分表随路面变形的增加而持续向前转动。当表针转动到最大值时，迅速读取初读数L_1。汽车仍在继续前进，表针反向回转，待汽车驶出弯沉影响半径（约3m以上）后，吹口哨或挥动指挥红旗，汽车停止。待表针回转稳定后，再次读取终读数L_2。汽车前进的速度宜为5km/h左右。

（3）弯沉仪的支点变形修正

1）当采用长度为3.6m的弯沉仪对半刚性基层沥青路面、水泥混凝土路面等进行弯沉测定时，有可能引起弯沉仪支座处变形，因此测定时应检验支点有无变形。此时应用另一台检验用的弯沉仪安装在测定用弯沉仪的后方，其测点架于测定用弯沉仪的支点旁。当汽车开出时，同时测定两台弯沉仪的弯沉读数，如检验用弯沉仪百分表有读数，即应该记录并进行支点变形修正。当在同一结构层上测定时，可在不同位置测定5次，求取平均值，以后每次测定时以此作为修正值。

2）当采用长度为5.4m的弯沉仪测定时，可不进行支点变形修正。

4. 结果计算及温度修正

（1）路面测点的回弹弯沉值依式（3-5）计算：

$$L_T = (L_1 - L_2) \times 2 \tag{3-5}$$

式中 L_T——在路面温度T时的回弹弯沉值（0.01mm）；

L_1——车轮中心临近弯沉仪头时百分表的最大（0.01mm）；

L_2——汽车驶出弯沉影响半径后百分表的终读数（0.01mm）。

（2）当需要进行弯沉仪支点变形修正时，路面测点的回弹弯沉值按式（3-6）计算。

$$L_T = (L_1 - L_2) \times 2 + (L_3 - L_4) \times 6 \tag{3-6}$$

式中 L_1——车轮中心临近弯沉仪测头时测定用弯沉仪的最大读数（0.01mm）；

L_2——汽车驶出弯沉影响半径后测定用弯沉仪的最终读数（0.01mm）；

L_3——车轮中心临近弯沉仪测头时检验用弯沉仪的最大读数（0.01mm）；

L_4——汽车驶出弯沉影响半径后检验用弯沉仪的终读数（0.01mm）。

注：此式适用于测定用弯沉仪支座处有变形，但百分表架处路面已无变形的情况。

（3）沥青面层厚度大于5cm的沥青路面，回弹弯沉值应进行温度修正，温度修正及回弹弯沉的计算宜按下列步骤进行：

（1）测定时的沥青层平均温度按式（3-7）计算：

$$T=(T_{25}+T_{m}+T_{e})\div 3 \tag{3-7}$$

式中 T——测定时沥青层平均温度（℃）；

T_{25}——根据 T_0 由图3-10决定的路表下25mm处的温度（℃）；

T_{m}——根据 T_0 由图3-10决定的沥青层中间深度的温度（℃）；

T_{e}——根据 T_0 由图3-10决定的沥青层底面处的温度（℃）。

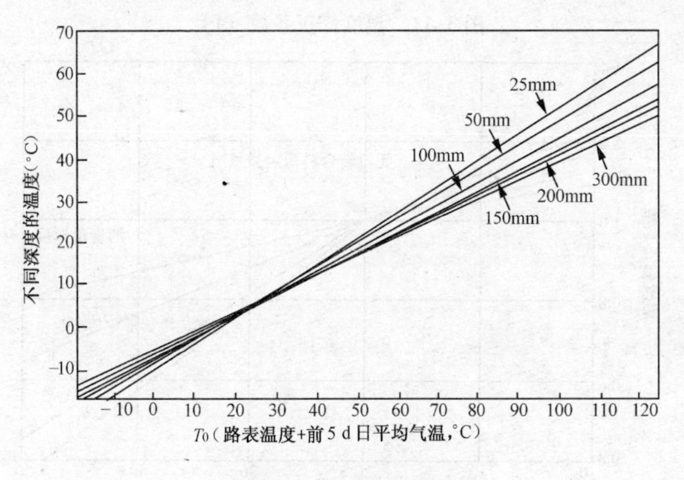

图3-10 路层温度

图中 T_0 为测定时路表温度与测定前5d日平均气温的平均值之和（℃），日平均气温为日最高气温与最低气温的平均值。

（2）采用不同基层的沥青路面弯沉值的温度修正系数K，根据沥青层平均温度T及沥青层厚度，分别由图3-11及图3-12求取。

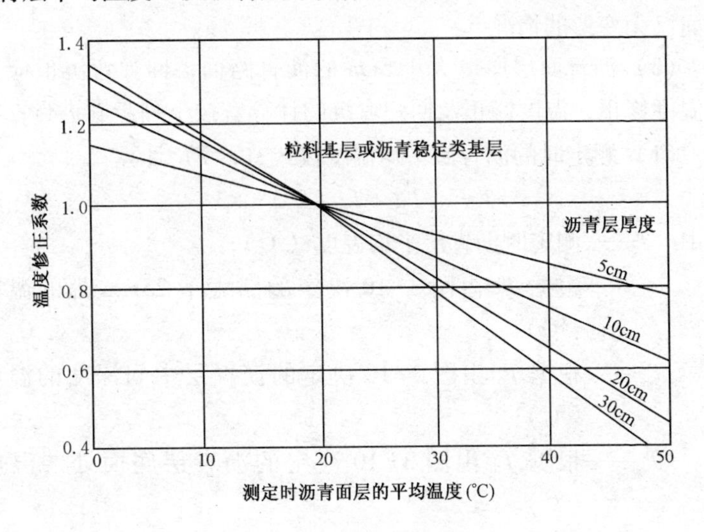

图3-11　温度修正系数（1）

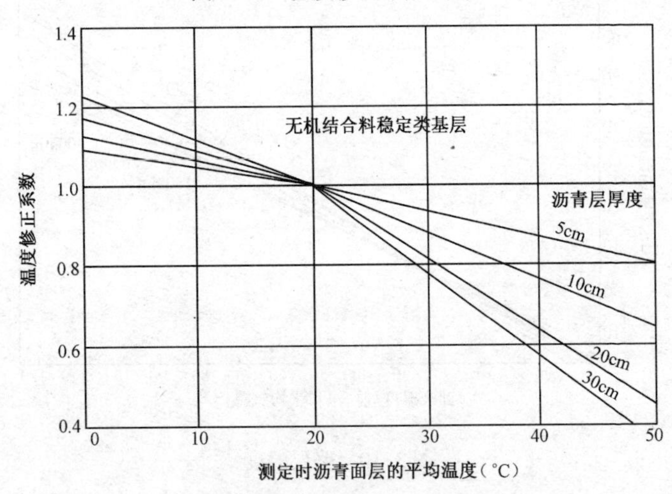

图3-12　温度修正系数（2）

（3）沥青路面回弹弯沉的按式（3-8）计算：

$$L_{20}=L_{\mathrm{T}}\times K \tag{3-8}$$

式中　K——温度修正系数；

L_{20}——换算为20℃的沥青路面回弹弯沉值（0.01mm）；

L_T——测定时沥青面人平均温度为 T 时的回弹弯沉值（0.01mm）。

（二）自动弯沉仪测定路面弯沉试验方法

1. 适用范围

本方法适用于自动弯沉仪在标准条件下每隔一定距离连续测试路面的总弯沉，及测定路段的总弯沉值的平均值。

2. 仪具与材料

本方法需要下列仪具与材料：

自动弯沉仪测定车：洛克鲁瓦型，由测试汽车、测量机构、数据采集处理系统三部分组成，测量机构安装在测试车底盘下面，测臂夹在后面轴轮隙中间。汽车运行时测量机构提起，离开路面。

自动弯沉仪测定主要技术参数如下：

测试车轴距	6.75m；
测臂长度	1.75～2.40m；
后轴荷载	100kN；
测定轮对路面的压强	0.7MPa；
最小测试步距	4～10m；
测试精度	0.01mm；
测试速度	1.5～4.0km/h。

3. 方法与步骤

将自动弯沉仪测定车开到检测路段的测定车道（一般为行车道）上，测点应在路面行车车道的轮迹带上。汽车到达测试地点第一个测点位置后，按下列步骤放下测量机构：

（1）关闭汽车发动机；

（2）松开离合器转盘；

（3）放下测量头，测量头仅次于测定梁（后轴）前方的一定距离上；

（4）放下后支点，勾好把手；

（5）放下测量架，销好把手；

（6）放下导向机构；

（7）插上仪器与汽车的连接肖杆或开动液压转向同步系统；

（8）检查钢丝绳一定要在离合器的槽内；

（9）启动汽车发动机，在操作键盘上按动离合器开关，竖测量机构于最前端。

开始测试时，汽车以一定速度行进，测量头连续检测汽车后轴左右轮隙下产生的路面瞬间弯沉。通过测定梁支点的位移传感器将位移转换为电信号，并传送到数据记录器，待汽车后轮通过测量头后，监视器上显示弯沉盆或弯沉峰值，打印机输出弯沉峰值及测定距离。当第一点测定完毕后，车辆前面的牵引装置以两倍于汽车行进速度的速度把测量机构接到测定轮前方，汽车继续行进，到达下一测点时，开始第二点测定，周而复始地向前测定。汽车在整个测试过程中应保持在规定的速度范围内稳定行驶，标准的行车速度应为3.0～3.5km/h。在标准速度下的测试步距不应大于10m。

4. 数据处理

（1）测定结果应按计算区间输出计算结果，计算区间长度可根据道路等级和测试要求确定，标准的计算区间为100m。

（2）在测定时，随着打印机输出的同时，应将数据用文件方式同时记录在磁带或硬盘上，长期保存。通过计算机输出计算结果，包括每一个计算区间的平均总弯沉值、标准差、代表总弯沉值，示例如表3-4。如已进行过自动弯沉仪总弯沉与贝克曼梁回弹弯沉对比试验，则可据此计算出相应的回弹弯沉值。

按计算区间列出的总弯沉测定示例表　　表3-4

记录号	路线号	公里桩	百米桩	平均总弯沉值（0.01mm）	标准差（0.01mm）	代表总弯沉（0.01mm）
1	107	1376	100	41	19.256	79
2	107	1376	200	45	9.916	65

续表

记录号	路线号	公里桩	百米桩	平均总弯沉值（0.01mm）	标准差（0.01mm）	代表总弯沉（0.01mm）
3	107	1376	300	55	18.442	92
4	107	1376	400	57	12.739	82
5	107	1376	500	42	9.096	60

注：本表计算区间为100m，代表总弯沉按平均总弯沉加2倍标准差计算。

5. 自动弯沉仪与贝克曼梁弯沉对比

（1）针对不同地区选择某种路面结构的代表性路段，进行两种测定方法的对比试验，以便将自动弯沉仪测定的总弯沉换算成贝克曼梁测定的回弹弯沉值。测定路段的长度为300~500m，并应使测定的弯沉值有一定的变化幅度。

（2）对比试验步骤：

1）采用同一辆自动弯沉仪测定车，使测定车型、荷载大小和轮胎作用面积完全相同；

2）用油漆标记对比路段起点位置；

3）用自动弯沉仪法进行测定，同时仔细用油漆标出每一测点的位置；

4）在每一标记位置用贝克曼梁定点测定回弹弯沉，测点范围准确至$10cm^2$；

5）逐点对应计算两者的相关关系，得出回归方程式$L_B=a+bL_A$，式中L_B L_A分别为贝克曼梁和自动弯沉仪测定的弯沉值。相关系数不得小于0.90。

（三）落锤式弯沉仪测定路面弯沉试验方法

1. 适用范围

本方法适用于在落锤式弯沉仪（FWD）标准质量的重锤落下一定高度发生的冲击荷载的作用下，测定路基或路面表面所产生的瞬时变形，即测定在动态荷载作用下产生的动态弯沉及弯沉盆，并可由此反算路基路面各层材料的动态弹性模量，所测结果也可用于评定道路承载能力，调查水泥混凝土路面的接缝的传力效果，探查路面板下的空洞等。

2. 仪器设备

本方法需要下列仪器设备：

落锤式弯沉仪，简称 FWD，由荷载发生装置、弯沉检测装置、运算控制系统与车辆牵引系统等组成。其主要构成见下图 3-13。

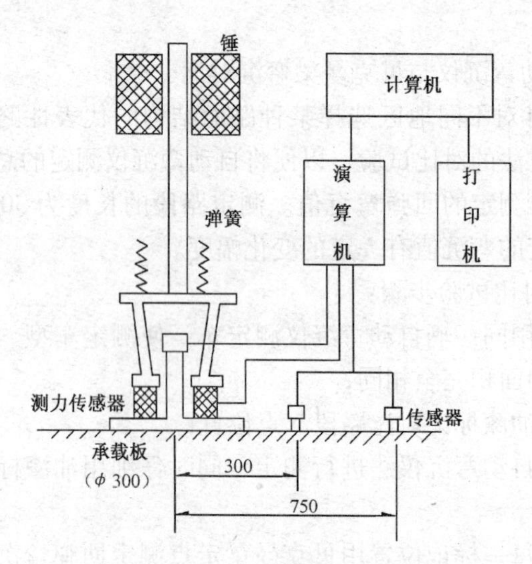

图 3-13 落锤式弯沉仪示意图

(1) 荷载发生装置：重锤的质量及落高根据使用目的与道路等级选择，荷载由传感器测定，如无特殊需要，重锤的质量为 200 ± 10kg，可采用产生 50 ± 2.5kN 的冲击荷载。承载板宜为十字对称分开成 4 部分且底部固定有橡胶片的承载板。承载板的直径为 300mm。

(2) 弯沉检测装置：由一组高精度位移传感器组成，传感器可为差动变压器式位移计（LVDT）。自中心开始，承载板沿道路纵向设置，隔开一定距离布设一组传感器，传感器总数可为

5 ~7 个，根据需要及设备性能决定。

（3）运算及控制装置：能在冲击荷载作用的瞬间内，记录冲击荷载及各个传感器所在位置测点的动态变形。

（4）牵引装置：牵引 FWD 并安装运算及控制装置的车辆。

3. 方法与步骤

（1）准备工作

1）调整重锤的质量及落高，使重锤的质量及产生的冲击荷载符合要求。

2）在测试路段的路基或路面各层表面布置测点，其位置或距离随测试需要而定。当在路面表面测定时，测点宜布置在行车车道的轮迹带上。测试时，还可利用距离传感器定位。

3）检查 FWD 的车况及使用性能，用手动操作检查，各项指标符合仪器规定要求。

4）将 FWD 牵引至测定地点，将仪器打开，进入工作状态。牵引 FWD 行驶的速度不宜超过 50km/h。

5）对位移传感器按仪器使用说明书进行标定，使之达到规定的精度要求。

（2）测定方法

1）承载板中心位置对准测点，承载板自动落下，放下弯沉装置的各个传感器。

2）启动落锤装置，落锤即自由落下，冲击力作用于承载板上，又立即自动提升至原来位置固定。同时，各个传感器检测结构层表面变形，记录系统将位移信号输入计算机，并得到峰值即路面弯沉，同时得到弯沉盆。每一测点重复测定应不少于 3 次，除去第一个测定值，取以后几次测定值的平均值作为计算依据。

3）提起传感器及承载板，牵引车向前移动至下一个测点，重复上述步骤，进行测定。

4. 落锤式弯沉仪与贝克曼梁弯沉仪对比试验步骤

（1）路段选择。选择结构类型完全相同的路段，针对不同地区选择某种路面结构的代表性路段，进行两种测定方法的对比试验，以便将落锤式弯沉仪测定的动弯沉换算成贝克曼梁测定的回弹弯沉值。选择的对比路段长度300~500m，弯沉值应有一定的变化幅度。

（2）对比试验步骤

1）采用与实际使用相同且符合要求的落锤式弯沉仪及贝克曼梁弯沉仪测定车。落锤式弯沉仪的冲击荷载应与贝克曼梁弯沉仪测定车的后轴双轮荷载相同。

2）用油漆标记对比路段起点位置。

3）将落锤式弯沉仪的承载板对准圆圈，位置偏差不超过30mm，进行测定。两种仪器对同一点弯沉测试的时间间隔不应超过10min。

4）逐点对应计算两者的相关关系。

通过对比试验得出回归方程式 $L_B = a + bL_{FWD}$，式中 L_{FWD}、L_B 分别为落锤式弯沉仪、贝克曼梁测定的弯沉值。回归方程式的相关系数应不小于0.90。

六、路面平整度测定

路面平整度是评定路面使用品质的重要指标之一。它既是一个整体性指标，又是衡量路面质量及现有路面破坏程度的一个重要指标。它直接关系到行车安全以及车辆的通行能力和运营的经济性，还影响着路面的使用年限。测量路面平整度指标，一是为了检查控制路面施工质量与验收路面工程，二是根据测定的路面平整度指标以确定养护维修计划。

路面平整度包括纵断面和横断面两个方面。测定平整度的仪器种类繁多。国内最常用的测试方法是3m直尺法和连续式路面平整度仪测定法和车载式颠簸累计仪测定法。

（一）3m直尺测定平整度试验方法

1. 适用范围

本方法用3m直尺测定距离路表面的最大间隙表示路基路面的平整度，以mm计。适用于测定压实成型的路面各层表面的平整度，以评定路面的施工质量及使用质量，也可用于路基表面成型后的施工平整度检测。

2. 仪具与材料

本试验需要下列仪具与材料：

（1）3m 直尺：硬木或铝合金钢制，底面平直，长 3m。

（2）楔形塞尺：木或金属制的三角形塞尺，有手柄，塞尺的长度与高度之比不小于 10，宽度不大于 15mm，边部有高度标记，刻度精度不小于 0.2mm，也可使用其他类型的量尺。

（3）其他：皮尺或钢尺、粉笔等。

3. 方法与步骤

（1）准备工作

1）按有关规范规定选择测试路段。

2）在测试路段路面上选择测试地点：当为施工过程中质量检测需要时，测试地点根据需要确定，可以单杆检测；当为路基路面工程质量检查验收或进行路况评定需要时，应连续测量 10 尺。除特殊需要者外，应以行车道一侧车轮迹（距车道线 80 ~ 100cm）作为连续测定的标准位置。

3）清扫路面测定位置处的污物。

（2）测试步骤

1）在施工过程中检测时，按根据需要确定的方向，将 3m 直尺摆在测试地点的路面上。

2）目测 3m 直尺底面与路面之间的间隙情况，确定间隙为最大的位置。

3）用有高度的塞尺塞进间隙处，量记其最大间隙的高度（mm），准确至 0.2mm。

（二）连续式平整度仪测定平整度试验方法

1. 适用范围

本方法用连续式平整度仪量测路面的不平整度的标准差（6），以表示路面的平整度，以 mm 计。适用于测定路表面的平整度，评定路面的施工质量和使用质量，但不适用于在已有较多坑槽、破损严重的路面上测定。

2. 仪具

本试验需要下列仪具：

（1）连续式平整度仪：构造如3-14图。除特殊情况外，连续式平整度仪的标准长度为3m，其质量应符合仪器标准的要求。中间为一个3m长的机架，机架可缩短或折叠，前后各有4个行走轮，前后两级轮的轴间距离为3m。机架中间有一个能起落的测定轮。机架上装有蓄电池电源及可拆卸的检测箱，检测箱可采用显示、记录、打印或绘图等方式输出测试结果。测定轮上装有位移传感器，距离传感器等检测器，自动采集位移数据时，测定间距为10cm，每一计算区间的长度为100m，输出一次结果。当为人工检测、无自动采集数据及计算功能时，应能记录测试线，机架头装有一牵引钩及手拉柄，可用人力或汽车牵引。

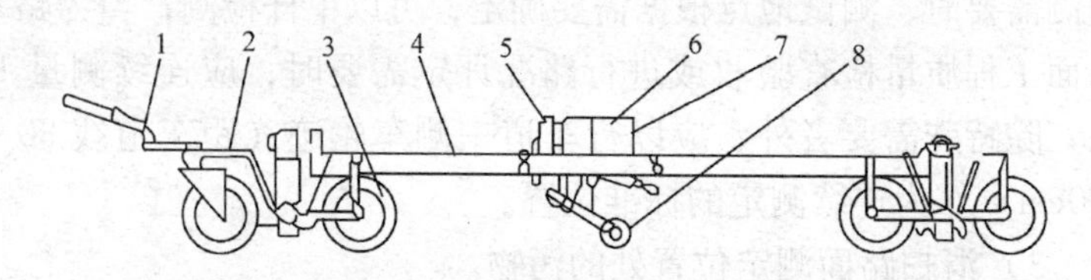

图3-14 路面平整度仪构造图

1—牵引部分；2—轮架；3—车轮；4—主架梁；5—位移传感器；6—传动装备；7—距离取样器；8—测量轮

（2）牵引车为面包车或其他小型牵引汽车。

（3）皮尺或测绳。

3. 试验步骤

（1）准备工作

1）选择测试路段

当为施工过程中质量检测需要时，测试地点根据需要决定；当为路面工程质量检查验收或进行路况评定需要时，通常以行车道一侧车轮轮迹带作为连续测定的标准位置。

2）清扫路面测定位置处的脏物。

3）检查仪器检测中部分是否完好、灵敏，并将各连接线接妥，安装记录设备。

（2）试验步骤

1）将连续式平整度测定仪置于测试路段路面起点上。

2）在牵引汽车的后部，将平整度的挂钩挂上后，放下测定轮，启动检测器及记录仪，随即启动汽车，沿道路纵向行驶，横向位置保持稳定，并检查平整度检测仪表上测定数字显示、打印、记录的情况。如遇检测设备中某项设备中某项仪表发生故障，即须停止检测。牵引平整度仪的速度应保持匀速。速度宜为5km/h，最大不得超过12km/h。在测试路段较短时，亦可用人力拖拉平整度仪测定路面的平整度，但拖拉时应保持匀速前进。

4. 计算

（1）连续式平整度测定仪测定后，可按每10cm间距采集的位移值自动计算每100m计算区间的平整度标准差（mm），还可记录测试长度（m）线振幅大于一定值（如3、5、8、10mm等）的次数、线振幅的单向（凸起或凹下）累计值及以3m机架为基准的中点路面偏差线图，计算打印。当为人工计算时，在记录线上任意设一基准线，每隔一定距离（宜为1.5m）读取曲线偏离基准线的偏离位移值 d_i。

（2）每一计算区间的路面平整度以该区间测定结果的标准差表示，按式（3-9）计算：

$$\sigma_i = \sqrt{\frac{\Sigma d_i^2 - (\Sigma d_i)^2/N}{N-1}} \tag{3-9}$$

式中 σ_i——各计算区间的平整度计算值（mm）；

d_i——以100m为一个计算区间，每隔一定距离（自动采集间距为10cm，人工采集间距为1.5m）采集的路面凹凸偏差位移（mm）；

N——计算区间用于计算标准差的测试数据个数。

（三）车载式颠簸累积仪测定平整度试验方法

1. 适用范围

本方法用车载式颠簸累积仪测量车辆在路面上通行时后轴与车厢之间的单向位移累积值 VBI,表示路面的平整度,以 cm/km 计。适于测定路面表面的平整度,以评定路面的施工质量和使用期的舒适性。但不适用于在已有较多坑槽、破损严重的路面上测定。

2. 仪具

本试验需要下列仪具:

（1）车载式颠簸累积仪机械传感器、数据处理器及微型打印机组成，传感器固定安装在测试车的底板上。

仪器的主要技术性能指标如下:

1）测试速度在 30 ~ 50km/h 范围内选定;

2）最小读数：1cm;

3）最大测试幅值：±30cm;

4）最大显示值：9999cm;

5）系统最高反应频率：5kHz;

6）使用环境温度：0 ~ 50℃;

7）使用环境相对湿度：<85%;

8）稳定性：连续开机 8h 漂移 < ±1cm;

9）使用电源：12VDC，1A;

10）测试路段计算长度选择:

100m，200m，300m，400m，500m，600m，700m，800m，900m，1km 等 10 种，试验时选择其中之一种;

数据显示及输出：可显示数据及打印输出测试路段计算长度内的单向位移颠簸累积值。

（2）测试车：旅行车、越野车或小轿车。

3. 准备工作

（1）仪器安装

1）车载式颠簸累积仪的机械传感器应对准测试车的后桥差速器上方，用螺栓固定在车厢底板上。

2）在机械传感器的定量位移轮线槽引出钢丝绳下方的车辆底板上，打一个直径约 2.5cm 的孔洞。将仪器的钢丝绳穿过此孔洞同后桥差速盒连接，但钢丝绳不能与孔洞边缘摩擦或接触。

3）将后桥差速器盒盖螺丝卸下，加装一个用 ϕ3mm 钢丝或 2mm 厚钢板做成的小挂钩再装回拧紧，以备挂测量钢丝绳之用。

4）机械传感器在挂钢丝绳之前，定量位移轮应预先按箭头方向沿其中轴旋转 2 ~ 3 圈，使内部发条具有一定的紧度，钢丝绳则绕其线槽 2 ~ 3 圈后引出，穿过车厢底板所打的 2.5cm 的孔洞至差速器新装的挂钩上挂住，钢丝绳应张紧，这时仪器即处于测量准备状态。

5）数据处理器及打印机安置于车上任何便于操作的位置或座位上。

（2）仪器检查及准备

1）检查装载车，轮胎气压应符合所使用测试汽车的规定值；轮胎应清洁，不得粘附有沥青块等杂物，车上人员及载重应与仪器标定时相符；汽车底盘悬挂没有松动或异常响声。

2）按要求挂好的钢丝绳在线槽上应没有重叠，张力良好。

3）连接电源，用 12V 直流电源供电，也可使用汽车蓄电池，或加装一插头接于汽车点烟器插座处供电。电源线红色为正极，白色为负极，电源极性不得接错。

4）接妥机械传感器、打印机及数据处理器的连接线插头。

5）打开打印机边上的电源开关，试验开关置于空白处。

6）设定测试路段计算区间的长度，标准的计算区间长为 100m，根据要求也可为 200m，500m 或 1000m。

4. 测量步骤

（1）汽车停在测量起点前约 300 ~ 500m 处，打开数据处理器的电源，打印机打印出“VBI”等字头，在数码管上显示“P”字样，表示仪器已准备好。

（2）在键盘上输入测试年、月、日，然后按“D”键，打印机打出测试日期。

（3）在键盘上输入测试路段编码后按“C”，路段编码即被打出，如“C0102”。

（4）在键盘上输入测试起点公里桩号及百米桩号，然后按“A”键，起点桩号即被打出，如“A：0048+100km”。

（5）发动汽车向被测路段驶去，逐渐加速，保证在到达测试起点前稳定在选定的测试速度范围内，但必须与标定时的速度相同，然后控制测试速度的误差不超过±3km/h。除特殊要求外，标准的测试速度为32km/h。

（6）到达测试起点时，按下开始测量键“B”，仪器即开始自动累积被测路面的单向颠簸值。

（7）当到达预定测试路段终点时，按所选的测试路段计算区间长度相对应的数字键（例如数字键“1”代表长度为100m，“2”为200m，“5”为500m，“0”为1000m等），将测试路段的颠簸累积值换算成以公里计的颠簸累积值打印出来，单位为“cm/km”。

（8）连续测试。以每段长度100m为例，到达第一段终点后按“1”键，车辆继续稳速前进，到达第二段终点时，按数字键“2”，依此类推。在测试中被测路段长度可以变化，仪器除能把不足1km的路段长度测试结果换算成以km计的测试结果VBI外，还可把测过的路段长度自动累加后连同测试结果一起打印出来。

（9）测试结果。常规路面调查一般可取一次测量结果，如属重要路面评价测试或与前次测量结果有较大差别时，应重复测试2~3次，取其平均值作为测试结果。

（10）测试完毕，关闭仪器电源，把挂在差速器外壳的钢丝绳撇开，钢丝绳由车厢底板下拉上来放好，以备下次测试。注意松钢丝绳时要缓慢放松，因机械传感器的定量位移轮内部有张紧的发条，松绳过快容易损坏仪器，甚至会被钢丝绳划伤。

5. 试验结果与国际平整度指数等其他平整度指标建立相关关系。

用车载式颠簸累积仪测定的VBI值需要与其他平整度指标［如连续式平整度仪测出的标准差、国际平整度指数（IRI）等］

进行换算时，应将车式颠簸累积仪的测试结果进行标定，即与相关的平整度仪测量结果建立相关关系，相关系数均不得小于0.90。

七、抗滑性能检验

（一）手式铺砂法测定路面构造深度

1. 适用范围

本方法适用于测定沥青路面及水泥混凝土路面表面构造深度，用以评定路面表面的宏观粗糙度、路面表面的排水性能及抗滑性能。

2. 仪具与材料

本试验需用下列仪具与材料：

（1）人工铺砂仪：由圆筒、推平板组成。

1）量砂筒：形状尺寸如图3-15所示，一端是封闭的，容积为25±0.15mL，可通过称量砂筒中水的质量以确定其容积V，并调整其高度，使其容积符合规定要求。带一专门的刮尺将筒口量砂刮平。

2）推平板：形状尺寸如图3-16所示，推平板应为木制或铝制，直径50mm；底面粘一层厚1.5mm的橡胶片，上面有一圆柱把手。

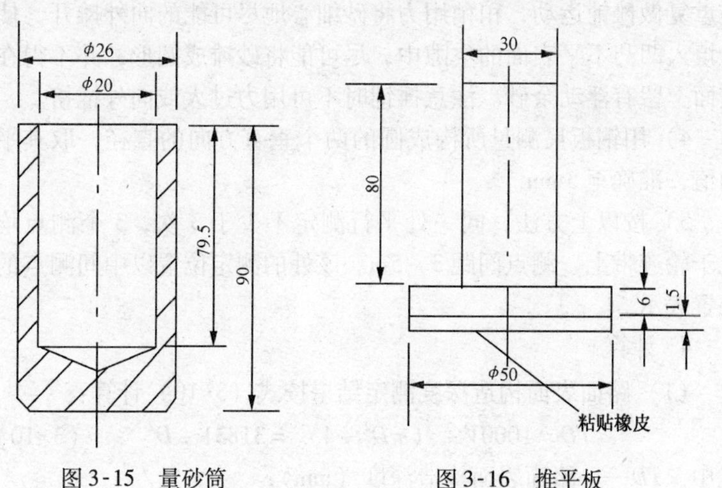

图3-15　量砂筒　　　图3-16　推平板

3）刮平尺：可用30cm钢板尺代替。

（2）量砂：足够数量的干燥洁净的匀质砂，粒径0.15~0.3mm。

（3）量尺：钢板尺、钢尺。

（4）其他：装砂容器（小铲）、扫帚或毛刷、挡风板等。

3. 方法与步骤

（1）准备工作

1）量砂准备：取洁净的细砂晾干、过筛，取0.15~0.3mm的砂置适当的容器中备用。量砂只能在路面上使用一次，不宜重复使用。回收后必须经干燥、过筛处理后方可使用。

2）对测试路段按随机取样的方法，决定测点所在横断面位置。测点应选在行车道的轮迹带上，使路面边缘不应小于1m。

（2）试验步骤

1）用扫帚或毛刷子将测点附近的路面清扫干净，面积不小于30cm×30cm。

2）用小铲装砂沿筒向圆筒中注满砂，手提圆筒上方，在路表面上轻轻地叩打3次，使砂密实，补足砂面用钢尺一次刮平。不可直接用量砂筒装砂，以免影响量砂密度的均匀性。

3）将砂倒在路面上，用底面粘有橡胶片的推平板，由里向外重复做摊铺运动，稍稍用力将砂细心地尽可能的向外摊开，使砂填入凹凸不平表面的空隙中，尽可能将砂摊成圆形，并不得在表面上留有浮动余砂。注意摊铺时不可用力过大或向外推挤。

4）用钢板尺测量所构成圆的两个垂直方向的直径，取其平均值，准确至5mm。

5）按以上方法，同一处平行测定不少于3次，3个测点均位于轮迹带上，测点间距3~5m。该处的测定位置以中间测点的位置表示。

4. 计算

（1）路面表面构造深度测定结果按式（3-10）计算：

$$TD = 1000V \div (\pi D^2 \div 4) = 31831 \div D^2 \qquad (3\text{-}10)$$

式中　TD——路面表面构造深度（mm）；

V——砂的体积（$25cm^3$）；

D——摊平砂的平均直径（mm）。

（2）每一处均取 3 次路面构造深度的测定结果的平均值作为试验结果，准确至 0.1mm。

（二）电动铺砂仪测定路面构造深度

1. 适用范围

本方法适用于测定沥青路面及水泥混凝土路面表面构造深度，用以评定路面表面的宏观粗糙度及路面表面的排水性能和抗滑性能。

2. 仪具与材料

本试验采用下列仪具与材料：

（1）电动铺砂仪：利用可充电的直流电将量砂通过砂漏铺宽度 5cm、厚度均匀一致的器具，如图 3-17 所示。

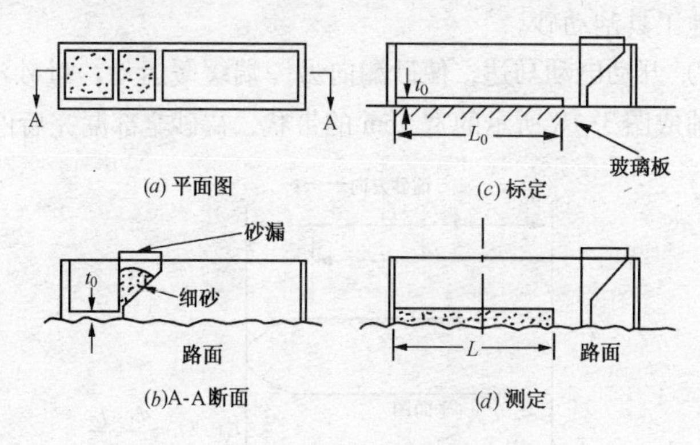

图 3-17　电动铺砂仪

（2）量砂：足够数量的干燥洁净的匀质砂，粒径为 0.15 ~ 0.3mm。

（3）标准量筒：容积 50mL。

（4）玻璃板：面积大于铺砂器，厚 5mm。

（5）其他：直尺、扫帚、毛刷等。

3. 方法与步骤

（1）准备工作

1）量砂准备：取洁净的细砂，晾干，过筛，取 0.15 ~ 0.3mm 的砂置适当的容器中备用。已在路面上使用过的砂如回收重复使用时应重新过筛并晾干。

2）对测试路段按随机取样选点的方法，决定测点所在横断面的位置。测点应选在行车道的轮迹带上，距路面边缘不应小于 1m。

（2）电动铺砂器标定

1）将铺砂器平放在玻璃板上，将砂漏移至铺砂器端部。

2）将灌砂漏斗口和量筒口大致齐平。通过漏斗向量筒中缓缓流入准备好的量砂至高出量筒成尖顶状，用直尺沿筒口一次刮平其容积为 50mL。

3）将漏斗口与铺砂器砂漏上口大致齐平。将砂通过漏斗均匀修正砂漏，漏斗前后移动，使砂的表面大致齐平，但不得用任何其他工具刮动砂。

4）开动电动马达，使砂漏向另一端缓缓运动，量砂沿砂漏底部铺成图 3-18 所示的宽 5cm 的带状，待砂全部漏完后停止。

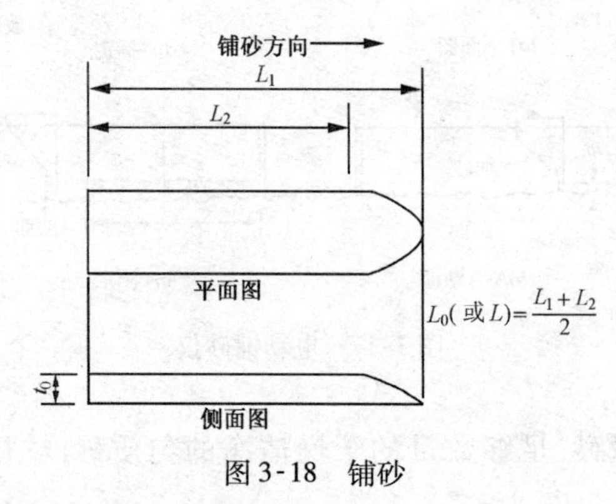

图 3-18　铺砂

5）按图 3-18，依式（3-11）由 L_1 及 L_2 的平均值决定量砂的摊铺长度 L_0，准确至 1mm。

$$L_0 = (L_1 + L_2) \div 2 \tag{3-11}$$

6）重复标定3次，取平均值L_0，准确至1mm。

标定应在每次测试前进行，用同一种量砂，由承担测试的同一试验员进行。

（3）测试步骤

1）将测试地点用毛刷刷净，面积大于铺砂仪。

2）将铺砂仪沿道路纵向平稳地放在路面上,将砂漏移至端部。

3）按与标定相同的步骤,在测试地点摊铺50mL量砂,按图3-18的方法量取摊铺长度L_1及L_2,由式(3-12)计算L,准确至1mm。

$$L = (L_1 + L_2) \div 2 \tag{3-12}$$

（4）按以上方法，同一处平行测定不少于3次，3个测点均位于轮迹带上，测点间距3～5m。该处的测定位置以中间测点的位置表示。

4. 计算

按式（3-13）计算铺砂仪在玻璃板上摊铺的量砂厚度t_0。

$$t_0 = V/B \times L_0 \times 1000 = 1000 \div L_0 \tag{3-13}$$

式中 t_0——量砂在玻璃板上摊铺的标定厚度（mm）；

V——量砂体积，50mL；

B——铺砂仪铺砂宽度，50mm；

L_0——玻璃板上50毫升，量砂摊铺的长度（mm）。

按式（3-14）计算路面构造深度TD：

$$TD = (L_0 - L) \div L \times t_0 = (L_0 - L) \div L \times L_0 \times 1000 \tag{3-14}$$

式中 TD——路面的构造深度（mm）；

L——路面上50mL量砂铺的长度（mm）。

每均取3次路面构造深度的测定的平均值作为试验结果，准确至0.1mm。

（三）激光构造深度仪测定沥青路面构造深度

1. 适用范围

本方法适用于测定沥青路面干燥表面的构造深度，用以评价路面抗滑及排水能力，测试温度不低于0℃。

2. 仪具与材料

本方法需要下列仪具与材料：

（1）激光构造深度仪：在两轮的手推小车上装有光电测试设备、打印机及仪器操作装置。最大测量范围为20mm，精度为0.01mm。

（2）扫帚、打气筒、充电器、打印纸、色带、标志板、小红旗等。

3. 方法与步骤

（1）准备工作

1）检查仪器是否正常，将手柄电连接器和推车是连接器插好拧紧，将连接器装置上的合金套环用手拧紧。

2）打开手柄钥匙开关，检查电池电压，如不充足应予充电，充电时间宜为12～15h。

3）检查轮胎压力，应符合在0.07±0.01MPa的要求。保持轮胎顶面的清洁，无沥青及泥块等粘附物。

4）安装打印机纸带及色带。

5）选择测定路段，测定位置位于行车带轮迹上。

6）将所测定的路段用扫帚清扫干净，标出起终点标记。

7）打开手柄的钥匙开关，接通电路，操作控制器和指示开始工作。仪器将自动打出程序目录并进行自检，正常仪器在检验后即打印显示“READY”（准备好）字样，然后根据程序目录，选择程序进行下一步工作。如果仪器连续显示“FAILED”（失败）字样，应参照仪器说明书进行维修。

（2）试验步骤

1）将激光构造深度仪处于待测工作状态（READY），正式测量时应首选使用传感器校核程序在待测路面上进行传感，其峰值数（百分数）应分布在112～144范围内。如果峰值分布显著过高或过低，则表示轮胎气压不正常、已严重磨损或粘满了沥青材料。

2）根据被测路面状况，选择一般路面测量程序或大孔隙粗糙度大的路面测量程序进行测量。

3）以稳定的速度推车行驶进行测定，仪器按每一个计算区间打印出该段构造深度的平均值。标准的计算区间长度为100m，根据需要也可为10m或50m。激光构造深度仪的行驶速度不得小于3km/h，也不得大于10km/h，适宜的行驶速度为3～5km/h。

4. 报告

将仪器测试时按计算区间打印出的数据纸带注上路名及公里桩号标记作为原始记录，并报告每评定路段的平均构造深度、标准差、变异系数。同一个计算区间两次测定进行校核的重复性误差不大于±0.02mm。

（四）摆式仪测定路面抗滑值

沥青路面、水泥混凝土路面的抗滑标准之一是用摆式仪法来测定路面的摩擦系数，下面重点介绍一下摆式仪法测定路面摩擦系数的方法。

1. 仪器设备

摆式仪一套，见图3-19。其他仪器：洒水壶、橡皮刷、标准尺、记录用品及维护交通的标记物品等。

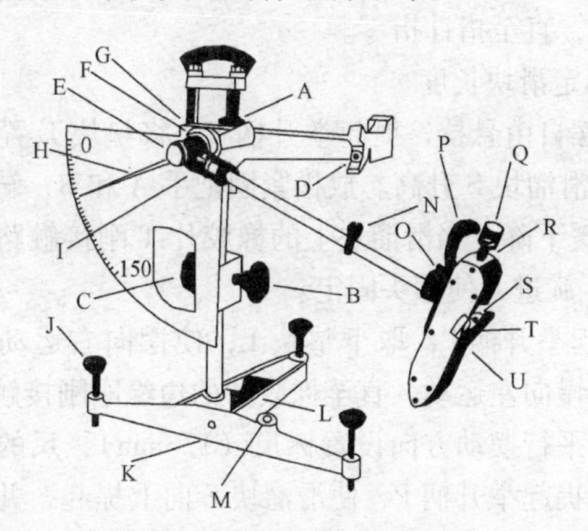

图3-19　摆式仪结构示意图

A—固定把手；B—固定把手；C—升降把手；D—释放开关；E—转向节螺盖；F—针簧调节螺母；G—针簧片；H—指针；I—连接螺母；J—调平螺丝；K—底座；L—垫块；M—水准泡；N—卡环；O—定位螺丝；P—举升柄；Q—平衡锤；R—并收螺母；S—滑溜块；T—橡胶片；U—止滑螺丝

2. 测试操作步骤

（1）选择测试代表点

在测试路段上，沿行车方向的左轮轮迹，选择有代表性的五个测点，各测点的相应距离为5~10m。

（2）安置摆式仪

将摆式仪置于测点上，并使摆式仪的摆动方向与行车方向一致，旋转调平螺丝，使水准泡居中，并用橡皮刷清除摆动范围内路面上的松散颗粒和杂物。

（3）调整指针位置

1）放松固定把手（A、B），转动升降把手（C），使摆升高并能自由摆动。然后旋进把手（A和B）。

2）将摆向右运动，按下释放开关D，使卡环N进入释放开关槽，并处于水平释放位置，这时指针H应被带到刻度150处。

3）按下释放开关D，摆向左运动，并带动指针H向上运动，当摆达到最高位置后开始下落时，用左手将摆杆接住，此时指针应指零。若不指零时，可稍旋紧或放松针簧调节螺母F，重复本项操作，直至指针指零。

（4）标定滑块长度

1）让摆自由悬挂，提起举升柄P，将垫块L置于定位螺丝O下面，使滑溜块S升高。放松紧固把手A和B，转动升降把手C，使摆缓缓下降。当滑溜块上的橡胶片T刚接触路面时，即将把手A和B旋进，使摆头固定。

2）提起举升柄P，取下垫块L，使摆向右运动，放下举升柄，使摆慢慢向左运动，直至橡胶片的边缘刚刚接触路面。在橡胶片的外边平行摆动方向设置标尺（126mm），尺的一端正对该点。再用手提起举升柄P，使滑溜块S向上提起，并使摆继续向左运动。放下举升柄P，再将摆慢慢向右运动，使橡胶片的边缘再一次接触路面。橡胶片两次同路面的接触点的距离为126mm（即滑动长度）。若滑动长度不等于标准时，则升高或降低仪器底座正面的调平螺丝J来校正。但需调平水准泡，使滑动长度符合要求。然后，将摆置于水平释放位置。

(5) 测定

用水浇洒路面，并用橡皮刷刷刮，以便洗去泥浆。然后再洒水，并按下释放开关 D，使摆在路面上滑过。当摆向回摆时，用左手接住摆杆，读指针读数，右手提起举升柄使滑溜 S 块升高，并将摆向右运动，按下开关，使摆卡环进入释放开关。重复此项测定 5 次（每次均应洒水），记录 5 次的摆值。5 次数值的最大与最小差值不应大于 3 个单位（即刻度盘的 1 格半）。如差值大于 3 个单位，应检查产生的原因，并再次重复上述操作，直到符合上述规定要求为止。

3. 测试数据整理

(1) 测定读数

摆式仪刻度盘上指针到达的读数（简称“摆值”）除以 100，就是该点的摩擦系数。即

$$f_i = \frac{l_i}{100} \tag{3-15}$$

(2) 测点的摩擦系数 f 的确定

第一测点的摩擦系数用 5 次测定值的算术平均值来代表，即

$$f_i = \frac{\sum_{i=1}^{5} f_i}{5} \tag{3-16}$$

(3) 路段抗滑性能的确定

路段抗滑性能，系以 5 个代表性测点摩擦系数平均值 $f_{摩}$ 表示，即

$$f_{摩} = \frac{\sum_{i=1}^{5} f_i}{5} \tag{3-17}$$

检测频率：摆式仪每 200m 测 1 处。

八、路面透水性测定

路面透水性用透水系数来表示，其检验方法有许多种，我国

目前常用的一种是路面透水仪。路面的透水性用透水仪在一定的初始静压水头作用下，以单位时间渗入一定路面面积内的水量来表示。使用范围：本方法适用于测定沥青路面的渗水系数。检验频率：渗水试验仪每200mL 1处。

1. 测试仪具

（1）路面透水仪1台，其构造如图3-20所示。仪器由底座（内径125mm浅杯环）、粗圆管（内径56mm）和细圆管（内径15mm）三部分组成，均系有机玻璃，全高约630mm，还可以拆散为上述三部分，携带方便。底座系用有机玻璃粘合而成，圆筒与底座以螺扣相连，细圆管与粗圆管系用螺扣或橡胶塞相连。在细圆管距地面600mm处打一小孔，以保证试验时有个固定的水面初始高度，并由此高度自上而下刻出管内实际体积相应的高度。试验时，水从细管顶部加入，在一定时间内读出仪器中水位顶面的读数，即为该时间内由仪器底面渗入路面的水量；

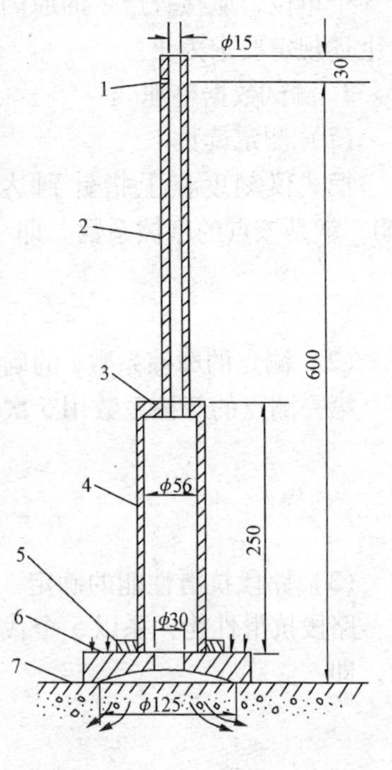

图3-20　路面透水仪

（尺寸单位：mm）

1—溢水孔；2—带刻度的细圆管；3—螺扣或橡皮塞;4—带刻度的粗圆管；5—重物；6—底座；7—路面

（2）秒表1只；

（3）细钢丝刷1把；

（4）玻璃腻子（或桐油、石灰等不透水材料）若干；

（5）其他物品（扫帚、水桶、量杯、漏斗）等。

2. 测试步骤与方法

（1）测试前先用扫把将测点扫清，再用细钢丝刷把表面矿料颗粒间的尘土刷出并扫净。

（2）在透水仪底座边上涂抹一圈玻璃腻子不透水材料，然后将其平放在路面测点上，用力压紧并使之不漏水，并用重物将底座压放。

（3）为便于观察管内水位的高度变化，可在试验用水中注入少量红墨水，使水呈淡红色。

（4）测试时应尽快用漏斗通过上部细圆管把试验用水注入仪器中，至达到600mm 高度（即至溢水孔时）为止。从开始加水到开始读数的时间一般控制在60s 以内。

（5）当水位达预定高度后，即可开动秒表，每30s 读记一次水位高度，直至3min 为止。

（6）为消除试验开始30s 至1min 内表面透水较快的不均匀影响，路面透水系数是按照第一分钟至第三分钟的2min 时间内渗入路面的水量来计算。即

$$K_w = \frac{Q_3 - Q_1}{2} \tag{3-18}$$

式中 K_w——路面透水系数（mL/min）；

Q_3——第三分钟时透水量（mL）；

Q_1——第一分钟时透水量（mL）。

3. 透水性评价

路面透水性以透水系数 K_w 来评定，见表3-5。

不同路面的渗水系数 K_w 　　**表3-5**

路面透水情况	密实不透水路面	良好不透水路面	透水路面
K_w（mL/min）	<1~5	<10	>20

第四节　附属构筑物及半成品

道路附属构筑物是指道路主体结构外的配套项目，它是道路

使用功能的补充与完善，是道路整体工程的一个组成部分，其范围包括：侧石、缘石、收水井（雨水口）、预制块人行道、挡土墙、护坡、涵洞、倒虹管等等。

一、倒虹管闭水试验

倒虹管多用于排水管道横穿道路或河道而设置的管道，在施工过程中要求严格，使用过程中不得有漏水现象。因此必须在还土之前做带井闭水试验。闭水试验方法详见排水工程检验方法。

二、墙面坡度检验

适用于浆砌料石、砌块石、砌砖，砌护坡等工程。坡度的检验可采取坡度尺检验方法，坡度尺可以按所测的构造物坡度制作。

挡土墙墙面平整度的检验频率范围是每一座挡土墙计 2 点，若挡土墙较长，可以参考平整度检验频率，每 20m 为一个单位，检验 2 点。

挡土墙墙面坡度不陡于设计规定。将坡度尺靠在墙面上，垂球的尖部向墙的方向移动为合格，若墙面的坡度陡于设计规定的坡度，垂球尖部向墙外移动，则墙面坡度为不合格。挡土墙坡度检验可以结合平整度、垂直度检验一并检测，坡度尺检测的位置选择取最大坡度偏差处。

护坡坡度的检测方法可参见本章第一节边坡检验。

三、预制构件（缘石、侧石）检验

适用于混凝土缘石、侧石、大小方砖等项的检验。其检验方法如下：

1. 不论上述何种预制构件，正面的掉角均由直角的角部沿边长方向用尺量最大的掉角边长，不能超过质量允许偏差的数值，且不多于一处，凡是超过规定者为不合格品。

2. 掉边是指正面边线上的掉边长度，用尺量不能超过质量允许偏差的数值，且只能有一处，凡超过规定数值者为不合格品。

四、预制块及其铺砌检验

1. 预制块大、小方砖、道板两对角线长度差的检验方法

用尺量两对角线长度之差，长度之差不超过质量允许偏差者为合格，超过者为不合格。

2. 大、小方砖、道板人行道及广场检验

（1）平整度用3m 直尺或3m 小线量取最大值。量测方法沿人行道长度方向每20m 量一点。抽样方法参见路面平整度检测方法。对于广场的抽样检测，可将广场分成若干幅，每幅宽度视广场大小而定，一般取10m 左右为一幅，每幅沿长度方向。按人行道检测方法进行量测。

（2）纵缝直顺度用20m 小线，横缝直顺度沿路宽拉小线，量取最大偏差值。量测方法参见第二章小线检验法。

（3）横坡检验采用水准仪具测量，测量方法参见本章第一节之“三”路肩、人行道横坡检验。

（4）缝宽检验为每20m 用直尺量测缝宽最大偏差值。

（5）相邻块高差是每20m 用尺量取最大偏差值。量测方法参见第二章第四节之“二”，相邻板（件）高差检验方法。

五、收水井检验

收水井又叫雨水井，雨水口。它为排泄地面水而设置在道路两侧、广场、绿地和庭院的适当位置，根据用途不同，收水井结构形式多种多样。在检验收水井质量中，除外观检查，常规检验外，更要重视井口高程、流水面高程和井位的正确性。

井口高程按设计要求和规范规定，一般都应比井口附近地面低2~3cm，便于地面水流入。

井底流水面高程与排水支管高程直接相连，并要保证流水畅通。

井位是指收水井的设置部位，其与地面坡度相配合，使地面水顺利地流入井口。设置在道路两侧的收水井，沿道路纵坡设置，检查纵坡的最低处是否设收水井。收水井还应与缘石，侧石相吻合，既不能偏离，也不能偏斜。

收水井各部尺寸和高程量测方法，可参见第二章通用检验方法中有关内容。

第四章 桥梁工程

第一节 桥涵工程基础检验

一、地基检验

（一）检验内容

检查基底平面位置、尺寸大小、基底标高；

检查基底地质情况和承载力是否与设计相符。

（二）基坑开挖检验

基坑开挖质量标准：建设部标准 CJJ2—90 的相关规定见表4-1。

基坑开挖允许偏差　　表 4-1

序号	项目		允许偏差（mm）	检验频率		检验方法
				范围	点数	
1	坑底高程	土方	±30	每座	5	用水准仪测量
		石方	±100		5	
2	轴线位移		50		2	用经纬仪测量，纵横向各计1点
3	基坑尺寸		不小于规定		4	用尺量，每边各计1点

（三）地基承载力检测

检验方法：

1. 小桥涵的地基检验，可采用直观和触探方法，必要时进行土质试验；

2. 大、中桥和地基土质复杂、结构对地基有特殊要求的地基检验，采用触探和钻探（钻深至少4m）取样做土工试验或按照设计要求进行荷载试验。下面简单介绍标准贯入式试验和现场荷载试验法。

（1）标准贯入试验

标准贯入试验（SPT）是一种重型动力触探法，采用重量为63.5kg的穿心锤，以76cm的落距，将一定规格的标准贯入器先打入土中15cm，然后开始记录锤击数目，将贯入器再打入土中30cm，用此30cm的锤击数做为标准贯入试验的指标N。标准贯入试验是国内外广泛应用的一种现场原位测试手段，该方法方便经济，不仅用于砂土，亦可用于黏性土的测试。标准贯入锤击数N，可用于判定砂土的密实度、黏性土的稠度、地基土的容许承载力、砂土的震动液化、桩基承载力等，也是检验地基处理效果的重要手段。

（2）现场荷载试验

现场（野外）荷载试验是向置于自然地基上的模型基础施加荷载，测量模型在不同荷载等级作用下的沉降量，根据荷载和沉降量的关系计算地基土的变形模量和评定地基承载力。现场荷载试验是一种古老的原位试验方法，该方法能克服室内压缩试验土样处于无侧胀条件下单向受力状态的局限性，模拟建筑物基础与地基之间实际受力变形状态。

现场荷载试验是将一个一定尺寸的荷载板（常用5000cm^{2}的方板或圆板）置于欲试验的土层表面（图4-1），在荷载板上分级施加荷载。每级荷载增量持续时间相同或接近，测记每级荷载作用下荷载板沉降量的稳定值，加载至总沉降量为25mm，或达到加载设备的最大容量为止，然后卸载，记录土的回弹值，持续时间应不小于一级荷载增量的持续时间。根据试验记录绘制荷载 P（或荷载强度 P）和沉降量 S 的关系曲线

（图 4-2）。

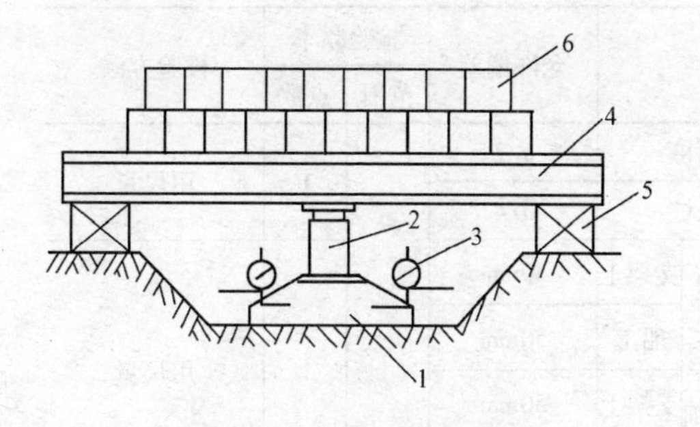

图 4-1　现场荷载试验
1—荷载板；2—千斤顶；3—百分表；
4—反力梁；5—枕木垛；6—压重

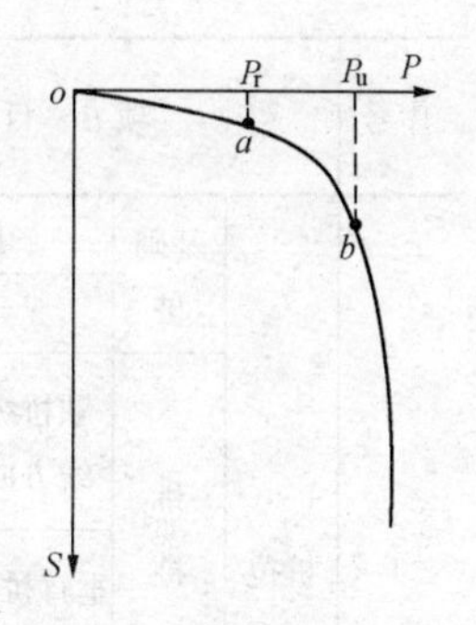

图 4-2　荷载强度与沉降量的关系

对于典型的荷载试验 P-S 曲线，在曲线上能够明显地区分 3 个阶段，则在确定地基容许承载力时，一方面要求地基容许承载力不超过比例界限，这时地基土是处于压密阶段，地基变形较小。但有时为了提高地基容许承载力，在满足建筑物沉降要求的前提下，也可超过比例界限，允许土中产生一定范围的塑性区。另一方面又要求地基容许承载力对极限荷载 P_u 有一定的安全度，即地基容许承载力等于极限荷载除以安全系数。而安全系数的大小，取决于建筑物的重要性和试验资料的可靠程度，同时还要满足建筑物对沉降的要求。

二、桩和沉井基础

（一）沉入桩检验

沉入桩主要有木桩、钢筋混凝土预制桩、钢管桩、钢板桩射水沉桩、静压桩等。

沉入桩的质量标准见表 4-2。

1. 桩位检验

沉入桩桩位检验有基础桩、中间桩和外缘桩，排架桩的顺（垂直）桥纵轴线方向，板桩的间距和桩与基础边线或中线间

沉入桩允许偏差 **表 4-2**

<table>
<tr><th rowspan="2">序号</th><th colspan="4" rowspan="2">项　目</th><th rowspan="2">允许偏差</th><th colspan="2">检验频率</th><th rowspan="2">检验方法</th></tr>
<tr><th>范围</th><th>点数</th></tr>
<tr><td rowspan="8">1</td><td rowspan="8">桩位</td><td rowspan="2">基础桩</td><td colspan="2">中间桩</td><td>$d/2$</td><td rowspan="12">每根桩</td><td rowspan="2">1</td><td rowspan="2">用尺量</td></tr>
<tr><td colspan="2">外缘桩</td><td>$d/4$</td></tr>
<tr><td rowspan="4">排架桩</td><td rowspan="2">顺桥纵轴线方向上</td><td>支架上</td><td>40mm</td><td rowspan="4">1</td><td rowspan="4">用尺量</td></tr>
<tr><td>船上</td><td>50mm</td></tr>
<tr><td rowspan="2">垂直桥纵轴线方向上</td><td>支架上</td><td>50mm</td></tr>
<tr><td>船上</td><td>100mm</td></tr>
<tr><td rowspan="2">板桩</td><td colspan="2">桩间距</td><td>不脱榫</td><td rowspan="2">1</td><td>观察</td></tr>
<tr><td colspan="2">桩与基础边线间距或中线间距</td><td><30mm</td><td>用尺量</td></tr>
<tr><td>2</td><td colspan="4">Δ桩尖高程</td><td>±100mm</td><td>1</td><td>用水准仪测量桩尖高程后计算</td></tr>
<tr><td>3</td><td colspan="4">Δ贯入度</td><td>不低于设计标准</td><td>1</td><td>查沉桩记录</td></tr>
<tr><td>4</td><td colspan="4">斜桩倾斜度</td><td>±15% $\tan\theta$</td><td>1</td><td>用垂线测量计算</td></tr>
<tr><td>5</td><td colspan="4">垂直桩垂直度</td><td>$L/100$</td><td>1</td><td>用垂线测量计算</td></tr>
</table>

注：1. 承受竖向荷载的摩擦桩，其控制入土深度应以高程为主，而贯入度作参考；端承桩的控制入土深度应以贯入度为主，而以高度为参考；
2. 表中 d 为桩的直径或短边尺寸（mm）；
3. 表中 θ 为斜桩设计纵轴线与铅垂线间的夹角（°）；
4. 表中 L 为桩的长度（mm）。

距，检验频率范围是每根桩用尺量计 1 点。

沉入桩施工前，要检查桩位控制网和控制点，沉入桩就位检查无误方可施打。检查桩位控制网和控制点应以桥梁基线和纵横轴线为依据，根据沉入桩与桥基轴线的尺寸关系，用钢尺以反复零点的方法进行核验。

沉入桩沉入完毕，要检测桩位，即检测桩的平面位置。检测方法是从桩顶的对称中心用钢尺量至基础纵、横轴线的垂直距离，与设计尺寸对照，取最大桩位偏差值，读数精确至 mm。每一根桩计 1 点。

关于沉入桩桩位检验的控制网、控制点的定位依据和定位条件，定位校核的基本做法，桩位检测方法，步骤和结果计算，可参考轴线及平面位置检验的有关内容。

2. 桩尖高程检验

桩尖高程检验采用普通 S_3 型微倾式水准仪，可满足精度要求。根据被检测桩所在位置，从附近已作高程校核的水准点作后视，测量该桩顶标高，通过桩长换算求得桩尖高程，以 mm 计，每根桩计 1 点。

关于水准点高程的校核方法、步骤，以及高程计算和调整方法，可参考第二章第三节水准点闭合和闭合差的内容。

3. 贯入度检验

沉入桩采用打桩方法进行时，打桩中每锤的贯入度，应取一阵锤击的平均值。自落锤每 20 锤为一阵，单动汽锤每 10 锤为一阵，双动汽锤及柴油打桩机采用每分钟锤击次数的贯入平均值作为每锤的贯入度。只有在求桩的复打贯入度时，可每 3 锤记录一次。

（1）桩的贯入度应在桩下沉接近完毕，并在下列正常条件下测定：

1）桩头没有破坏。

2）桩锤的冲击力作用在桩的中心。

3）桩锤冲击部分的下落高度符合规定。

4）汽锤在冲击中，需有足够的气体压力。

当沉入桩沉至设计标高并达到试桩要求的贯入度后，为检验桩最后贯入度的可靠性，应对桩作静载检验，或酌情只作动力检验。

作贯入度检验，要在打桩完成后经过一定“休止”时间。对中砂或粗砂不少于 3d，黏质土及饱和粉质土不少于 6d，在软塑黏土或软土中应经过14d以上。

（2）用自落锤、单动汽锤或柴油打桩机作动载检测时：

1）以打桩达到最后入土深度时所用的落锤高度击打，每阵重锤5下。

2）每阵5锤的基桩贯入深度，测量精确至mm，并以每锤的平均值为贯入度。

3）用所求贯入度与试桩最后贯入度比较。

（3）用双动汽锤作动载检测时：

1）所用汽压应与打试桩时最后所用的汽压相同。

2）预先将汽锤加温，并迅速打开汽阀，增加锤击密度。

3）当达到试桩的最后锤击密度时，开动汽阀达3～5s，即测量每10锤的基桩贯入深度，精确至mm。

4）用每10锤贯入度的平均值计算每锤贯入度，并记录每10锤的时间，与打试桩时的锤击能作比较。

5）用所求的最后贯入度与打试桩时每锤最后贯入度比较。

用震动锤时，以用最后下沉量完全相同的技术条件，震动30s，测量桩的下沉量，精确至mm。

4. 斜桩倾斜度检验

斜桩倾斜度是表示斜桩轴线在桩沉入土中之后偏离斜桩设计中心线的程度。即斜桩倾斜度是斜桩轴线对于铅垂线的夹角 θ 与设计倾斜角 θ 之差，其差值以 $\mathrm{tg}\theta$ 的百分率表示。

检测斜桩倾斜度用垂线测量计算。为了更好地控制斜桩倾斜度，使之在沉入过程中和沉入结束时都能达到设计要求，需要做好控制性检测工作。

（1）斜桩就位时，把好就位关。桩就位后、沉入前，检测桩的倾斜度，核对打桩机或钻机导轨的倾斜度；校对桩锤或钻杆轴线的倾斜度。

（2）斜桩沉入过程中，随时检测其倾斜度，尤其在沉入开始阶段，每沉入1m，应检测一次。

斜桩倾斜度检测工具、方法、步骤和结果计算，可参考第二章第七节的内容。

5. 垂直桩倾斜率检验

垂直桩倾斜率又称为垂直桩垂直度。它是表示垂直桩在沉入中其轴线对铅垂线偏斜的程度。以桩高度的百分比衡量。垂直桩倾斜率的检测方法见第二章第七节的内容。

（二）灌注桩检验

灌注桩有钻孔灌注桩、挖孔灌注桩及旋喷桩等。施工方法不同，但检验项目相同。

具体规定见表4-3。

灌注桩允许偏差 **表4-3**

<table>
<tr><th rowspan="2">序号</th><th rowspan="2" colspan="3">项目</th><th rowspan="2">允许偏差</th><th colspan="2">检验频率</th><th rowspan="2">检验方法</th></tr>
<tr><th>范围</th><th>点数</th></tr>
<tr><td>1</td><td colspan="3">Δ混凝土抗压强度</td><td>必须符合规定</td><td rowspan="9">每根桩</td><td rowspan="2">1</td><td>必须符合规定</td></tr>
<tr><td>2</td><td colspan="3">Δ孔径</td><td>不小于设计规定</td><td>用探孔器检测</td></tr>
<tr><td>3</td><td colspan="3">Δ孔深</td><td>+ 500mm</td><td>1</td><td>用测绳测量</td></tr>
<tr><td rowspan="3">4</td><td rowspan="3">桩位</td><td colspan="2">基础桩</td><td>100mm</td><td>1</td><td rowspan="3">用尺量</td></tr>
<tr><td rowspan="2">排架桩</td><td>顺桥纵轴线方向上</td><td>50mm</td><td>1</td></tr>
<tr><td>垂直桥纵轴线方向上</td><td>100mm</td><td>1</td></tr>
<tr><td>5</td><td colspan="3">斜桩倾斜度</td><td>± 15% $\tan\theta$</td><td>1</td><td rowspan="2">用垂线测量</td></tr>
<tr><td>6</td><td colspan="3">垂直桩垂直度</td><td>$L/100$</td><td>1</td></tr>
<tr><td rowspan="2">7</td><td rowspan="2" colspan="2">沉淀厚度</td><td>摩擦桩</td><td>0.5d，且不大于500mm</td><td></td><td rowspan="2">开始灌注混凝土前用测绳测量</td></tr>
<tr><td>端承桩</td><td>50mm</td><td></td><td></td></tr>
</table>

注：1. 表中 θ 为斜桩设计纵轴线与铅垂线间的夹角（°）；

2. 表中 L 为桩的长度（mm）；

3. 表中 d 位桩的直径（mm）。

灌注桩的检验项目有水下混凝土抗压强度、孔径、孔深、沉淀厚度、桩位、桩垂直度或斜桩倾斜度，还应检查混凝土有无夹层和断桩等。同时，应选择有代表性的桩用无破损法进行检测，重要工程或重要部位的桩宜逐根进行检测。设计有规定或对桩的质量有怀疑时，应采用钻取芯样对桩基进行检测。

1. 灌注桩孔径检测

灌注桩的孔径检测是钻孔过程中对孔身各部孔径进行检测。其目的是检验孔径是否达到设计规定，更主要的是检验孔身的直顺度，使灌注桩受力不致发生人为的偏心力矩和受力的不均匀性。

检测工具：专用的检孔器，有环形、笼型。其外径尺寸同设计规定，高度一般取孔径的4~6倍，用钢筋或型钢制作。

检测按每钻进4~6m，用检孔器沿孔身徐徐下降，检孔器下降顺利，说明孔径和孔身的直顺度符合要求。如检孔器不进孔，或吊绳发生偏移，应及时修孔。

2. 孔深和沉淀厚度检测

孔深的检测是在决定停钻前对孔深进行检测，确定孔深是否达到设计要求。沉淀厚度检测是在灌注水下混凝土前进行的，检验沉淀厚度是否超过规定。

量测工具：锤，质量约6~9kg；测绳，具有质轻、拉力强、遇水不伸缩，标有刻度的测绳或锦纶织尺等。

检测方法采取接触法，即手感。用系有测绳的锤徐徐下人孔中，一旦感觉锤质量变轻，在这一深度范围，上下试触几次，确定沉渣面位置。继续放松测绳，此时测锤已进入沉渣中，一旦测锤质量发生较大减轻或测绳完全松弛，说明此深度已到孔底，这样重复测试3次以上，取深度较小值为孔深。孔深与沉渣面之差即为沉淀厚度。

检测灌注桩孔径、孔深和沉渣厚度，除用简易的手工工具检测外，有的工程已采用电子仪器进行检测，如高精度数字显示陀螺测斜仪检测孔的垂直度、孔径、孔深及沉渣厚度，检测迅速、准确。

3. 灌注桩其他检查项目

除规定的鉴定项目外，对混凝土灌注桩还需作其他项目的检查，主要有：

（1）护筒检查

1）内径尺寸，漏水情况，连接销牢固程度。

2）埋设位置，高程，牢固性。

（2）钻架安装检查

1）安装位置，各部连接牢固，机架稳固。

2）起重滑轮钻杆的卡杆孔和护筒中心三者在一根竖直线上。

（3）泥浆检查

1）黏土塑性指数，泥浆的比重。

2）钻孔中泥浆稠度。

（4）钢筋骨架吊装检查

1）钢筋骨架就位的中心位置和高程，固定措施。

2）混凝土灌注中钢筋骨架不上浮不位移。

（5）水下混凝土检查

1）配合比，坍落度，粗骨料最大粒径，最小水泥用量。

2）导管连接直顺、不漏水，管内光滑试球畅通。

（三）混凝土钻孔灌注桩完整性检测

桩基础施工质量的检验，随着长、大桩径及高承载力桩基础迅速增加，传统的静压桩试验已很难实施，目前，常用的钻孔灌注桩质量的检测方法有以下几种：

1. 钻芯检验法

由于大直径钻孔灌注桩的设计荷载一般较大，用静力试桩法有许多困难，所以常用地质钻机在桩身上沿长度方向钻取芯样，通过对芯样的观察和测试确定桩的质量。但这种方法只能反映钻孔范围内的小部分混凝土质量，而且设备庞大、费工费时，不宜做为大面积控测方法，只用于抽样检查。

2. 振动检验法

所谓振动检验法又称动测法。它是在桩顶用各种方法（例如锤击、敲击、电磁激振器等）施加一个激振力，使桩体乃至桩土体系产生振动，或在桩内产生应力波，通过对波动及振动参数的种种分析，以推定桩体混凝土质量及总体承载力的一类方法。这类方法主要有以下四种：

（1）敲击法或锤击法

用棒或锤子打击桩顶，在桩内激励振动，用加速度传感器接收桩头的响应信号，信号经处理后被显示或记录，通过对信号的时域及频域分析，可确定桩尖或缺陷的反射信号，据此可判断桩内是否存在缺陷。当锤击力足以引起桩土体系的振动时，根据所测得的振动参数，可计算桩的动刚度和承载力。

（2）稳态激振机械阻抗法

在桩顶用电磁激振器激振，该激振力是一幅值恒定，频率从20Hz 至 1000Hz 变化的简谐力。量测桩顶的速度响应信号。由于作用在简谐振动体系上的作用力 F，与该体系上某点的速度 v 之比，称为机械阻抗，机械阻抗的倒数称为导纳（Mobility），因此，可用所谓记录的力和速度经仪器合成，描绘出导纳曲线，还可求得应力波在桩身混凝土中的波速、特征导纳、实测导纳及动刚度等动参数。据此，可判断是否有断桩、缩径、鼓肚、桩底沉渣太厚等缺陷，并可由动刚度估算单桩容许承载力。

（3）瞬态激振机械阻抗法

用力棒对桩顶施加一个冲击脉冲力，这个脉冲力包含了丰富的频率成分。通过力传感器和加速度传感器，记录力信号和加速度信号，然后把两种信号输入信号处理系统，进行快速傅立叶变换，把时域变成频域，信号合成后同样可得到桩的导纳曲线，从而判断桩的质量。

（4）水电效应法

在桩顶安装一高约 1m 的水泥圆筒，筒内充水，在水中安放电极和水听器。电极高压放电，瞬时释放大电流产生声学效应，给桩顶一冲击能量，由水听器接收桩土体系的响应信号，对信号进行频谱分析，根据频谱曲线所含有的桩基质量信息，判断桩的质量和承载力。

3. 超声脉冲检验法

该法是在检测混凝土缺陷技术的基础上发展起来的。其方法是在桩的混凝土灌注前沿桩的长度方向平行预埋若干根检测用管道,作为超声发射和接收换能器的通道。检测时探头分别在两个管子中同步移动,沿不同深度逐点测出横截面上超声脉冲穿过混凝土时的各项参数,并按超声测缺原理分析每个断面上混凝土的质量。

4. 射线法

该法是以放射性同位素辐射线在混凝土中的衰减、吸收、散射等现象为基础的一种方法。当射线穿过混凝土时，因混凝土质量不同或因存在缺陷，接收仪所记录的射线强弱发生变化，据此来判断桩的质量。

由于射线的穿透能力有限。一般用于单孔测量，采用散射法，以便了解孔壁附近混凝土的质量，扩大钻芯法检测的有效半径。

（四）基桩承载力检测

现有测定基桩承载力的检验方法有两种，一种是静荷载试验，另一种是动测方法。

静荷载试验是确定基桩承载力最可靠的方法，而各种桩的动测方法，则要在与桩静荷载试验结果大量对比的基础上，找出对比系数，才能推广应用。下面介绍静荷载试验方法和基桩高应变动力检测法。

1. 基桩的垂直静载试验

试验是在试桩顶上分级施加静荷载直到土对试桩的阻力破坏时为止，从而求得桩的容许承载力单桩的下沉量。按现行地基基础规范“单桩承载力宜通过现场静载试验确定，在同一条件下试桩数量不宜少于总桩数的1%，并不少3根”。就地灌注桩的静载试验应在混凝土强度达到能承受预定破坏荷载后开始。斜桩作静载试验时，荷载方向应与斜桩轴线相同。

（1）加荷装置

1）基本要求：首先要求安全可靠，保证有足够的加载量，不能发生加载量达不到要求而中途停止试验的事故。其次从节约材料、少用经费、取用方便、缩短筹备时间等方面进行比较，选用合适的加载系统。

2）加载量的确定：荷载系统的加载能力至少不低于破坏荷载或最大加载量的1.5倍，最好能达到1.5~2.0倍。

3）反力装置：反力装置是加载系统中最主要的组成部分，对它应事先作好周密的设计。

反力装置有平台式和杠杆式的加荷装置，但这两种装置不宜用于较大荷载要求，且加荷、卸荷很费时间、劳动强度亦大。因此，目前多采用液压千斤顶、锚桩、横梁等设备加荷，见图4-3。

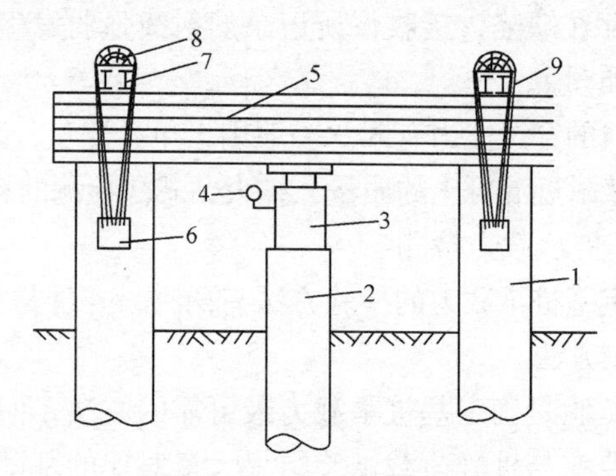

图4-3　锚桩反力梁加载装置

1—锚桩；2—试桩；3—千斤顶；4—油压表；5—反力梁；
6—穿墙洞；7—小挑梁；8—半圆木；9—钢索

（2）基准点与基准梁的设置

作为下沉量测试的基准点和基准梁原则上应该是不动的。但是，由于试桩与锚桩的变位，气象、日照、潮汐以及附近施工与交通引起的振动等影响，都会使基准点或基准梁产生一定的变位或变形。如果对此掉以轻心或熟视无睹，那么测得的试桩下沉量将是不可靠的。

1）基准点的设置

基准点的设置应满足以下几个条件：基准点本身不变动；没有被接触或遭破损的危险；

附近没有振源；不受直射阳光与风雨等干扰；不受试桩下沉的影响。

2）基准梁的设置

基准梁一般采用型钢，其优点是有磁性、刚度大、便于加工、形状一致，缺点是温度膨胀系数大。在受温度影响大的长期荷载试验时，并且当桩本身的下沉又不大时，测试精度会受很大影响。

因此，当量测桩位移用的基准梁如采用钢梁时，为保证测试精度需采取下述措施：基准梁的一端固定，另一端必须自由支承；防止基准梁受日光直接照射；基准梁附近不设照明及取暖炉；必要时基准梁可用聚苯乙烯等隔热材料包裹起来，以消除温度影响。

（3）测试仪器装置

测量仪器必须精确，一般使用精度为1/20mm的光学仪器或力学仪器，如水平仪、挠度仪测力器（包括荷载传感器、拉应力传感器、电子秤、压力环等）、倾角仪、位移计等，如无此类仪器，可用千分表、游标卡尺、杠杆指针等，精确度至少为0.1mm。测量仪器一般应设2~4套，对称安装在试桩的两侧或四周。观测用的测桩与试桩和锚桩的净距在任何情况下不得小于试桩直径的3倍。

在所有基桩尚未沉入前作试验时，有可能根据试桩结果改变桩基结构（沉桩深度、桩的数量等）。因此，试桩载重一般应达到破坏载重，或试桩下沉量大大超过建筑物的容许限度，甚或达到基桩本身材料的破坏。

（4）快速加载试验法

一般桩的垂直静载试验采用慢速循环加载（维持荷载法），即上述的方法。本法试验工作长，配备人员多，慢速试验的“休止”标准缺乏理论依据，基准梁和测读精度也存在一些问题。故静载试验得出的结果中除了临界承载力（即极限承载力）

外，桩的沉降资料与以后桩群的长期下沉量差别很大。若静载试验仅仅为了检验桩的承载力，亦可采用国内外已取得一定成果的“快速加载法”（即贯入速率法）的垂直静载试验法。

快速加载法的特点是将临界荷载（极限荷载）分为10~15级，每45min加载一级，其间不必等待下沉的“休止”，到达45min即继续加载，直到加载完毕。一般总的试验时间为450~675min，测读时间是0、1、2、5、10、15、30、45（min）各一次。

经过实践证明，对摩擦桩的临界载重值，快速试验值与慢速试验值基本上相同。对设计荷载阶段（一般是小于临界荷载的1/2），快速试验与慢速试验的桩下沉量也基本一致。

2. 基桩高应变动力检测（凯斯法）

传统的静荷试验方法，由于其费用高，时间长，通常检测数量只能达到总桩数的1%左右；而且随着桩径桩长的增大，静载试验从其实施规模、消耗资金和需要时间来看，均已到了难以接受的程度。而各种动力检测方法以其技术相对先进，操作较为简便，占用时间较短，所需费用较低等优点，近年来得到了广泛的推广和应用。下面仅介绍《基桩高应变动力检测规程》（JGJ 106—97）中采用的凯斯法。

凯斯法判定单桩极限承载力的公式见式（4-1）。利用该式判定单桩承载力的关键是选取合理的阻尼系数 J_c。我国目前采用的阻尼系数值基本上是参照美国PID公司给出的取值范围。

（1）凯斯法适用范围

凯斯法判定单桩极限承载力只限于中、小直径桩；用于混凝土灌注桩时，桩身材质应均匀，且有可靠经验。在无静载试验情况下，应采用实测曲线拟合法确定 J_c 值，拟合计算的桩数不应小于检测总数的30%，并不少于3根，在同一场地，桩型、尺寸相同情况下，阻尼系数极值与平均值之差不应大于0.1。

（2）基本原理

凯斯法以现代波动理论为基础，导出了一套简捷的分析计算公式，借助于现代的振动测量和信号处理技术，在锤击桩的过程中检测桩头的受力和运动响应信息，借助计算机分析技术，较全面地考虑桩和土及其相互作用的各种因素，通过复杂的运算，获得桩的承载力。这里略去冗长的数学推导，直接给出凯斯法判定单桩极限承载力的计算公式。

$$R_c = (1 - J_c)[F(t_1) + Zv(t_1)]/2 + (1 + J_c)[F(t_1 + 2L/c) - Zv(t_1 + 2L/c)]/2$$

$$Z = AE/c \tag{4-1}$$

式中 R_c——由凯斯法判定的单桩极限承载力（kN）；

J_c——凯斯法阻尼系数；

t_1——速度峰值对应的时刻（ms）；

$F(t_1)$——t_1 时刻的锤击力（kN）；

$v(t_1)$——t_1 时刻的质点运动速度（m/s）；

Z——桩身截面力学阻抗（kN·s/m）；

A——桩截面积（m^2）；

L——测点下桩长（m）。

（3）检测仪器及设备　试验仪器应具有现场显示、记录、保存实测力与加速度信号的功能，并能进行数据处理、打印和绘图，如图 4-4。

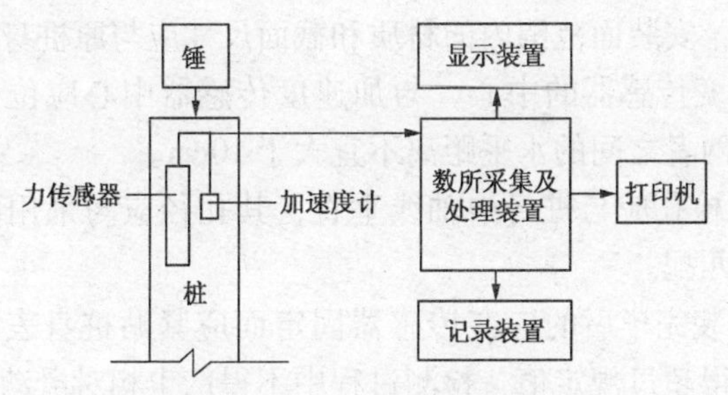

图 4-4　仪器设备装置框图

（4）检测方法

1）混凝土桩桩头的处理

为了确保检测时锤击力的正常传递，桩头顶面应水平、平整，桩头中轴线与桩身中轴线应重合，桩头截面积应与原桩身截面积相同。

桩头主筋应全部直通至桩顶混凝土保护层之下，各主筋应在同一高度上。

距桩顶1倍桩径范围内，宜用厚度为3~5mm的钢板围裹或距桩顶1.5倍桩径范围内设置箍筋，间距不宜大于150mm。桩顶应设置钢筋网片2~3层，间距60~100mm。

桩头混凝土强度等级宜比桩身混凝土提高1~2级，且不得低于C30；桩顶应设置桩垫，并根据使用情况及时更换；桩垫宜采用胶合板、木板和纤维板等材质均匀的材料。

2）传感器的安装

为监视和减少可能出现的偏心锤击的影响，检测时应安装应变传感器和加速度传感器各两只。传感器的安装应符合下列规定：

a. 传感器应分别对称安装在桩顶以下桩身两侧，传感器与桩顶之间的垂直距离，对于一般桩型，不宜小于2倍桩的直径或边长。对于大直径桩，不得小于1倍桩的直径或边长。

b. 安装传感器的桩身表面应平整，且其周围不得有缺损或断面突变，安装面范围内的材质和截面尺寸应与原桩身等同。

c. 应变传感器的中心，与加速度传感器中心应位于同一水平线上，两者之间的水平距离不宜大于10cm。

d. 螺栓孔应与桩身中轴线垂直，其孔径应与采用的膨胀螺栓尺寸相匹配。

e. 安装完毕后的应变传感器固定面应紧贴桩身表面，初始变形值不得超过规定值，检测过程中不得产生相对滑动。

f. 当进行连续锤击检测时，应先将传感器引线与桩身固定可靠，防止引线振动受损。

3）现场检测参数设定

高应变动力检测是通过在桩顶采集力和速度信号，通过计算得到桩的承载力的。实际上，传感器直接测到的是其安装面上的应变和加速度信号，还要根据其他参数设定值，计算后才能得到力和速度信号，因此桩的参数必须按测点处桩的性状设定。

a. 桩的参数设定　现场检测时桩头测点处的桩截面面积、桩身波速、桩材质量密度和弹性模量应按测点处桩的实际情况确定。

测点下桩长和截面积的设定值应符合下列规定：测点下桩长应取传感器安装点至桩底的距离；对于预制桩，可采用建设或施工单位提供的实际桩长和桩截面积作为设定值；对于混凝土灌注桩，测点下桩长和截面积设定值宜按建设或施工单位提供的施工记录确定。

桩身波速设定可符合下列规定：对于普通钢桩，波速值可设定为5 120m/s；对于混凝土预制桩，宜在打人前实测无缺陷桩的桩身平均波速作为设定值；对于混凝土灌注桩，在桩长已知的情况下，可用反射波法按桩底反射信号计算桩的平均波速作没定值，如桩底反射信号不清晰，可根据桩身混凝土强度等级参数综合设定。

桩身质量密度设定应符合下列规定：对于普通钢桩，质量密度应设定为7.85t/m^3；对于普通混凝土预制桩，质量密度可设定为2.45～2.55t/m^3；对于普通混凝土灌注桩，质量密度可设定为2.40t/m^3。

桩材弹性模量设定值应按下式计算：

$$E=\rho v^2 \tag{4-2}$$

式中　E——桩材弹性模量（kPa）；

v——桩身内应力波传播速度（m/s）；

ρ——桩材质量密度（kg/m^3）。

b. 采样频率和采样数据长度的设定

采样频率宜为5～10kHz；每个信号的采样点数不宜少于1024点。

c. 力传感器和加速度传感器标定系数的设定

力传感器和加速度传感器标定系数应由国家法定计量单位开

具的标定系数或传感器出厂标定系数作为设定值。

4）测试技术要求

检测前应认真检查确认整个测试系统处于正常状态，并逐一核对各类参数设定值，直至确认无误时，方可开始检测。

检测时要记录每根桩的有效锤击次数，应根据贯入度及信号质量确定。因此，检测时宜实测每一锤击力作用下桩的贯入度，为使桩周土产生塑性变形，单击贯入度不宜小于2.5mm，但也不宜大于10mm。由于检测工作现场情况复杂，种种影响很难避免，为确保采集到可靠的数据，即使对于灌注桩，每根桩检测时应记录的有效锤击数也不得只有一击。否则一旦在室内分析时，发现采集数据有误就无法补救。每根桩检测时应记录的有效锤击次数。

检测时应及时检查采集数据的质量。如发现测试系统出现问题、桩身有明显缺陷或缺陷程度加剧，应停止检测，进行检查。

（五）沉井基础检验

沉井基础主要包括沉井制作、下沉、封底和填充四个部分。沉井制作中的模板、钢筋和混凝土项目，在以后的各节中分别叙述，封底和填充亦不在这里介绍。这里就沉井下沉各项检验项目作一叙述。

沉井下沉验收标准相关规定见表4-4。

沉井下沉允许偏差 **表4-4**

<table>
<tr><th rowspan="2">序号</th><th rowspan="2" colspan="2">项　目</th><th rowspan="2">允许偏差</th><th colspan="2">检验频率</th><th rowspan="2">检验方法</th></tr>
<tr><th>范围</th><th>点数</th></tr>
<tr><td>1</td><td colspan="2">Δ混凝土抗压强度</td><td>必须符合规定</td><td rowspan="5">每根桩</td><td></td><td>必须符合规定</td></tr>
<tr><td rowspan="2"></td><td rowspan="2">轴线位移</td><td>顺桥纵轴线方向上</td><td>1%H（当H<10000mm时，允许100mm）</td><td>2</td><td rowspan="4"></td></tr>
<tr><td>垂直桥纵轴线方向上</td><td>1.5%H（当H<10000mm时，允许150mm）</td><td>2</td></tr>
<tr><td>2</td><td colspan="2">沉井高程</td><td>±100mm</td><td>4</td></tr>
<tr><td>3</td><td colspan="2">垂直度</td><td>2%H</td><td>2</td></tr>
</table>

注：表中H为沉井下沉深度（mm）。

沉井下沉的检测项目主要有轴线位移，刃脚高程和垂直度。其检测方法又都是用水准仪和经纬仪测量。为了顺利进行各项检测，获得准确的检测结果，要求在沉井下沉地点作好沉井的定位轴线和高程控制的复核工作。

1. 轴线位移检验

沉井轴线位移检验分为顺桥纵轴线方向和垂直桥纵轴线方向两个部分。轴线位移用经纬仪测量，位移偏差以沉井下沉深度 H 的百分率控制。

沉井轴线位移的检验从下沉开始、下沉全过程都应进行检测控制，并且要对沉井的井口和井底同时观测，及时纠偏，待沉井下沉完毕，测定其最终位移值。其间对沉井下沉的第一节要加强控制。

轴线位移检验的准备工作，检验方法和步骤，可参考第二章的内容。

2. 刃脚高程检验

沉井刃脚高程检验方法与桩尖高程检验方法相似。沉井下沉前，在井壁划出沉井尺寸线，每 10cm 一个单位，控制沉井下沉高程。

沉井下沉接近设计高程，用水准仪测量沉井顶部标高，换算成刃脚高程，精确至 mm。

3. 沉井垂直度检验

垂直度检验方法与沉桩垂直度检验方法相似。以沉井下沉深度 H 的百分率控制。

沉井垂直度检验可以用垂线或经纬仪检验。用垂线检验时，应在井内设置线坠，并事先找准线坠应对准的位置。沉井下沉过程中随时观测线坠偏移方向和偏移量，以此控制沉井下沉的垂直度，用经纬仪检验垂直度时，应在沉井顶部划好纵、横轴线，沉井下沉过程中，每下沉 1m，应用经纬仪在沉井纵、横轴的两个方向测量其垂直度。

沉井轴线位移和垂直度检验，如果都是用经纬仪测量，可以将这两个检测项目结合进行，即既检测沉井纵、横轴向的偏移，又检测沉井下沉过程中垂直度的变化，根据所提供的两者数据，作为沉井下沉中控制位置和垂直度的依据。

第二节　模　　板

检查模板的制作、安装质量，也要检查拱架和支架的制作、安装质量。检查模板、拱架及支架的质量，主要包括模板拼缝严密、尺寸符合设计要求，安装牢固、稳定，拆卸设施有效。本节主要叙述模板检验，包括整体式结构模板检验、装配式构件模板检验、小型预制构件模板检验三个部分。

一、整体式结构模板检验

整体式结构模板可用于桥梁工程的基础、墩、台、柱、梁、拱及墙等各部位的现浇混凝土结构。其检验项目包括相邻两板表面高差、表面平整度、垂直度、模内尺寸、轴线位移、支承面高程及预埋件位置、高程等。有预拱度要求的整体式板检验，其预留拱度应符合模板设计规定。

整体式模板质量标准，《市政桥梁工程质量检验评定标准》CJJ2—90 中的规定见表 4-5：

整体式模板允许偏差　　表 4-5

<table>
<tr><th rowspan="2">序号</th><th rowspan="2" colspan="2">项目</th><th rowspan="2">允许偏差
（mm）</th><th colspan="2">检验频率</th><th rowspan="2">检验方法</th></tr>
<tr><th>范围</th><th>点数</th></tr>
<tr><td rowspan="3">1</td><td rowspan="3">相邻两板表面高低差</td><td>刨光模板</td><td>2</td><td rowspan="6">每个构筑物或</td><td rowspan="3">4</td><td rowspan="3">用尺量</td></tr>
<tr><td>不刨光模板</td><td>4</td></tr>
<tr><td>钢模板</td><td>2</td></tr>
<tr><td rowspan="3">2</td><td rowspan="3">表面平整度</td><td>刨光模板</td><td>3</td><td rowspan="3">4</td><td rowspan="3">用 2m 直尺检验</td></tr>
<tr><td>不刨光模板</td><td>5</td></tr>
<tr><td>钢模板</td><td>3</td></tr>
</table>

续表

序号	项目			允许偏差（mm）	检验频率		检验方法
					范围	点数	
3	垂直度	墙、柱		0.1%H，且不大于6	每个构筑物或	2	用垂线或经纬仪检验
		墩、台		0.2%H，且不大于20			
		塔柱		H/1500，且不大于40			
4	模内尺寸	基础		+10 −20		3	用尺量，长、宽、高各计1点
		墩、台		+5 −10		2	
		梁、板、墙、柱、拱、塔柱		+3 −8		1	
5	轴线位移	基础		15		1	用经纬仪测量，纵、横向各计1点
		墩、台、墙		10			
		梁、柱、拱、塔柱		8			
		悬浇各梁段		8			
6	支承面高程			+2 −5	每个支承面	1	用水准仪测量
7	悬浇各梁段底面高程			+10 0	每梁段	1	用水准仪测量
8	预埋件	支座板、锚垫板、联结板等	位置	3	每个预埋件	1	用尺量
			平面高差	2		1	用水准仪测量
		螺栓、锚筋等	位置	10		1	用尺量
			外露长度	±10		1	
9	预埋孔洞	预应力筋孔道位置		梁端10	每个预留孔洞	1	用尺量
		其他	位置	15		1	
			高程	±10		1	用水准仪测量

注：表中H为构筑物高度（mm）。

1. 相邻两板表面高差检验

相邻两板表面高差，对刨光（清水）模板，不刨光（混水）模板和钢模板要求的质量不同，其检验方法是相同的。以每一构筑物或构件为一检验单位，对结构模板的各个面检验，视模板面积大小，抽取相应的检测点数，一般以 $5m^2$ 检测 1 点，对于梁、柱、拱等结构部位，每一模板面至少检测 1 点。各计 1 点。

相邻板高差的检测方法，一般用靠尺和楔形塞尺量测，量测方法可参考第二章的相应内容。

2. 表面平整度检验

表面平整度的检验范围、检验频率与相邻板高差的适用范围和检验频率相类似。其检验方法是在选择具有代表性的部位，用 2m 直尺和楔形塞尺量测其表面平整度，取最大偏差值，读数至 mm。

3. 垂直度检验

垂直度是对墩、台、柱、墙而言，检验它们的垂直度是以其高度 H 的百分率来表示。墩、台模板垂直度指标是 $0.2\%H$，且不大于 20mm；柱、墙模板垂直度指标是 $0.1\%H$，且不大于 6mm。

模板垂直度检验方法与构筑物（构件）垂直度检验方法相同。可以采用垂线检验或用经纬仪检验，视构筑物（构件）模板高度和要求的精度选用。

模板垂直度检验方法参见第二章的垂线检验法和经纬仪检验法。

4. 模内尺寸检验

模内尺寸检验用于桥梁工程的基础、墩、台、梁，板，墙、柱、拱、塔柱等部位。检验以每个构筑物或构件为单位，对不同部位所要求的质量标准不同，其检测方法都是用钢尺直接量测。

模内尺寸按规定检验长、宽、高三个尺寸，以一尺直接量出结果为好，对于基础、墩、台、墙等模内尺寸较大部位还需检查它的对角线之差，分别检查它的上沿和下沿尺寸之差，以及阴角部分情况。

模内尺寸长、宽、高各计 1 点，取最大偏差值，读数精确至 mm。

5. 轴线位移检验

轴线位移检验用于桥梁工程各个部位，以每一构筑物或构件为一检测单位，用经纬仪测量，各部位分别计 2 点。

轴线位移用经纬仪检验的依据、方法、结果计算详见第二章的内容。

6. 支承面高程检验

桥梁工程各部位和每个支承面均须作高程检验，每个支承面计 1 点。

支承面高程用水准仪测量的检验条件、方法步骤和结果评定详见第二章的内容。

7. 预埋件位置、高程检验

预埋件包括预埋支座板，锚垫板、联结板、螺栓、锚筋，各种预留洞（孔）以及配合工程所需的预埋件等。

预埋件位置检验，一般有平面位置检验和空间位置检验。平面位置检验是定出构筑物或构件模板的纵横轴线或立面上的横竖轴线，根据设计所定预埋件与各轴线的尺寸关系，用钢尺从轴线量至预埋件中心线的距离，空间位置的检测，同样要定出构筑物或构件模板的纵横竖三个轴线，构成整体式模板的空间坐标轴，根据设计所定预埋件在空间三轴上的坐标值，挂线用钢尺分别量测，所测之值与设计尺寸之差即为预埋件位置偏差值，精确至 mm，每件计 1 点。

预埋件高程主要指的是支座板和锚垫板高程，每个预埋件均须作高程检验，检验方法同支承面高程检验方法，可以参考第二章的内容。

二、装配式构件模板检验

装配式构件模板可用于桥梁工程的柱、梁、板、桩、拱肋、桁架及拱波等的混凝土预制构件。其检验项目包括相邻两板表面高低差、表面平整度、模内尺寸、侧向弯曲、轴线位移及预留孔洞位置等。

装配式构件模板质量标准，《市政桥梁工程质量检验评定标准》CJJ2—90 中规定，见表4-6。

装配式构件模板允许偏差 **表4-6**

序号	项目			允许偏差（mm）	检验频率		检验方法
					范围	点数	
1	相邻两板表面高低差		刨光模板	2	每个构件	4	用尺量
			不刨光模板	4			
			钢模板	2			
2	表面平整度		刨光模板	3		4	用2m尺量
			不刨光模板	5			
			钢模板	3			
3	模内尺寸	宽	柱、桩	±5		1	用尺量
			梁、拱肋、桁架	0 −10			
			板、拱波	0 −10			
		高	柱、桩	0 −5		1	
			梁、拱肋、桁架	0 −5			
			板、拱波	0 −5			
		长	柱、桩	0 −5		1	
			梁、拱肋、桁架	0 −5			
			板、拱波	0 −5			

续表

序号	项目		允许偏差(mm)	检验频率		检验方法
				范围	点数	
4	侧向弯曲	板、拱肋、桁架	L/1500	每个构件	1	沿构件全长拉线量取最大矢高
		柱、桩	L/1000，且不大于10			
		梁	L/2000，且不大于10			
5	轴线位移	横隔梁	±5	每根梁	2	用经纬仪或样板严办测量
6	预留孔道位置	预应力孔道	梁端10	每个孔道	1	用尺量
		其他	10			

注：1. 表中 L 为构件长度（mm）；

2. 预埋件位置允许偏差应符合表4-5的规定；

3. 钢木混合模板的允许偏差可参照本表执行。

1. 相邻两板表面高低差检验

相邻两板表面高低差，对于刨光（清水）模板，不刨光（混水）模板和钢模板的质量要求不同，其检验方法是相同的。以每一构筑物或构件为一个检验单位，对构件模板的各个面检验，每检验面至少检测1点，各计1点。

相邻两板表面高低差的检验方法，一般用靠尺和楔形塞尺量测，量测方法可参考第二章的相应内容。

2. 表面平整度检验

表面平整度的适用范围、检验频率与相邻板高差的适用范围和检验频率相同，其检验方法是抽取各检测面平整度最大偏差处，用2m直尺和楔形塞尺量测其表面平整度，读数精确至mm。

3. 模内尺寸检验

模内尺寸检验用于桥梁工程中桩、柱、梁、板、拱肋、桁架及拱波等构件模板，检验以每个构筑物或构件为单位，对不同类型构件模板要求的质量标准不同，其检测方法都是用钢尺直接量测。

模内尺寸按规定检验长、宽、高三个尺寸，以一尺直接量出结果为好。另外，还要检查构件模板断面的几何形状，检查长形构件和面积较大构件模板的整体平整度，防止整体模板发生翘曲。整体平整度可挂对角线检查，发现两对角线在空间交叉即表明发生翘曲，其交叉点处相对高差为翘曲值。

模内尺寸长、宽、高各计 1 点，取最大偏差值，读数精确至 mm。

4. 侧向弯曲检验

侧向弯曲检验用于桩，柱、梁、板、拱肋和桁架等构件模板。侧向弯曲是指对同一构件对直线（轴线）的弯曲程度，侧向弯曲检验以一个构件为一检测单位，沿构件全长挂小线，挂在构件侧向弯曲的弦线一侧，用钢尺量取最大矢高值，读数精确至 mm。

侧向弯曲偏差值以构件模板全长的百分率或千分率表示。

5. 预留孔洞位置检验

装配式构件模板中预留孔洞位置的检验，应在构件模板上确定构件的纵、横轴线，根据设计所定预留孔洞位置与构件纵、横轴线的尺寸关系，用钢尺分别量测预留孔洞中心至纵、横轴线的垂直距离，此值与设计值之差即为预留洞位置偏差。读数精确至 mm，每一孔洞计 1 点。

6. 预应力孔道位置检验

预应力孔道位置的检测，要利用构件模板的纵、横、竖空间坐标轴，根据孔道在空间坐标轴上的位置关系，有目的地选择可以控制孔道位置的特征点，分别用钢尺自该特征点量至三个轴的垂直距离，与设计尺寸之差即为孔道在该特征点的位置偏差，取各特征点的最大偏差值，计 1 点。

三、小型预制构件模板检验

小型预制构件模板允许偏差见表4-7中的有关规定。

小型预制构件模板允许偏差　　表4-7

<table>
<tr><th rowspan="2">序号</th><th rowspan="2" colspan="2">项　目</th><th rowspan="2">允许偏差
(mm)</th><th colspan="2">检验频率</th><th rowspan="2">检验方法</th></tr>
<tr><th>范围</th><th>点数</th></tr>
<tr><td>1</td><td colspan="2">断面尺寸</td><td>±5</td><td rowspan="6">每件（每一结构类型抽查10%，且不少于5件）</td><td>2</td><td>用尺量，宽、高各计1点</td></tr>
<tr><td>2</td><td colspan="2">长度</td><td>0
-5</td><td>1</td><td>用尺量</td></tr>
<tr><td rowspan="2">3</td><td rowspan="2">榫头</td><td>断面尺寸</td><td>0
-3</td><td>2</td><td>用尺量，宽、高各计1点</td></tr>
<tr><td>长度</td><td>0
-3</td><td>1</td><td>用尺量</td></tr>
<tr><td rowspan="2">4</td><td rowspan="2">榫槽</td><td>断面尺寸</td><td>+3
0</td><td>2</td><td>用尺量，宽、高各计1点</td></tr>
<tr><td>长度</td><td>+3
0</td><td>1</td><td>用尺量</td></tr>
</table>

小型预制构件模板检验用于桥梁工程中不作主要受力的构件，如桥梁工程配套的栏杆、护栏、隔离墩等小型预制构件。为整个桥梁工程的美观、适用，发挥它自己的功能，必须对小型预制构件的模板检验。

小型预制构件模板检验项目包括断面尺寸、长度，榫头和榫槽等。

检验频率是每一种类型的构件抽查10%，并不少于5件。

各种构件模板的断面尺寸用钢尺量测其宽、高、并用对角线量测作校核，计2点，读数精确至mm；

构件模板和榫头模板的长度用钢尺作反复零点量测，并用对角线量测作校核，计1点，读数精确至mm；

榫槽深度检测，应用钢尺分别量测榫槽四边的深度，取最大偏差作为榫槽深度偏差值，计 1 点；

对于榫头和榫槽的位置，应按构件模板上榫头和榫槽的设计位置，弹出中心线，与设计构件模板中心线相对照，测出其位置偏差，不合格时应及时修正。

第三节　钢　　筋

钢筋工程是桥梁工程的主要隐蔽项目，故在加工制作阶段就应进行检验。本节着重介绍钢筋加工过程中的检验项目，如拉伸、冷弯、成型、焊接、绑扎等，有关预应力钢筋检验内容，将在本章第四节介绍。

钢筋加工质量标准，《市政桥梁工程质量检验评定标准》CJJ2—90 中规定，如表 4-8。

钢筋加工允许偏差　　　　表 4-8

序号	项目		允许偏差（mm）	检验频率		检验方法
				范围	点数	
1	冷拉率		不大于设计规定	每根（每一类型抽查 10%，且不少于 5 件）	1	用尺量
2	受力钢筋成型长度		+5，-10		1	
3	弯起钢筋	弯起点位置	±20		1	
		弯起高度	0，-10		1	
4	钢筋尺寸		0，-5		2	用尺量，宽、高各计 1 点

一、钢筋加工检验

1. 钢筋冷拉伸长率检验

成盘的钢筋或弯曲的钢筋，均需在使用前调直，在不得使用冷拉钢筋的结构中，如采用冷拉方法调直钢筋，设计又未提出要求，钢筋的拉长率不得大于1%，在一般结构中，钢筋冷拉调直的拉长率，Ⅰ级钢筋不得超过3%，Ⅱ～Ⅳ级钢筋不得超过1%。

（1）外观检验　钢筋的调直和清除污锈应符合下列要求

1）钢筋表面应洁净。对浮皮、铁锈、油渍、漆皮、污垢等均应在使用前清除干净；焊接前，焊点处的水、锈应清除干净。

2）钢筋应平直，无局部曲折。

3）钢筋调直后不得有裂纹和局部颈缩，表面擦痕超过钢筋截面的5%时，该段钢筋不得使用。

（2）冷拉伸长值按下式计算

$$\Delta L = \delta L \tag{4-3}$$

式中　δ——钢筋拉长率（%）；

L——钢筋冷拉前的长度（mm）。

（3）拉长率检验方法

检验钢筋冷拉调直时的拉长率δ，是否符合规范规定，即如何控制拉长率，以不超过规定值。按照冷拉伸长值计算的关系式，控制为$\Delta L = \delta L$，其中δ按规范规定值控制，当L确定后，其冷拉调直的伸长值ΔL就可以求得。冷拉时由L拉长至（$L+\Delta L$）即控制了拉长率。

2. 受力钢筋成型长度检验

受力钢筋成型长度检验内容，主要有弯钩外皮间长度，钢筋直顺和弯钩规格。检验方法最好是在样板上用钢尺量取其各部位的偏差值，现场抽查用钢尺直接量测。

3. 弯起钢筋起弯点位置和弯起高度检验

弯起钢筋下料长度决定后，其弯起点的位置，弯起高度，上下平直段的钢筋长度和弯钩尺寸之间，就互相连系，互相制约。在检验弯起钢筋弯起点位置、弯起高度时，可在样板各部位延长线上，对照弯起钢筋量测各部尺寸；不用样板对照量测时，可从弯起钢筋的中心，向两侧用钢尺量测，弯起点位置和弯起高度应对称并相等。不是对称型的弯起钢筋。应自一端按顺序检测。量测任何一个部位的尺寸，应一尺量出结果，不可分尺累加，以免发生丈量误差。

4. 箍筋尺寸检验

箍筋尺寸是指箍筋的宽和高，实际它是箍筋的净宽和净高。检验时，从同一类型箍筋批中任意抽取10%，且不少于5件，用钢尺分别量取其净宽和净高，读数至mm。对于明显不规则的箍筋，除分别量取其较大值和较小值，还应检验其对角线差值。

除检验箍筋长和宽的尺寸外，还应该检查弯曲部分：弯曲处弯曲半径要大小一致，并应使设置在弯曲部分的受力筋的间距符合设计规定。

二、钢筋连接检验

电弧焊、电渣压力焊、埋弧压力焊的检验，参照《钢筋焊接及验收规程》（JTJ18—2003）的规定检验，钢筋机械连接的检验，按照《带肋钢筋套筒挤压连接技术规程》（JTJ108—96）、《钢筋锥螺纹接头技术规程》（JGJ109—96）的相关方法检验。

1. 焊接接头检验

（1）抗拉强度检验　钢筋接头采用电弧焊或采用闪光对焊。接头抗拉强度均须按规定检验。焊接接头抗拉强度试验应在万能试验机上进行。三个试件一组，其三项指标的结果不得低于规定。

三个试件中至少两个试件断于焊缝之外，并呈塑性断裂；

当结果有一个试件低于规定指标，或两个试件在焊缝或热影响区发生脆性断裂时，应取双倍试件复验。复验结果，若仍有一个试件低于规定指标，或有三个试件呈脆性断裂，则该批接头为不合格品。

（2）冷弯检验　冷弯检验应在万能试验机上进行。每次检验，焊工预先焊接两个试件，将试件受压面的金属毛刺和墩粗变形部分除去，与原材表面齐平。将试件绕芯棒，使焊缝处于弯曲的中心点，弯曲至90°作冷弯试验。

弯曲至90°时，接头外侧不得出现大于0.15mm宽的横向裂纹。如有一个试件未达到上述要求，应再取二倍试件进行复验。复验结果如有三个试件不符合要求，该批钢筋即为不合格。

(3) 钢筋轴线偏移检验　钢筋闪光对焊焊接后的轴线偏移，可用刻槽尺及楔形塞尺检验。钢筋焊接后轴线偏移值，其值不得大于0.1倍钢筋直径，同时不得大于2mm。不合格接头应剔除，重新加工。

(4) 焊缝厚度检验　焊缝厚度，可以用带游标尺的焊缝检测器，放置在焊缝附近的外露钢筋上，将游标尺端头接触焊缝；读取焊缝检测器上的刻度指示值即为焊缝厚度值。如检查焊缝内在质量，可将焊缝处锯开，再用游标卡尺量测。

(5) 焊缝长度检验　按设计和规范规定，用钢板尺直接量测焊缝长度。

(6) 焊接接头咬肉深度检验　检验咬肉深度先用目测，发现有“咬肉”现象发生，可用焊缝检测器量测。量测方法类似焊缝厚度的检验，即将焊缝检测器底边安放在待检测咬肉深度一侧的钢筋上，用游标尺端头接触咬肉处根部，读出游标指示数，精确至0.1mm，即为所测得的咬肉深度。

(7) 焊缝宽度检验　用游标卡尺直接量测其缝宽的最小值，精确至0.1mm。

(8) 焊缝表面气孔及夹渣检查　检查焊缝表面气孔及夹渣的数量和大小，先敲去焊缝上的浮渣，以光洁、平整、密实为合格。如发现有气孔和夹渣，应测出在2倍钢筋直径的长度上气孔和夹渣数不多于2个，其单个直径不大于3mm为合格。用游标卡尺量测。

2. 钢筋点焊制品尺寸检验

焊接钢筋网片和钢筋骨架应采用接触点焊。所有焊点应按设计规定，当设计无规定时，应按有关规范规定执行。

钢筋点焊制品尺寸检验适用于钢筋网片长度、宽度、网格尺寸，焊接骨架长度、宽度、高度，骨架箍筋间距，网片对角线，受力主筋间距和排距等部位检验。

关于长度、宽度、高度、间距、排距等检验，采用往复两次量距。

网格检验：几何形状检验采用边长丈量和对角丈量双重检验。

用尺方法：采用零为起点数，不采用中间点作起点数丈量。

尺寸检验方法参见第二章的相应内容。

3. 承重的焊接骨架和焊接网片加做焊点抗剪力检验

做抗剪力检验的试件，应切取三个试件，冷拔低碳钢丝焊点，除作抗剪试验外，还应对较小直径钢丝做拉伸试验，不同直径的组合网，每种组合均做试验，试件为三件，在剪切试验机上进行试验。

4. 预埋件T形接头强度、缺陷和尺寸检验。

(1) 取样

作外观检验时：在同一台班内完成的同一类型成品中抽取10%，并不少于5件。

作强度检验时：以300件同类型成品作为一批，每批取5个试件进行拉伸试验。

(2) 抗拉强度检验　对于Ⅰ、Ⅱ级钢筋的检验，按《金属拉力试验》执行，其标准为：Ⅰ级钢筋接头不得低于360N/mm^2，Ⅱ级钢筋接头不得低于500N/mm^2。但当一个试件不符合要求时，应进行复测，如仍有一个钢筋试件不合格，则认为该批T形接头为不合格品。

(3) 外观缺陷的尺寸检验　外观检验除眼观外，应用测痕尺、角度尺等配合进行，检验项目应为：焊包均匀；钢筋咬边深度不得超过0.5mm；与钳口接触处的钢筋表面无明显烧伤，钢板无焊穿，凹陷现象；钢筋相对于钢板的直角偏差不大于4°；钢筋间距偏差不大于±10mm。

对于手工电弧焊接头外观除作上述检验外，焊脚尺寸应符合如下规定：Ⅰ级钢筋贴角焊缝焊脚不小于0.5倍钢筋直径，Ⅱ级钢筋不小于0.6倍钢筋直径。焊缝不得有裂纹，不得有3个气孔其直径大于1.5mm。

检验每一个接头，不合格者剔出，另行加工，进行复验，直至合格。

三、钢筋成型与安装检验

1. 钢筋成型与安装检验的质量标准，《市政桥梁工程质量检验评定标准》CJJ2—90中规定如表4-9。

钢筋成型与安装允许偏差　　表4-9

<table>
<tr><th rowspan="2">序号</th><th rowspan="2" colspan="3">项　目</th><th rowspan="2">允许偏差</th><th colspan="2">检验频率</th><th rowspan="2">检验方法</th></tr>
<tr><th>范围</th><th>点数</th></tr>
<tr><td rowspan="3">1</td><td rowspan="3">受力钢筋</td><td rowspan="2">间距</td><td>梁、柱、板、墙</td><td>±10</td><td rowspan="9">每个构筑物或构件</td><td>4</td><td rowspan="3">在任意一个断面连续量取钢筋间（排）距，取其平均值计1点</td></tr>
<tr><td>基础、墩台</td><td>±20</td><td>4</td></tr>
<tr><td colspan="2">顺高度方向配置两排以上的排距</td><td>±5</td><td>4</td></tr>
<tr><td>2</td><td colspan="3">箍筋及构造筋间距</td><td>±20</td><td></td><td>连续量取5档，其平均值计1点</td></tr>
<tr><td rowspan="2">3</td><td rowspan="2" colspan="2">同一断面内受拉钢筋接头截面积占钢筋总截面积</td><td>焊接</td><td>不大于50%</td><td rowspan="2"></td><td rowspan="2">观　察</td></tr>
<tr><td>绑接</td><td>不大于25%</td></tr>
<tr><td rowspan="3">4</td><td rowspan="3" colspan="2">保护层厚度</td><td>墩、台、基础</td><td>±10</td><td rowspan="3">6</td><td rowspan="3">用尺量</td></tr>
<tr><td>梁、柱、桩</td><td>±5</td></tr>
<tr><td>板、墙</td><td>±3</td></tr>
</table>

2. 网片检验

网片检验内容包括网片的长、宽检验和网格尺寸。分别用钢尺直接量测。

(1) 网片的长、宽检验　用钢筋制成的网片和平面骨架，其尺寸系指最外边两根钢筋中心线之间的距离，当钢筋末端有弯钩或有弯曲时，系指弯钩或弯曲处外端切线间的距离。

网片的长、宽尺寸宜用钢尺以不同零点反复丈量，并以一尺量出结果，不可分尺累加。

每片网片检验长、宽尺寸，各计1点。

（2）网格尺寸检验　网格尺寸指网格几何形状，一般网格呈矩形或正方形，为保持网格尺寸的几何形状，除检验其长和宽的尺寸两两相等之外，还须检验网格的对角线长度，它们的尺寸偏差均应小于允许偏差。

量测方法以每一网片为一个单位，在其纵横两个方向，分别选取5个连续网格，用尺连续量取5个网格的一个边长，并分别量测5个网格的对角线之差。

每一网片计2点。

3. 钢筋骨架检验

钢筋骨架检验包括骨架的长、宽、高检验和骨架箍筋检验。分别用尺量测。

（1）钢筋骨架的检查项目　作钢筋骨架长、宽、高检验之前，应先检查核对各类钢筋的品种、规格，根数、位置、接头位置、搭接长度、绑扎状况等。

（2）钢筋骨架的长、宽、高检验　钢筋骨架的长度指骨架受力钢筋的净长度或带有弯钩的外皮之间的长度；钢筋骨架的宽和高可以理解为其两侧受力钢筋中至中的距离，或理解为两侧受力钢筋外边至外边的距离，如果按中至中作为钢筋骨架的宽度或高度时，应计入一倍该受力钢筋的直径，以核对钢筋的净保护层。

钢筋骨架的长、宽、高尺寸，用钢尺一尺丈量得出结果，不能多尺丈量累计，以免发生丈量误差。精确至mm。

检验频率范围，每一钢筋骨架量测长、宽、高，各计1点。

（3）骨架箍筋间距检验　箍筋（包括构造筋）间距的检验，是在同一构筑物或构件中，用钢尺连续量取5档，读取其间距较大误差值，精确至mm，即为箍筋或构造筋间距。

4. 钢筋安装检验

构筑物或构件的钢筋安装检验项目，主要包括顺高度方向配置两排以上受力钢筋的钢筋的排距，受力钢筋间距，箍筋间距和保护层厚度的检验。检验方法是直接用钢尺量。

（1）顺高度方向配置两排以上受力钢筋时钢筋排距检验

在一个构筑物或构件中，任意抽取一个顺高度方向的断面，用钢尺沿该断面拉紧，顺高度方向连续量取受力钢筋的排距，取排距最大偏差值，读数至 mm，计 2 点。

（2）受力钢筋间距检验　受力钢筋间距的检验，适用于对桥梁的梁、柱、板、墙、基础、墩、台等各部位受力钢筋间距的检验。

在一个构筑物或构件中，任意抽取一个断面，用钢尺沿该断面的被检钢筋间距通长拉紧连续量取受力钢筋各间距。取值的方法可以有两种，一种是读取钢筋中至中距离，另一种是钢筋间相应边线的距离。

受力钢筋间距应读取该次量测的诸间距中最大偏差值，作为评定依据。不宜采用各间距的平均值作为受力钢筋间距，它不能反映受力钢筋间距的实际偏差。梁，柱、板，墙受力钢筋间距两侧计 2 点，基础、墩，台钢筋间距四面计 4 点。

（3）箍筋间距检验　箍筋（包括构造筋）间距的检验，是在同一构筑物或构件中，用钢尺连续量取 5 档，读取其间距最大偏差值，精确至 mm，即为箍筋或构造筋间距。计 5 点。

作箍筋间距检验中，还应检查整个构筑物或构件中全部箍筋的绑扎状况和相对于受力钢筋位置关系。如受力钢筋是否设在箍筋弯曲部分的中心，是否与受力钢筋呈垂直状态，箍筋本身有无变形等。

（4）钢筋保护层厚度检验　桥梁的墩、台、基础，梁、柱和板，墙的钢筋保护层厚度检验，其允许偏差指标不尽相同，但都是在同一构筑物或构件中用钢尺量测。各部位均计 5 点。

钢筋保护层厚度是指受力钢筋与混凝土表面的净距。按照检验频率规定，对于构筑物或构件钢筋保护层的检验，应在六个面（一般为六个面）上分别作检验，在每个面上有目的地选取一个断面，用钢尺量取受力钢筋外缘至模板内表面的距离、凌空面可拉小线用钢尺量取，在该断面上读取钢筋保护层最大偏差值，读数至 mm。该数值即代表这个检测面上的钢筋保护层厚度。

第四节　混凝土和预应力混凝土构筑物

混凝土和预应力混凝土构筑物（构件）的检验项目中，大部分项目相同，检验方法相同，可以合在一起叙述。其中独立的检验项目和不同的检验方法作单独叙述

钢筋加工、制作和安装的检验，在第三节钢筋检验中已分别作了叙述，本节着重介绍预应力钢材检验和预应力施工。

一、预应力钢材试验检测

1. 热处理钢筋检验

（1）外观检查　热处理钢筋按其螺纹外形分有纵肋和无纵肋两种。钢筋表面不得有肉眼可见的裂纹、结疤、折叠；不得有超过横肋高度的凸块；不得沾有油污。

（2）力学性能试验　热处理钢筋力学性能试验需成批试验验收，每批由同一外形截面尺寸、同一热处理制度和同一炉号的钢筋组成。每批量不大于 60t。从每批钢筋中选取 10% 的盘数（不少于 25 盘）进行抗拉（屈服强度、抗拉强度和伸长率）试验。试验结果如有一项不合格时，该不合格盘报废，并再从未试验过的钢筋中取双倍数量的试件复检，如仍有一项不合格，则该批钢筋不合格。

2. 预应力钢丝检验

预应力钢丝应成批验收，每批应由同一钢号（优质钢丝按同一炉罐号及同一热处理炉序号）、同一形状尺寸、同一交货状态（冷拉或矫直回火）的钢丝组成。

（1）外观检查

从每批钢丝中抽查 5% 但不少于 5 盘进行形状尺寸和表面检

查，如检查不合格则应将该批钢丝逐盘检查。优质钢丝不能抽查，而应逐盘检查。预应力钢丝表面不得有裂纹、小刺、机械损伤、氧化薄片和油迹；回火成品钢丝表面的回火颜色应是正常颜色。

(2) 力学性能试验

从外观检查合格的同批钢丝中抽取5%，但不少于3盘；优质钢丝抽取10%，但不少于3盘进行拉力试验（抗拉强度、屈服强度和伸长率)、弯曲试验和松弛试验。

预应力钢丝力学性能试验规定，如有某一项试验结果不符合要求，则该盘钢丝不予验收，并从同一批未经试验的钢丝盘中再取2倍数量的试样进行复验（包括该项试验的所要求的任一指标)。复验结果即使有一个指标不合格，则整批钢丝不予验收，或进行逐盘检验，合格者可予验收。

3. 预应力钢绞线检验　预应力钢绞线应成批验收，每批由同一钢号、同一规格、同一生产工艺制造的钢绞线组成，每批不超过60t。，从每批钢绞线中选取3盘进行表面质量、直径偏差、捻距和力学性能的检验。如每批少于3盘，则应逐盘进行上述检验。

(1) 外观检验

预应力钢绞线的公称直径、直径允许偏差、中心钢丝直径加大范围应符合规定，钢绞线内部不得有折断、横裂和相互交叉的钢丝；每根成品钢绞线表面不得有任何形式的电接头。

(2) 力学性能试验

从外观检查合格的3盘钢绞线的端部正常部位各截取一根试样进行拉力试验（包括破断负荷、屈服负荷和伸长率）和松弛试验。整根钢绞线的拉力试验按《公路工程金属试验规程》进行。

从每盘钢绞线所截取的一根试样所进行的力学性能试验，每项试验结果均应符合标准规定值，如有一项不合格时，该盘钢绞线判定为不合格品，再从未试验的钢绞线中取2倍数量的试样进行不合格项的复验，如仍一项不合格，则该批钢绞线判定为不合格品。

二、预应力锚具、夹具和连接器检测

锚具是在后张法预应力结构或构件中为保持预应力筋的张拉力将其传递到混凝土上所用的永久性锚固装置。夹具是先张法预应力混凝土结构或构件施工时，为保持预应力筋的拉力并将其固定在张拉台座（或设备）上的临时性锚固装置；或者为后张法预应力结构或构件施工时，能将千斤顶（或其他张拉设备）的张拉力传递到预应力筋上的临时性锚固装置（又称工具锚）。连接器为用于连接预应力筋的装置。

1. 技术要求

锚具、夹具和连接器应具有可靠的锚固性能和足够的承载能力，以保证充分发挥预应力筋的强度。

预应力筋锚具、夹具组装件达到实测极限拉力时，全部零件均不应出现肉眼可见的裂缝或破坏。需敲击才能松开的夹具，必须保证其对预应力筋的锚固没有影响，且对操作人员安全不造成危险。锚具宜满足分级张拉、补张拉以及放松预应力筋的要求。锚具及其附件上应设置灌浆孔，灌浆孔应具有保证浆液畅通的截面面积。

2. 试验方法

一般使用单位材料进场和生产厂家产品出厂对预应力锚具、夹具和连接器抽样进行外观和硬度检验、静载试验、疲劳试验、周期荷载试验及辅助性试验。在同种材料和同一生产条件下，锚具、夹具以不超过 1000 套组为一个验收批；连接器以不超过 500 套组为一个验收批。

（1）外观检查

应从每批中抽取 10% 的锚具且不少于 10 套检查其外观和尺寸。如有一套表面有裂纹或超过产品标准及图纸设计图纸规定尺寸的允许偏差，则应取双倍数量的锚具重新检查，如仍有一套不符合要求，则应逐套检查，合格者方可使用。

（2）硬度检验

应从每批中抽取5%的锚具且不少于5套，对其中有硬度要求的零件做硬度试验，对多孔夹片式锚具的夹片，每套至少抽取5片。每个零件测试3点，其硬度应在设计要求范围内，如有一个零件不合格，则应取双倍数量的零件重新试验，如仍有一个零件不合格，则应逐个检查，合格者方可使用。

（3）静载试验

将锚具、预应力筋、传感器、千斤顶安装于试验机或试验台座上，使各预应力筋均匀受力，紧固锚具螺丝或敲紧夹片。

对于先安装锚具、夹具或连接器再张拉预应力筋的预应力体系，可直接用试验机或试验台座加载，加载步骤为：按预应力钢材抗拉强度标准值的20%、40%、60%、80%分4级等速加载，加载速度每分钟宜为100MPa，达到80%后，持荷1h随后逐步加载至破坏。

对于先张拉预应力筋再锚固的预应力体系，应先用施工用的张拉设备，按预应力钢材抗拉强度标准值的20%、40%、60%、80%分4级等速张拉达到80%后锚固，持荷1h，再用试验设备逐步加载至破坏。如果能证明预应力钢材在张拉后锚固对静载性能没有影响时，也可按先安装锚具、夹具或连接器再张拉的预应力体系加载。

试验过程中观察和测量项目应包括：

1）各根预应力筋与锚具、夹具或连接器之间的相对位移；

2）锚具、夹具或连接器各零件之间的相对位移；

3）在达到预应力钢材抗拉强度标准值的80%后，在持荷1h时间内的锚具、夹具和连接器的变形；

4）试件的实测极限应力；

5）达到实测极限应力时的总应变；

6）试件的破坏部位与形式。

（4）对于新型锚具、夹具和连接器应进行辅助性试验，包括锚具、夹具的内缩量试验、锚口摩阻损失试验和张拉锚固工艺试验。

三、预应力孔道检验

预应力孔道无论用何种芯管材料和方法成孔，成孔芯管安装后都应检验芯管直径和各部位位置。还要检查芯管接头严密性、灌浆孔、排气孔位置等。

1. 孔道直径检验

目前常用预应力孔道成孔的芯管，有胶制、钢制、钢丝网制和金属波纹型芯管。胶制芯管，钢制芯管和钢丝网制芯管于混凝土浇筑后一段时间抽出，重复使用，金属波纹型芯管则不抽出、留作孔道骨架用。

金属波纹型芯管应检测其内径，或用卡尺量测其外径减去2倍管壁厚，其他几种芯管均量测其外径。精确至mm。

胶制管芯外径检测，应在管内充水或充气，压力达0.5MPa后进行，金属波纹型芯管是在安装前量测。

2. 灌浆孔、排气孔检查

灌浆孔，排气孔应留盖，灌浆孔设在孔道最低点，排气孔设在孔道最高点。

3. 孔道位置检验

孔道成型芯管安装后，在检测其孔径同时，要对芯管位置进行检测。一般的预应力孔道呈直线形，其位置检测重点在构筑物（构件）端部的承压钢板上，即承压钢板上的孔眼位置和钢板安装位置，若承压板上孔眼位置无误，则用构筑物（构件）纵、横轴线对承压钢板中心线进行校核。在芯管中部应挂通线检测其位移或高低变化。均用钢尺量测。

在做芯管位置检测中，还应检查曲线芯管各部位支承的牢固性。防止芯管位移和事后抽拔困难。曲线芯管各部位位置检查，要根据设计位置，在芯管上方沿芯管走向挂通线，并在曲线芯管的1/2.1/4以及3/4的位置，分别用尺量至通线的竖直距离和构件中心纵断面的垂直距离，与设计位置对照，得出曲线芯管各部位的位置偏差值，以mm计。

孔道成孔后，应采用成孔器检查孔道有无变形。成孔器是用钢制纺锤形体制成，纺锤形体最大外径略小于孔道内径3~5mm，其两端用钢丝牵引，从孔道一端拉向另一端，检查孔道有无变形的部位。

四、预应力筋张拉检验

预应力筋张拉程序和张拉应力应遵守设计要求和规范规定。见表4-10。

预应力筋张拉允许偏差 **表4-10**

序号	项目		允许偏差	检验频率		检验方法
				范围	点数	
1	Δ张拉应力值		±5%	每根（束）	1	用压力表测量或查张拉记录
2	Δ预应力筋断裂或滑脱数	先张法	5%总根数，且每束不大于2丝	每个构件	1	观察
		后张法	3%总根数，且每束不大于2丝			
3	每端滑移量		符合设计规定	每根（束）	1	用尺量
4	每端滑丝量		符合设计规定		1	
5	先张法预应力筋中心位移		5mm	每个构件	1	

注：1. 预应力筋的滑移量系指预应力钢丝束张拉完毕，锚塞顶紧后，松张时锚塞向锚环内滑移的距离；

2. 预应力筋的滑丝量系指预应力钢丝束张拉完毕，锚塞顶紧后，固定张拉力时个别钢丝向孔道内滑移的距离。

1. 张拉设备校验

预应力筋的张拉方式有机械张拉和电热张拉两类。机械可采用张拉液压拉伸机、手动螺杆张拉器、电动螺杆张拉机。桥梁工程中通常采用液压拉伸机，由油压千斤顶和配套的高压油泵、压力表及外接油管等组成。预应力张拉机具进场前必须进行检查和校验。

校验方法可采用压力试验机法、标准测力计法或传感器法等，一般采用长柱压力试验机的方法。

2. 张拉程序

以后张法为例介绍张拉应力的控制程序。

（1）环销锚

0→（顶销）→105%σ_k（持荷时间按规定）→大小缸油压回0→初应力（测原始空隙）→105%σ_k→（测伸长、插垫）→大小缸油压回0（核算伸长值）→顶销。

（2）锥形锚（弗氏锚）

0→初应力（划线作记号）→105%σ_k（持荷时间按规定）→顶销→大小油缸油压回0（测伸长量和回缩量）→给油退楔。

（3）星形钢锚

0→初应力（划线作记号）→105%σ_k→初应力→105%σ_k→初应力→105%σ_k（大油缸持荷）→小油缸顶塞（划标记）→小油缸油压回0→小油缸顶塞（检查两次压销长度）→大小油缸油压回0。

（4）镦头锚具（张拉钢筋和钢丝索）

0→初应力（划线作记号）→105%σ_k（持荷时间按规定）→（量伸长量、锚固）。

（5）XM型锚具（张拉钢丝索和钢绞线）

0→初应力→划线作记号→105%σ_k（持荷5min）→锚固。

注：①σ_k为控制张拉应力，包括估计到的预应力损失在内；

②两端千斤顶升降压速度应接近相等，测量伸长原始空隙（或划线作

标记）、量测伸长值，插垫片等工作应两端同时进行。

3. 张拉应力值的检验

用机械方法张拉预应力筋时，张拉力能否保证达到设计要求，是设计单位与施工单位共同关心的问题，必须采用测力器（应力仪）和仪表等器具对张拉力进行测量。

在施加预应力过程中和预应力张拉完结时，广泛采用压力表，用以测量千斤顶油缸内的油液压力，控制千斤顶实际作用力的大小。

（1）压力表的精度和选择；压力表一般按 0.5、1、1.5、2.5 和 4 五个等级。标准压力表的等级更高一些，标准压力表是指压力标定用表。

对压力表的精度和分度范围的选择，应按具体情况确定，与 60t 级以上的千斤顶配套使用时，其精度不宜低于 1.5 级，最大读数值以 40 ~ 60MPa 为宜，每一台液压千斤顶最好备有 3 ~ 5 块压力表。

设计与施工时一般考虑张拉力值的误差不得超过设计值的 5%。基于这一考虑，就必须选择适当的压力表，使其精度等级和测读范围的张拉力值相适应。

为保证施工的精确度，测压值最好接近最大读数，但压力表很容易疲劳，故应采用正常允许压力范围，一般规定：静载荷条件，不宜超过测量上限值的 3/4，动载荷条件，不宜超过测量上限值的 2/3。

（2）计算求得压力表读数，可按下式求得，

$$P_u = N_y / A_u = n a_y \sigma_k / A_u \quad (4\text{-}4)$$

式中 P_u——计算求得压力表读数；

N_y——预应力筋的张拉力（N）；

n——一次张拉预应力筋的根数；

a_y——单根预应力筋的截面积（cm^2）；

σ_k——预应力筋的张拉控制应力值（MPa）；

A_u——千斤顶工作油压面积（cm^2）。

4. 预应力筋断裂及滑脱数检验

检验预应力筋断裂及滑脱数，是指预应力钢丝束张拉中和张拉完毕，个别钢丝断裂及滑脱的总根数。以每个构件计1点。

5. 每端滑移量检验

检验预应力筋的滑移量，是指预应力钢丝束张拉完毕，锚塞顶紧后，松张时，每端锚塞向锚环内滑移的距离，或钢绞线、粗钢筋每端向孔道内滑移的距离。以每束钢丝，钢绞线或粗钢筋为一个单位，计1点。

6. 每端滑丝量检验

检验预应力筋的滑丝量，是指预应力钢丝束张拉完毕，锚塞顶紧后，松张时，每端个别钢丝向孔道内滑移的距离。以每束钢丝为一个单位，计1点。

7. 先张法预应力筋中心位移检验

是为了避免台座承受过大的偏心压力。所以在检验中主要检验梳丝板的位置，其中心线应和梁的中心重合，检验千斤顶位置，是否对称，并使其合力应与传力架中心重合。

检验工具：钢板尺。

检验时应采取改变零点位置的方法反复丈量。

8. 伸长值检测介绍

量测伸长值的目的，是要核对张拉应力是否准确，所以需要测定弹性伸长值。

测定时，通常是在机具、锚具装设妥当，预应力筋绷紧后，张拉到初应力 σ_0，使弯曲的预应力筋完全伸直，锚具变形大部分完成，然后再张拉到要求应力 σ，测量从初应力 σ_0 到要求应力 σ 时预应力筋的伸长值，扣除混凝土弹性压缩值，拼缝压缩值和部分锚具变形值，反回来推算总的弹性伸长值。

可按下式推算。

$$\Delta L_1 = \frac{\sigma}{\sigma - \sigma_0}\Delta L_1' \tag{4-5}$$

$$\Delta L_1' = \Delta L_2 - \Delta L_3 - \Delta L_4 - \Delta L_5 \tag{4-6}$$

式中 ΔL_1——应力从 0 到 σ 的弹性伸长值（mm）；

$\Delta L_1'$——初应力 σ_0 升至要求应力 σ 的弹性伸长值（mm）；

ΔL_2——实测伸长值（mm）；

ΔL_3——混凝土弹性压缩值（mm）；

ΔL_4——拼缩压缩值（mm）；

ΔL_5——锚、夹具变形值（mm）；

σ——预应力筋的要求应力（N/mm^2）；

σ_0——预应力筋初应力（N/mm^2）。

求得实测预应力弹性伸长值 ΔL_1 后，再与下式预应力筋的弹性伸长值比较，以检验张拉应力的偏差值。

$$\Delta L = \frac{\sigma \times L}{Eg} \tag{4-7}$$

式中：ΔL——预应力筋弹性伸长值（mm）；

L——预应力筋的长度（mm）；

σ——张拉时预应力筋的应力（N/mm）；

Eg——预应力筋的弹性模量（N/mm^2）。

五、孔道灌浆检验

预应力孔道灌浆一般采用水泥净浆，对不成束的预应力筋及空隙较大的孔道，可掺入适当细砂，多数情况是在水泥净浆中掺入一定比例的铝粉或其他外掺剂。

对水泥浆应进行泌水率、膨胀率和水泥浆稠度试验：

水泥浆或细砂浆都需制作抗压强度试件，每班至少制作一组试件，不同水泥等级应另加作试件。试件尺寸为 70.7mm × 70.7mm × 70.7mm。制作养护、试压方法与砌筑砂浆试块要求方法相同。

此外应注意检查水泥浆的水灰比（一般为 0.40 ~ 0.45），孔道灌浆的充满度和密实性。检查方法主要观察排气孔排出的水泥浆是否连续均匀。

六、混凝土工程检验

混凝土工程检验主要是指对混凝土构筑物或构件的检验。市政桥梁工程质量检验评定标准中规定的检验项目有：

1. 混凝土抗压强度检验

混凝土抗压强度检验应包括原材料试验，外加剂、配合比试验，搅拌计量，混凝土浇筑、养护全过程。

现场混凝土试件制作，每100盘，且不超过100m^3的同配合比的混凝土，制作一组抗压试件；每一工作班配制的同配合比的混凝土不足100盘时，其取样次数不得少于一次；同一工程不同部位应分别按有关规定制作试件。

设计上有特殊要求时，应根据设计要求检查混凝土抗渗性、抗冻性等指标。

混凝土试件取样、制作、养护、试压步骤、结果计算评定等，参见第二章第八节有关内容和国家有关标准。

2. 尺寸检验

混凝土和预应力混凝土构筑件（构件）尺寸检验项目有断面的宽、高，结构（件）长度，侧向弯曲，两对角线长度差，混凝土麻面面积及平整度，尺寸检验用钢尺直接丈量，平整度检验用2m直尺、塞尺或2m小线、塞尺量测。读数精确至mm。

（1）断面尺寸和构筑物（构件）长度检验，参见第二章第四节的内容。

（2）侧向弯曲检验用于梁、拱肋、拱坡、板等，检验方法参见第二章第五节的相关内容。

（3）两对角线长度差检验用于预制件的拱波、板和沉井、箱体的断面和侧面。用钢尺分别量测两对角线长度，施拉钢尺用力一致，读数精确至mm。

（4）混凝土麻面检验是指麻面面积占该检验面面积的比例，用百分率控制。检验方法分别参考第三章第三节和第五章的相应内容。

(5) 平整度检验参见第二章第二节有关内容。

3. 轴线位移检验

轴线位移检验用于桥梁基础、墩、台、柱、梁、板等的检验，检验方法用经纬仪测量。

经纬仪检验的依据、方法、结果计算，详见第二章第六节的内容。

4. 垂直度检验

桥梁工程的墩、台、柱、墙、桩、沉井和箱涵应进行垂直度检验。检验时视检测部位和精度要求，可分别用垂线或经纬仪测量。

垂直度是表示构筑物（构件）纵轴线对设计铅垂线的偏斜程度，用构筑物（构件）高度 H 的百分率控制。

构筑物（构件）垂直度检验参见第二章第七节相应内容。

5. 顶面支承面高程检验

桥梁工程的基础顶面，墩、台顶面支承面，梁、板的顶面，柱、墙的顶面支承面等的高程检验，用水准仪测量。

关于水准点高程的校核、方法、步骤，以及高程计算和调整方法，可参考第二章第三节水准点闭合和闭合差的内容。

以附近水准点为后视，检测被检验部位的高程，其后视和前视距离要接近相等，并避免使用临时水准点和转点，减少转点测量误差。测量被检部位的高程后，最好能闭合到附近第二水准点，进行校核。

第五节　混凝土构件安装

桥梁混凝土构件主要包括墩、柱、梁、板、拱肋、拱桁，拱波，栏杆、灯柱和箱体顶进等。这些构件安装的检验项目有相同的，也有不同的。属同一检验项目的构件安装，合并在一起叙述，不同检验项目作分别叙述。

一、轴线及平面位置检验

需要作轴线及平面位置检验的构件安装，有墩、柱、梁，板、拱肋、拱桁、灯柱及箱体顶进等构件。

混凝土构件安装的轴线及平面位置检验方法，第二章中已有叙述，这里就其检验特点分别予以叙述。

1. 墩、柱平面位置检验

以每个构件为一个检验单位，用经纬仪检测墩、柱的纵、横轴线，各计1点。

墩、柱在安装前，先在其侧面下部适当高度，划出对称中心线，安装后用经纬仪测定设计位置的纵横方向线，分别校核墩、柱对称中心线，两者之间的距离用钢尺丈量，精确至mm。

2. 梁、板平面位置检验

梁、板平面位置检验以每个构件为一个检验单位，用经纬仪分别检测梁、板顺桥纵轴线方向和垂直桥纵轴线方向的位置，每一方向的位置偏差值计1点。

梁、板安装前，在梁、板上分别划好其纵、横向对称中心线，梁、板安装后，用经纬仪测定设计梁、板位置的纵、横轴线，以此纵、横轴线分别校核梁、板对称中心线，两者之间的距离用钢尺丈量，精确至mm。

3. 拱肋、拱桁及箱体位置检验

拱肋、拱桁平面位置检验，主要是用经纬仪检测其纵轴线平面位置。每一根拱肋或一片拱桁为一检验单位，测量拱脚和拱顶接头位置，各计1点，精确至mm。

箱体位置检验，主要是用经纬仪检测箱体轴线位移。每一座箱体为一检验单位，箱体前后端各测1点，用钢尺丈量偏移距离，精确至mm，计1点。

拱肋、拱桁和箱体平面位置检测，也是在其构件上划好纵轴线，与设计纵轴线对照，用钢尺丈量他们之间的距离，作为平面位置偏差值。

实际上，箱体在顶进过程中随时在观测、校正方向和位置。

4. 灯柱平面位置检验

灯柱平面位置检验，是用尺量，检测其顺桥纵轴线方向和垂直桥纵轴线方向的平面位置。对每一跨侧的灯柱检测其平面位置的最大偏差值，计1点，精确至mm。

灯柱平面位置用钢尺量测。其顺桥方向的纵轴线位置，可以从灯柱在桥头的设计位置开始，以设计开始点为零点，顺桥纵轴线依次丈量各灯柱的位置，量测垂直桥轴线方向的位置时，依桥纵轴线为准，用钢尺分别量至各灯柱的中心，或灯柱边沿，加减半个灯柱的尺寸。

二、相邻间距和相对位置检验

桥梁工程构件安装的相邻间距检验，包括墩、柱、同跨各肋（桁）间距检验，相对位置检验，包括梁、板的焊接、湿接横隔梁相对间距。相邻间距和相对位置检验都用钢尺量测，精确至mm。

1. 墩、柱、同跨各拱肋（桁）相邻间距检验

墩、柱、同跨各拱肋（桁）相邻间距的偏差大小，与它们各自的平面位置偏差值有直接关系。例如根据规定，墩或柱的平面位置允许偏差值为10mm，它们各自的相邻间距允许偏差值为±10mm，当墩或柱的平面位置偏差是在允许偏差值之内，但相邻墩或柱的平面位置偏差方向相反时，其相邻间距就可能超过允许偏差值，反之，当墩或柱的相邻间距在允许偏差值之内，而各自的平面位置可能超出允许偏差值。基于这种情况，就要求检测时，对相邻间距及平面位置同时控制。

墩或柱安装相邻间距检验，以每个构件为一检测单位，其相邻间距用钢尺量测，丈量相邻两墩或两柱的中至中距离，以其两顶面间距为主，底部距离为辅，计1点。

同跨各拱肋（桁）间距检验，以每根拱肋或每片拱桁为一检测单位，其相邻间距用钢尺量测，丈量相邻两拱肋（桁）的

中至中距离，并分别丈量其拱脚和拱顶部位，各计1点。

2. 梁、板安装中焊接或湿接横隔梁相对位置检验

横隔梁相对位置的准确性，直接关系着焊接或湿接质量。如果单纯地量测梁、板安装后对应的横隔梁间距，只能对梁、板安装质量作出结论。因为此时横隔梁已在各自的梁板上定位，若位置有较大偏差，无论怎样调整梁、板安装位置，横隔梁相对位置也难以达到规定标准。要保证横隔梁相对位置的准确性，必须从检验装配式梁、板的模板开始，控制横隔梁位置偏差值，才有可能在安装中使横隔梁相对位置合格。

横隔梁相对位置检验，用靠尺和钢板尺或楔形塞尺量测。量测的方法是将弦尺一端放置在一侧的横隔梁端部，尺的另一端伸向与之相应的另一片梁或板上的横隔梁，用钢尺或塞尺量取靠尺与横隔梁的净距，读数精确至mm，所测之值即为横隔梁相对位置。每一处横隔梁相对位置计1点。

三、高程和高差检验

构件安装的高程检验，包括墩、柱顶面高程，拱肋（桁）纵轴线高程，箱体顶进高程等。

构件安装相邻构件的高差检验。包括支点处顶面高差，相邻梁间焊接板高差，支座板边缘高差，同跨各拱肋（桁）高差，相邻栏杆扶手高差，箱体相邻两段高差。

1. 高程检验

墩、柱安装顶面高程用水准仪测量，每一墩或柱计1点；

拱肋（桁）安装纵轴线高程用水准仪测量拱脚和其他接头点，每处计1点。

箱体顶进高程用水准仪测量箱体两端的底板面，每端测两个角部高程，取最大偏差值。每端各计1点。

高程检验中，水准点的校核、方法、步骤，以及高程计算、调整方法，可参考第二章之水准点闭合和闭合差的内容。

2. 高差检验

相邻梁、板安装支点处顶面高差，有条件时，可用靠尺和钢尺或楔形塞尺量测。不具备用尺量条件时，则用水准仪测量其顶面高差。每一梁或板为一检验单位。每处计1点。

梁、板的支座板边缘高差，也是用水准仪测量，纵，横边缘各测1点，计2点。相邻梁间焊接及焊接板间离缝用靠尺、塞尺或钢板尺量测。

同跨各肋（桁）安装高差，用水准仪测量两相邻拱肋（桁）间拱顶及拱脚高差，计3点。此高差检验，可与拱肋（桁）纵轴线高程检验结合起来进行，测量了各根拱肋（桁）的纵轴线三处高程，就可以推算出同跨各肋（桁）的安装高差。同样，用尺量拱顶及拱脚部位的拱（肋）桁间距，可检验拱（肋）行安装间距，计3点。

相邻栏杆扶手高差，抽取20%栏杆扶手，用靠尺和塞尺量测其高差，精确至mm。每处计1点。

箱体顶进相邻两段高差，用钢尺或用靠尺和塞尺量测，不少于3处，取最大高差值，精确至mm。每个接头处计1点。

四、垂直度检验

墩、柱安装，灯柱、栏杆柱安装垂直度检验，用经纬仪或垂线检测。分别检测其纵、横两个方向的垂直度，各计1点。

垂直度检验可参照第二章相应内容。

五、直顺度检验

直顺度检验用于地梁和扶手，每跨侧为一个检验单位，用10m小线量取最大偏差值，以mm计。分别计1点。

10m小线检验可参考第二章的内容。

第六节　钢　结　构

钢桥的检验项目很多。本节重点介绍焊接梁桥的钢材、钢杆件加工、连接、焊接、组装、制孔、焊缝质量、构件、构件安装及结构防护等项目的检验方法。

一、构件焊接质量检验

桥梁建造工程中许多构件需焊接加工，其焊接质量的好坏直接影响着构件的质量，故钢结构构件焊接质量的检验工作是确保产品质量的重要措施。根据焊接工序的特点，一般分成后述三个阶段。

（一）焊前检验　焊前检验是指焊接实施之前准备工作的检验；包括原材料的检验，焊接结构设计的鉴定及其他可能影响焊接质量因素的检验（如焊工考试、电源的质量、工具和电缆的检查）。检验应根据图纸要求和相应的国家标准及行业标准进行。

（二）焊接过程中的检验　在焊接过程中主要检验焊接规范、焊缝尺寸和结构装配质量。

1. 焊接规范的检验

焊接规范是指焊接过程中的工艺参数，如焊接电流、焊接电压、焊接速度、焊条（焊丝）直径、焊接的道数、层数、焊接顺序、能源的种类和极性等。正确的规范是在焊前进行试验总结取得的。有了正确的规范，还要在焊接过程中严格执行才能保证接头质量的优良和稳定。对焊接规范的检查，不同的焊接方法有不同的内容和要求。

（1）手工焊规范的检验　一方面检验焊条的直径和焊接电流是否符合要求，另一方面要求焊工严格执行焊接工艺规定的焊接顺序、焊接道数、电弧长度等。

（2）埋弧自动焊和半自动焊焊接规范的检验　除了检查焊接电流、电弧电压、焊丝直径、送丝速度、焊接速度（对自动焊而言）外，还要认真检查焊剂的牌号、颗粒度、焊丝伸出长度等。

（3）接触焊规范的检验　对于对焊，主要检查夹头的输出功率、通电时间、顶锻量、工件伸出长度、工件焊接表面的接触情况、夹头的夹紧力和工件与夹头的导电情况等。电阻对焊时还要注意焊接电流、加热时间和顶锻力之间的相互配合。压力正常但加热不足，或加热正确而压力不足都会形成未焊透。电流过大或通电时间过长会使接头过热，降低其机械性能。闪光对焊时，特别要注意检查烧化时间和顶锻速度。若焊接时顶锻力不足，焊件断头表面可能因氧化物未被挤出而形成未焊透或白斑等缺陷。对于点焊，要检查焊接电流、通电时间、初压力以及加热后的压力、电极表面及工件被焊处表面的情况等是否符合工艺规范要求。对焊接电流、通电时间、加热后的压力三者之间配合是否恰当要认真检查，否则会产生缺陷。如加热后的压力过大会使工件表面显著凹陷和部分金属被挤出；压力不足会造成未焊透；电流过大或通电时间过长会引起金属飞溅和焊点缩孔。对于缝焊，要检查焊接电流、滚轮压力和通电时间是否符合工艺规范。通电时间过少会形成焊点不连续，电流过大或压力不足会使焊缝区过烧。

（4）气焊规范的检验　要检查焊丝的牌号、直径、焊嘴的号码，并检查可燃气体的纯度和火焰的性质。如果选用过大的焊嘴会使焊件烧坏，过小的焊嘴会形成未焊透，使用过分的还原性火焰会使金属渗碳，而氧化焰会使金属激烈氧化。这些都会使焊缝金属机械性能降低。

2. 焊缝尺寸的检查

焊缝尺寸的检查应根据工艺卡或行业标准所规定的要求进行。一般采用特制的量规和样板来测量。

3. 结构装配质量的检验

在焊接之前进行装配质量检验是保证结构焊成后符合图纸要求的重要措施。对装配结构应作如下几项检验。

（1）按图纸检查各部分尺寸、基准线及相对位置是否正确，是否留有焊接收缩余量和机械加工余量。

（2）检查焊接接头的坡口型式及尺寸是否正确。

(3) 检查点固焊的焊缝布置是否恰当，能否起到固定作用，是否会给焊后带来过大的内应力。并检查点固焊缝的缺陷。

(4) 检查焊接处是否清洁，有无缺陷（如裂缝、凹陷、夹层）。

（三）焊后成品的检验

焊接产品虽然在焊前和焊接过程中进行了检查，但由于制造过程中外界因素的变化，如操作规范的不稳定、能源的波动等都有可能引起缺陷的产生。为了保证产品的质量，对成品必须进行质量检验。钢结构构件一般用外观检测法检测表面缺陷，内部缺陷用超声波探伤和射线探伤检测。下面先介绍外观检测方法，其他探伤原理和方法将作专门介绍。

焊接接头的外观检测是一种手续简便而应用广泛的经验方法，是成品检验的一项重要内容。这种方法有时亦使用于焊接过程中，如厚壁焊件作多层焊时，每焊完一层焊道便采用这种方法进行检查，以防止前道焊层的缺陷被带到下一层焊道中去。

外观检查主要是发现焊缝表面的缺陷和尺寸上的偏差。

这种检查一般是通过肉眼观察，借助标准样板、量规和放大镜等工具进行检测的，故有肉眼观察法或目视法之称。

检查之前，必须将焊缝附近 10 ~ 20mm 基本金属上所有飞溅及其他污物清除干净。在清除焊渣时，要注意焊渣覆盖的情况。一般来说，根据熔渣覆盖的特征和飞溅的分布情况，可粗略地预料在该处会出现什么缺陷。例如，贴焊缝面的溶渣表面有裂纹痕迹，往往在焊缝中也有裂纹；若发现有飞溅成线状集结在一起，则可能因电流产生磁场磁化工件后，金属微粒堆积在裂纹上。因此，应在该处仔细地检查是否有裂纹。

对合金钢的焊接产品作外部检查，必须进行两次，即紧接着焊接之后和经过 15 ~ 30d 以后。这是因为有些合金钢内产生的裂纹形成得很慢，以致在第二次检查时才发现裂缝。

对未填满的弧坑应特别仔细检查，因该处可能会有星形散射状裂纹。

若焊缝表面出现缺陷，焊缝内部便有存在缺陷的可能。如焊缝表面出现咬边或满溢，则内部可能存在未焊透或未熔合；焊缝表面多孔，则焊缝内部亦可能会有气孔或非金属夹杂物存在。

焊缝尺寸的检查可采用前面介绍的量规和样板进行。

二、矫正挠曲和边缘加工检验

钢材切割后应当进行矫正加工，不影响下道工序，矫正以冷矫为主，矫正后的外观不应有裂纹、分层、锤痕等现象。

1. 矫正后钢板、扁钢的局部挠曲检验

钢板矫正后，局部挠曲矢高误差检验用刀口尺或塞尺量测。马刀形弯曲，丈量时按不同检测部位长度分别挂线，用塞尺量测最大偏差点。

2. 矫正后角钢、槽钢、工字钢的挠曲检验

型钢的挠曲，指矫正后的轻微变形，不得有锐弯等大变形。

型钢挠曲矢高的检验，以最大偏差点为测量点，拉小线用尺量测。

3. 矫正联结后，角钢肢垂直度和槽钢、工字钢翼缘倾斜度检验

角钢肢的垂直度和翼缘倾斜度，一般是轻微的变形，而不是严重的弯曲变形。

检验范围是每件或每批抽查10%，且不少于5件。

采用钢角尺，塞尺量测，取最大偏差值。

4. 栓焊梁（板梁）刨（铣）边缘加工检验

栓焊梁（板梁）、刨（铣）边缘加工检验构件的盖板、竖板、腹板、主桁节点板边距，各类板宽度及焊接坡口等项目，检验方法是用尺量测最大超差值，以mm计。

检验由专门检验部门担任、检验方法参见相应的金属加工检验方法。刨（铣）范围及允许偏差见表4-11。

栓焊梁（板梁）刨（铣）范围及允许偏差　　　表 4-11

序号	项　目		刨边范围（mm）	允许偏差（mm）	检验频率		检验方法
					范围	点数	
1	弦、斜、竖杆，纵、横梁，板梁，托架，平连杆件	盖板（Ⅰ型）	两边	±2.0	每件（每批抽查10%，且不少于2件）	2	用尺量
		竖板（箱型）	两边	±1.0			
		腹板	两边	±0.5 -0 注①			
2	主桁节点板孔边距（a、b、c）		3边	±2.0			
3	底板宽度		4边	±1.0			
4	拼接板、鱼形板、桥门节点弯板的宽度		两边	±2.0			
5	支承节点板、拼接板、支承角的孔边距		支承边端	±0.3 ±0.5			
6	填板宽度		按工艺要求（两边）	±2.0			
7	焊接坡口		开口（B）	±1.0 0			
			钝边（α）	±0.5			
8	箱型杆件内隔板宽度		4边	±0.5 -0 注②			
9	工型、槽型隔板的腹板宽度两边		两边	-0.5 -1.5			
10	加劲肋宽度		焊接(边端)及顶紧端	按工艺要求			

注：①腹板加工公差系按盖板厚度偏正公差不大于0.4mm而定的，如盖板厚度为负公差，则腹板加工公差必须随之相应改变；

②箱型杆件内隔板要求相互垂直；

平连、横联结点板刨焊接边，公差±0.3mm；

马刀形弯曲10m或10m以下允许偏差2mm；10m以上允许偏差3mm，但不得有锐弯。

三、焊接连接组装检验

焊接连接组装件检验，主要包括间隙边缘高度，坡口规格、搭接平整度，中线偏移，纵、横梁加劲肋间距，纵、横梁腹板局部平整度，盖板倾斜等项目。

检验时，将组装件放置在标准检测平台上。主要以相对高差，相邻部位差，局部平整度等为检测对象。

边缘高度、坡口规格、加劲肋间距和盖板倾斜等项目，用钢板尺或钢尺直接量测，或以相对尺寸量测。

中线偏移用延长线法，量出接头处偏移距离。

平整度用靠尺和塞尺量测。

焊接连接组装允许偏差见表4-12

焊接连接组装允许偏差　　表4-12

序号	项目		示意图	允许偏差（mm）	检验频率		检验方法
					范围	点数	
1	间隙 d		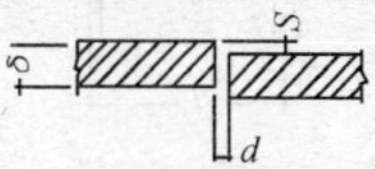	±1.0	每件（每批抽查10%，且不少于2件）	2	用尺量
2	边缘高度 S	4mm < δ≤8mm	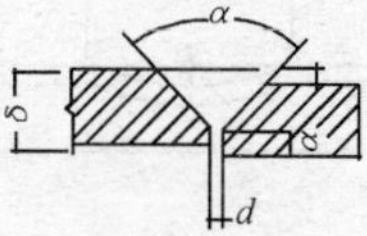	1.0			
		8mm < δ≤20mm		2.0			
		δ≤20mm		δ/10，但不大于3.0			
3	坡口	角度 α	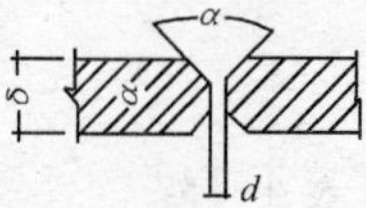	±5°			
		钝角 α		±1.0			
4	搭接	长度 L	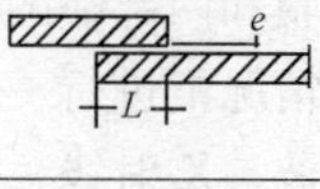	±5.0			
		间隙 e		1.0			
5	最大间隙 e		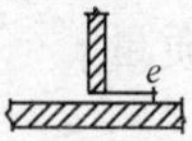	1.0			

续表

<table>
<tr><th rowspan="2">序号</th><th rowspan="2" colspan="2">项　目</th><th rowspan="2">示 意 图</th><th rowspan="2">允许偏差（mm）</th><th colspan="2">检验频率</th><th rowspan="2">检验方法</th></tr>
<tr><th>范围</th><th>点数</th></tr>
<tr><td rowspan="2">6</td><td rowspan="2">宽（高）度</td><td>B</td><td rowspan="2"></td><td>±1.0
0</td><td rowspan="8">每件（每批抽查10%，且不少于2件）</td><td rowspan="8">2</td><td rowspan="8">用尺量</td></tr>
<tr><td>H</td><td>（有水平拼接时）±1.0</td></tr>
<tr><td>7</td><td colspan="2">竖板中线与水平板中线的偏移（s）</td><td></td><td>≤1.0</td></tr>
<tr><td>8</td><td colspan="2">两竖板中线偏移（s）</td><td></td><td>≤2.0</td></tr>
<tr><td>9</td><td colspan="2">盖板的倾斜（q）</td><td></td><td><0.5</td></tr>
<tr><td rowspan="2">10</td><td rowspan="2">板梁，纵横梁加劲肋间距（L）</td><td>有横向连接关系者</td><td rowspan="2"></td><td>±1.0</td></tr>
<tr><td>无横向连接关系者</td><td>±3.0</td></tr>
<tr><td>11</td><td colspan="2">纵、横梁腹板的局部不平度（f）</td><td></td><td>±1.0</td></tr>
</table>

四、焊缝质量检查

焊缝检验质量标准见表4-13。

焊缝检验包含外观检验和内部缺陷的检验，内部缺陷检验是指在不破坏被检验产品的情况下进行——无损探伤。

无损探伤是利用超声波、X射线、γ射线、电磁辐射、磁性等物理方法，检验焊缝内部质量。

焊缝检验质量标准　　表 4-13

序号	项目	检查数量	检验方法
1	外观检查	全部	检查外观缺陷及几何尺寸，有疑点时用磁粉复验
	超声波检验	全部	
	X 射线检验	抽查焊缝长度的 2%，至少应有一张底片	缺陷超出规定时，应加倍透照，如不合格应 100% 的透照
2	外观检查	全部	检查外观缺陷及几何尺寸
	超声波检验	抽查焊缝长度的 50%	有疑点时，用 X 射线透照复验，如发现有超标缺陷，应用超声波全部检验
3	外观检查	全部	检查外观缺陷及几何尺寸

1. 超声波探伤

焊缝超声波探伤是采用定向的超声波穿透焊缝。在缺陷表面产生反射波而形成反射信号，来探测焊缝的内在缺陷。由于焊缝中危险性缺陷多与焊缝表面呈垂直，故超声波探伤时主要用横波，根据试件的厚度决定探头的倾斜角、也即不同的入射角。入射角与板厚的关系见表 4-14。

探头的入射角与板厚的关系　　表 4-14

板厚（mm）	探头入射角（°）
4 ~ 25	50 或 55
>25 ~ 40	45 或 50
>40 ~ 120	40 或 45
>120	30

目前，超声波探伤法，一般情况下只能确定缺陷位置、深度、大小和分布情况，不能准确直观地确定其性质。经验表

明，只有缺陷尺寸显著超过超声束截面时、缺陷性质方可确定。分布在焊缝金属内的，尤其是芯部的缺陷（如未焊透、连续夹渣或气孔，裂纹）能用超声波清楚地探明，个别的、小尺寸（直径为1.5~2.5mm）的圆形夹渣、尤其是气孔有时测不出来。

超声波检验对焊件要求是：材料组织需要一致，易于传播超声波，焊缝两侧必须磨光。焊缝边缘的咬肉、错口、加强层等都有可能造成假的反射信号，而且必须进行假象分析，以辨认真假。

但是，超声波检验设备轻巧、操作方便、成本低，尤其不像射线探伤需要拍片等技术，所以是可以采纳的。

2. X射线检验

对于裂纹、未熔合、未焊透、气孔和点状夹渣、条状夹渣的检验可用X射线进行。

X射线不同程度地透过金属材料，对照相胶片产生感光作用。利用这种性能，当射线通过被检查的焊缝，因焊缝内的缺陷对射线的吸收能力不同、使射线落在胶片上的强度不一样，这样就能准确、可靠、非破坏性地显示出缺陷的形状、位置和大小。

焊接接头透视的方法：对于各种接头形式，透视的方向非常重要，否则，透视的结果将会产生很大的误差，而且，在测试时应将现场条件创造好，防止因现场条件影响仪器位置，最后影响透视效果。一般材料厚度在30mm以下时，采用X射线透视法为宜，对较厚材料、宜选用γ射线透视法。

透视底片的判断：

（1）裂纹　多呈略带曲折、波浪状的黑色细条纹，有时也呈直线。轮廓较为分明，两端较为尖细，中部稍宽，分枝不多，两端黑度较浅，并逐渐消失。

（2）未焊透　通常是一条连续的或断续的黑直线、宽度较均匀。V形坡口对接焊缝中的未焊透位置与偏离焊缝中心呈断续线状，即使连续，一般也不会太长、线状条纹一边较直且发黑。宽度不一，黑度不均匀。V 和 X 形坡口双面焊缝中部或底部的未焊透，呈黑色较规则的线状条纹。角焊缝、T 形接头呈断续线状条纹。

（3）气孔　多呈圆形或椭圆形黑点，黑度一般是中心处较大而均匀地向边缘减小、分布不一，有密集的，也有分散的。

（4）夹渣　多呈不同形状的点或条纹。点状夹渣呈单独黑点，外观不太规则，带有棱角，黑度均匀。条状夹渣呈宽而短的粗线条状，长条形夹渣，线条较宽，不大一致。

3. 磁粉探伤

磁力探伤的基本原理，是将巨大的电流通入导磁金属工件或将磁力线通入导磁金属工件，使工件磁化，则工件中的缺陷将使通过工件的磁力线翘曲向外泄漏。在工件表面上的磁性粉粒会被吸向金属内缺陷部分上面的漏磁上，以磁粉粒的聚集显示缺陷。

磁粉检验一般可以发现在钢焊缝中离表面深度不大于 5mm 的裂纹、未焊透和聚集气孔等缺陷。磁力探伤可以发现 0.4mm 的表面裂缝。

金属焊缝或热影响区内沿金属表面分布的裂缝，可以用磁粉法很好地显露出来。磁力探伤对表面裂纹特别敏感、超过任何其他检验法。焊缝内的未焊透点能用磁粉法很好地露出来，而气孔与点状夹渣或圆形缺陷用磁粉法不易显露。

磁力探伤的灵敏度与很多因素有关，其中主要有缺陷的尺寸和性质，磁通的方向，磁化电流的种类，磁场强度大小，磁粉性能，磁粉油液的性能，工件表面光洁程度等。因此使用时需加注意。

磁力探伤适用于薄壁工件和导管。

4. 对接焊焊缝外形尺寸检验

对于对接焊焊缝的检验标准见表 4-15、表 4-16 及表 4-17。

焊缝外观检验质量标准　　表 4-15

序号	项目		质量标准		
			一级	二级	三级
1	气孔		不允许	不允许	直径小于或等于1.0mm的气孔，在1000mm长度范围内不得超过5个
2	咬边	不要求修磨的焊缝	不允许	深度不超过0.5mm累计总长度不得超过焊缝长度的10%	深度不超过0.5mm累计总长度不得超过焊缝长度的20%
		要求修磨的焊缝	不允许	不允许	—

对接焊缝外形尺寸允许偏差　　表 4-16

序号	项目			示意图	允许偏差（mm）	检验频率		检验方法
						范围	点数	
1	焊缝余高 c	$b<20$mm	一级	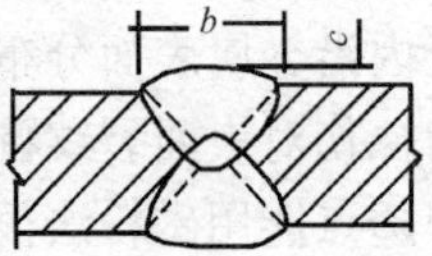	$1.5^{+0.5}_{-1.0}$	抽查累计焊缝长度的20%，且不少于2件	2	用焊缝卡尺量
			二级		1.5±1.0			
			三级		2.0±1.5			
		$b\geq20$mm	一级		$2.0^{+1.0}_{-1.5}$			
			二级		2.0±1.5			
			三级		$2.5^{+1.5}_{-2.0}$			
2	焊缝凹面值 e		一级	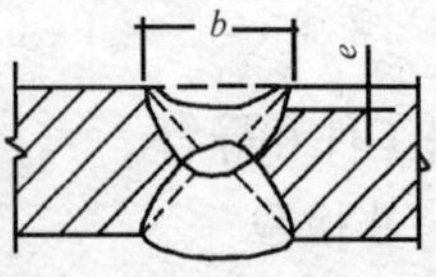	0			
			二级		0~0.5			
			三级		0~1.5			

续表

序号	项目		示意图	允许偏差（mm）	检验频率		检验方法
					范围	点数	
3	焊缝错边 d	一级		$d<0.1\delta$，但不得大于2.0	抽查累计焊缝长度的20%，且不少于2件	2	用焊缝卡尺量
		二级		$d<0.1\delta$，但不得大于2.0			
		三级		$d<0.1\delta$，但不得大于3.0			

贴角焊缝外形尺寸允许偏差　　表4-17

序号	项目		示意图	允许偏差（mm）	检验频率		检验方法
					范围	点数	
1	焊脚宽 B	$B \leq 6$		+0.5 0	抽查累计焊缝长度的20%，且不少于2件	2	用焊缝卡尺
		$B>6$		+3.0 0			
2	焊缝余高 C	$B \leq 6$		+1.5 0			
		B>6		+3.0 0			

注：1. 表中 B 为设计要求的焊脚尺寸（mm）；

2. $B>8.0$mm 贴角焊缝的局部焊脚尺寸，允许低于设计要求值的1.0mm，但不得超过焊缝长度的10%；

3. 焊接梁的腹板与翼缘板间焊缝的两端，在其两倍翼缘板宽度范围内，焊缝的实际焊脚尺寸不允许低于设计要求值。

对于对接焊焊缝的余高、焊缝凹面值、焊缝错边、贴角焊缝焊脚宽、T形接头焊缝等的误差，首先用肉眼或低倍放大镜检查，然后采用标准样板和量规进行焊缝尺寸的量测。

对各种焊缝的抽查不少于 20%，对长度小于 500mm 的焊缝每条检查 1 处。600 ~ 2000mm 长的焊缝，每条检查 2 处，大于 2000mm 长的焊缝每条检查 3 处。

样板和量规的使用应垂直焊件，贴紧。

5. 焊接后焊件矫正检验

焊接后杆件允许偏差见表 4-18。

焊接后的杆件允许偏差　　　　表 4-18

序号	项目	示意图	允许偏差（mm）	检验频率		检验方法
				范围	点数	
1	工地孔部分	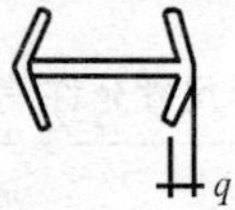	$q \leqslant 0.5$	每件（每批抽查 10% 且不少于 2 件）	2	用尺量
	其余部分		$q \leqslant 2.0$			
2	工地孔部分		$q \leqslant 0.5$			
	其余部分		$q \leqslant 2.0$			
3	工地孔部分	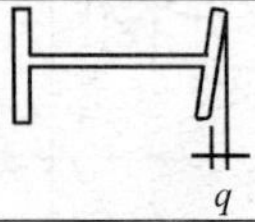	$q \leqslant 1.0$			
	其余部分		$q \leqslant 2.0$			
4	工型、箱型杆件的扭曲		$\leqslant 3.0$			
5	工地孔部分	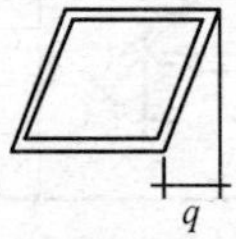	$q \leqslant 0.7$			
	其余部分		$q \leqslant 1.5$			
6	工地孔范围内	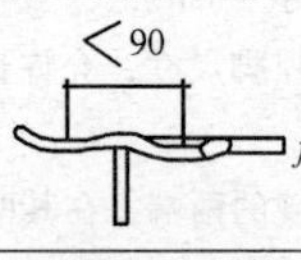	$f \leqslant 0.3$			
	其余部分		$f \leqslant 1.0$			
7	板梁腹板，纵、横梁腹板的不平度	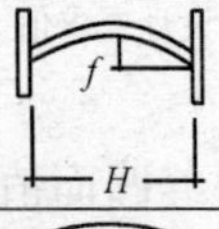	$f < H/500$，且不大于 50			拉小线用尺量或
8	工型、箱型杆件全长内弯曲		$f \leqslant 3.0$			

续表

序号	项 目	示 意 图	允许偏差（mm）	检验频率		检验方法
				范围	点数	
9	纵、横梁上拱	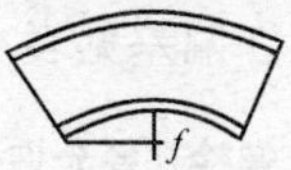	f≤2.0，且不许下弯	每件（每批抽查10%且不少于2件）	2	水准仪测量
10	纵、横梁旁弯	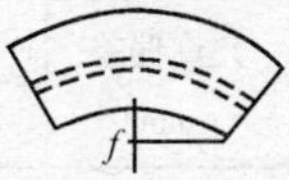	f≤3.0			

焊接后的焊件可能会发生不同程度的变形。一些断面出于内侧焊接或外侧焊接都可能发生边角变形和纵向弯曲变形。

（1）长焊件的检验方法　在焊件的两端、点焊两根钢筋，作为基准，定出一个固定值（视误差尺寸而定）用钢丝或锦纶丝拉紧，便可逐点测量其不平度和弯曲度。

（2）短焊件的检验方法　短焊件的弯曲，长度等方面的检验，应在标准工作平台上进行。

（3）使用工具　各种量尺应使用钢板尺，工作平台应使用标准平台，不应使用普通钢板代替。

五、制孔检验

1. 螺栓孔径检验

钢制焊件的组装质量，对制孔的要求很高，孔径的质量可影响焊件和构件的质量，故需严格检验。

（1）外观检验　可用放大镜检查孔边缘有无裂损，检查孔壁有无划痕，检验孔的两端有无毛刺等。

（2）孔径检验　使用游标卡尺，平放于检验孔的内径中，使卡尺柄与焊件平行，检验孔径。

2. 螺栓孔间距检验

螺栓孔间距检验，更严格于孔径的检验，它关系到整个构件的尺寸。否则将会导致一个焊件或一个构件作废的可能性，因为在制作过程中，钻孔套孔间距能影响群孔间的距离，测量钻孔套孔距的手段对否，是影响孔距的关键。所以除检验半成品或成品外，应加强钻孔套和操作当中的检验。

精制螺栓杆、螺栓孔径允许偏差见表4-19。

精制螺栓杆、螺栓孔径允许偏差　　表4-19

序号	项　　目		允许偏差（mm）	检验频率		检验方法
				范围	点数	
1	螺栓杆公称直径	10～18mm	0 -0.18	每件（每批抽查10%，且不少于2件）	2	用游标卡尺或量规量
	螺栓孔直径		+0.18 0			
2	螺栓杆公称直径	18～30mm	0 -0.21			
	螺栓孔直径		+0.21 0			
3	螺栓杆公称直径	30～50mm	0 -0.25			
	螺栓孔直径		+0.25 0			

（1）孔心距检验　应以孔中心线为基准线，通过孔中心线上的两孔间相应外径量测。

（2）孔群的孔距检验　孔群的孔距，在同排边孔内的孔距，其检验同（1）的方法，相对称的两排边孔之间的孔距检验，分别量测两排间所对应的孔距。

（3）使用工具　钢游标卡尺，量规，钢板尺。

六、构件检验

1. 联结系杆件、桁梁构件的基本尺寸检验

构件两端最外侧安装孔，构件两组安装孔的距离，构件弯曲矢高，杆件的基本尺寸等。主要采用钢尺量测，孔距的量测应将钢尺平放、拉紧，反复变换零点；弯曲矢高的检验，应在构件两

端点间，用细钢丝绳拉紧为基线，用塞尺进行量测。

2. 板梁检验

板梁长度、高度、跨度、两端最外侧安装孔中心距，侧弯、拱度、以及腹板局部不平度等的各部检验，主要作外观鉴定，用量具量测其偏差值。

梁高、跨度、孔中心距等的量测，均以梁构件中心为基准，检验两侧或两端尺寸，防止偏移中心的误判，检验各部尺寸，应自中心向两侧反复量测其长度，调换零点方向，读出误差值，以确定该成品的合格与否。

梁的拱度，腹板不平度等的量测，应在梁的两端点，腹板的两高差点处，加高一标准值（5 或 10cm），以此作为相对基准高，量测梁拱度、腹板不平度的偏差值。

3. 使用工具

长距离尺寸，采用钢尺；短距离尺寸，采用钢卷尺；刻度为mm。细钢丝和塞尺配合，量测拱度或平整度。

七、钢结构安装检验

支承面、支座和地脚螺栓允许偏差见表4-20。

支承面、支座和地脚螺栓允许偏差　　表4-20

<table>
<tr><th rowspan="2">序号</th><th rowspan="2" colspan="2">项　目</th><th rowspan="2">允许偏差</th><th colspan="2">检验频率</th><th rowspan="2">检验方法</th></tr>
<tr><th>范围</th><th>点数</th></tr>
<tr><td rowspan="2">1</td><td rowspan="2">支承面</td><td>标高</td><td>±2.0mm</td><td rowspan="8">每件</td><td rowspan="2">2</td><td rowspan="4">用水准仪测量</td></tr>
<tr><td>不水平度</td><td>1/1000</td></tr>
<tr><td rowspan="2">2</td><td rowspan="2">支座表面</td><td>标高</td><td>±2.0mm</td><td rowspan="2">2</td></tr>
<tr><td>不水平度</td><td>1/1500</td></tr>
<tr><td rowspan="2">3</td><td rowspan="2">地脚螺栓位置</td><td>在支座范围内</td><td>±5.0mm</td><td rowspan="2">2</td><td rowspan="4">用尺量</td></tr>
<tr><td>在支座范围外</td><td>±10.0mm</td></tr>
<tr><td>4</td><td colspan="2">地脚螺栓伸出支承面长度</td><td>±20.0mm</td><td>1</td></tr>
<tr><td>5</td><td colspan="2">地脚螺栓的螺纹长度</td><td>只许加长</td><td>1</td></tr>
</table>

1. 支座安装的检验

（1）支座高程检验　在支座中心点处,用水准仪测量实际标高。

（2）支座位置检验　以全桥设计纵轴线和各支座点连线构成十字线，从支座十字线中心分别向两侧各支座量测，校验支座安装位置。

支座位置检验方法可参考第二章第六节轴线及平面位置检验的有关内容。

（3）支座底板四角相对高差检验。用旱平和塞尺，作对角线进行量测。

（4）摆轴支座上下摆接触面采用塞尺，量测最大偏差处。

2. 钢柱安装检验

钢柱安装允许偏差见表4-21。

钢柱安装允许偏差　　**表4-21**

序号	项　目		示意图	允许偏差（mm）	检验频率		检验方法
					范围	点数	
1	轴线对行、列定位轴线（q）		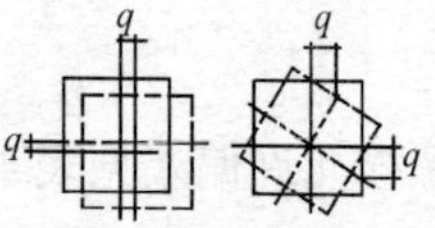	≤5.0	每件	2	用经纬仪测量，纵、横向各计1点
2	柱基标高	有行车梁的柱	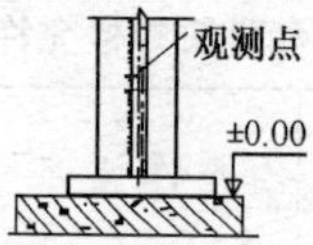 观测点 ±0.00	+3.0 -5.0		4	用水准仪测量,四周各计1点
		无行车梁的柱		+5.0 -8.0			
3	挠曲矢高			H/1000，但不大于15.0		4	拉小线和尺量,每侧面各计1点
4	钢柱轴线的不垂直度（q）	H≤10m	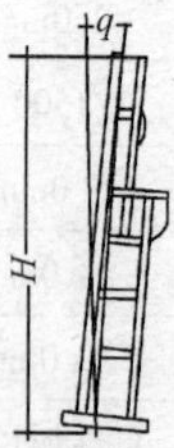	≤10.0		2	用经纬仪或垂线测量，纵、横向各计1点
		H>10m		≤H/100，但不大于25.0			

（1）轴线检验　以贯通全桥的纵横轴线相交点，用经纬仪检测钢柱位置、量出其偏差值。

（2）柱基标高检验　采用水准仪测量柱基水平面四角设计标高，计算相对偏差值，水准塔尺上安放钢板尺，便于读取数据。

（3）柱垂直度检验　自柱顶十字中心处，从两个方向分别伸出柱外10cm、吊一个1000g左右的线坠，沿柱中心用钢板尺量测至线坠的距离，读出偏差值。

（4）地脚螺栓的位置检验　采用标准样板检查螺栓相对位置，用钢角尺量测螺栓上、下垂直度。

3. 钢梁安装的检验

（1）中心线相对位置偏移　采用经纬仪、测量钢梁中心线与设计中心线之差，取最大偏差值。

（2）钢梁间相邻横梁相对位置检验　钢梁安装，相邻横梁相对位置的检验方法，参见本章第五节的内容。

八、钢结构防护检查

钢结构防护主要检查以下几项内容：

（1）钢构件表面无锈，无氧化薄片和油污。

（2）油漆涂料表面均匀、平整光滑、颜色一致。

（3）涂层无脱皮，漏刷、反锈等现象。

（4）涂层无流淌、皱纹现象。

（5）两度油漆漆膜厚度不小于50μm。用千分表测量涂层与钢构件表面高差求得漆膜厚度。

第五章　排水及厂站工程

排水管渠及厂站工程检验，按《市政排水管渠工程质量检验评定标准》CJJ3—90 所列检验项目，对于在通用检验方法中所讲的内容不再重复，只讲一些具体的检验方法。

第一节　管　　道

一、沟槽检验

（一）沟槽开挖的质量标准　见表5-1。

沟槽允许偏差　　**表5-1**

序号	项　　目	允许偏差（mm）	检验频率		检验方法
			范 围	点 数	
1	槽底高程	0 -30	两井之间	3	用水准仪测量
2	槽底中线每测宽度	不小于规定	两井之间	6	挂中心线用尺量每测计3点
3	沟槽边坡	不陡于规定	两井之间	6	用坡度尺检验每测计3点

沟槽槽底高程和槽底中心线每侧宽度检验方法见第二章相关内容。

（二）沟槽边坡检验

标准规定沟槽边坡不陡于设计规定。

1. 适用范围

排水工程的挖槽断面由底宽、挖深、各层边坡和层间留台宽度等各要素组成。挖槽断面的槽底宽度和各层边坡与施工安全和工程质量有较大关系，各层边坡的合理开挖，又是保证槽底宽度的前提。因此，对各层边坡检验是必要的。

本方法适用于普通排水工程人工挖槽边坡的检验。机械挖槽为主，人工修正为辅的边坡检验，原则上是一致的。

2. 检验频率

（1）检验范围　排水工程的挖槽边坡，在一般情况下，定为两井之间为一检验段。由于两井之间（井距）有长有短，为了弥补这一不足，建议当井距大于50m、小于100m时，可将该段划分为两个检验段；大于100m时，宜划分为三个检验段。

（2）检验点数和点位　在抽样检验中，应力求使抽样点位能反映工程的实际情况。通常以最大超差点作为检验点。检验点数：两井之间或一检验段量测6点，每侧边坡各计3点，即井段中部、距井1/4～1/3井段处各检验一点。

（3）检验工具、检验方法、步骤参见第三章第一节边沟边坡检验的内容。

沟槽槽底高程和槽底中心线每侧宽度检验方法，见第二章有关内容。槽底高程检验两井之间取3点，分别在中间和两侧距井1/4～1/3井段处。槽底中线每侧宽度检验，挂沟槽中心线每侧计3点，分别在中间和距井1/4～1/3井段处。

二、平基、管座检验

（一）平基、管座质量标准

见表5-2。

平基、管座允许偏差　　表 5-2

序号	项目		允许偏差	检验频率		检验方法
				范围	点数	
1	Δ混凝土抗压强度		必须符合 CJJ3—90 附录三的规定	100m	1 组	必须符合 CJJ3—90 附录三的规定
2	垫层	中线每侧宽度	不小于设计规定	10m	2	挂中心线用尺量每侧计 1 点
		高程	0 -15mm	10m	1	挂中心线用尺量每侧计 1 点
3	平基	中线每侧宽度	+10mm 0	10m	2	挂中心线用尺量每侧计 1 点
		高程	0 -15mm	10m	1	用水准仪测量
		厚度	不小于设计规定	10m	1	用尺量
4	管座	肩宽	+10mm -5mm	10m	2	挂中边线用尺量每侧计 1 点
		肩高	±20mm	10m	2	用水准仪测量每侧计 1 点
5	蜂窝麻面面积		1%	两井之间（每侧面）	1	用尺量蜂窝总面积

（二）水泥混凝土蜂窝麻面检验

蜂窝麻面，是水泥混凝土的常见病害。蜂窝麻面的出现，在一定程度上标志着混凝土施工工艺水平。因此对此项检验不能忽视。

1. 适用范围

本检验方法适用于排水管道混凝土平基及管座。沟渠混凝土基础及现浇混凝土沟渠拱圈也可参照此方法。标准规定蜂窝麻面面积不大于总面积的 1%。

2. 检验频率

（1）范围　两井之间每侧面（不分井距大小）。

（2）点数　两井之间每侧面一点。

该点的含意是：两井之间蜂窝麻面所有单块面积之和。

3. 检验工具

2m 钢尺，50cm 直尺，小铲、笤帚、粉笔等。

4. 检验方法和操作步骤

水泥混凝土蜂窝麻面的检验方法步骤参见第三章第三节有关内容；高程检验参照第二章有关内容。中线每侧宽度检验，挂中心线每侧量一点取最小值。

三、管道安装检验

（一）管道安装质量标准　见表 5-3。

安管允许偏差　　**表 5-3**

<table>
<tr><th rowspan="2">序号</th><th rowspan="2" colspan="2">项　目</th><th rowspan="2">允许偏差（mm）</th><th colspan="2">检验频率</th><th rowspan="2">检验方法</th></tr>
<tr><th>范围</th><th>点数</th></tr>
<tr><td>1</td><td colspan="2">中线位移</td><td>15</td><td>两井之间</td><td>2</td><td>挂中心线用尺量</td></tr>
<tr><td rowspan="3">2</td><td rowspan="3">Δ管内底高程</td><td>$D\leqslant1000$mm</td><td>±10</td><td>两井之间</td><td>2</td><td>用水准仪测量</td></tr>
<tr><td>$D>1000$mm</td><td>±15</td><td>两井之间</td><td>2</td><td>用水准仪测量</td></tr>
<tr><td>倒虹吸管</td><td>±30</td><td>每道直管</td><td>4</td><td>用水准仪测量</td></tr>
<tr><td rowspan="2">3</td><td rowspan="2">相邻管内底错口</td><td>$D\leqslant1000$mm</td><td>3</td><td>两井之间</td><td>3</td><td>用尺量</td></tr>
<tr><td>$D>1000$mm</td><td>5</td><td>两井之间</td><td>3</td><td>用尺量</td></tr>
</table>

注：当 $D<700$mm 时，其相邻管内底错口在施工中自检，不计点。

（二）安管中相邻管内底错口检验

排水管道相邻管内底错口，是降低水力条件、造成淤积和影响疏通的主要原因。因此安管施工中避免错口，是很重要的。

1. 适用范围

本方法适用于新建、改建和扩建的雨污水管相邻管内底错口的检验。

2. 检验频率

视工程的使用功能和要求的不一，以及施工质量目标的不同，应采用以下频率。

（1）一般情况　两井之间检验3点，点位应取最大超差点。

（2）划分检验段　以井距不同长度，来划定检验范围（段），即两井间距50m以下者为一检验段，若井距大于50m小于100m者，建议分为两个检验段；井距在100m以上者，建议分为三个检验段。每段仍检验3点。

（3）每个接口均作检验　在安管施工中，每个相邻口均须检验。在实测过程中，凡有一定经验的检查人员，均能以直观确定合格点。

3. 检验工具及人员组成

检验工具：直尺（靠尺），塞尺或2m钢尺。

施测人员以四人为宜。记录和管内照明各一人，两人测量取数。四人相互照应，各司其职，分工合作。

4. 检验方法和步骤

用尺直接量取管口错口数值,无论是用直尺还是塞尺,均较简便。

（1）直尺（靠尺）量测方法　先去除管口上毛刺清净内底。将直尺（靠尺）的一端置于错口处较高的零度点（流水面）上，端部伸出错口适当长度，再用钢尺的零点置于相邻管错口下沿最低点（管径的零度点），使钢尺正面贴紧直尺（靠尺），这时直尺下沿与钢尺间的读数，为该错口值。如图5-1所示。

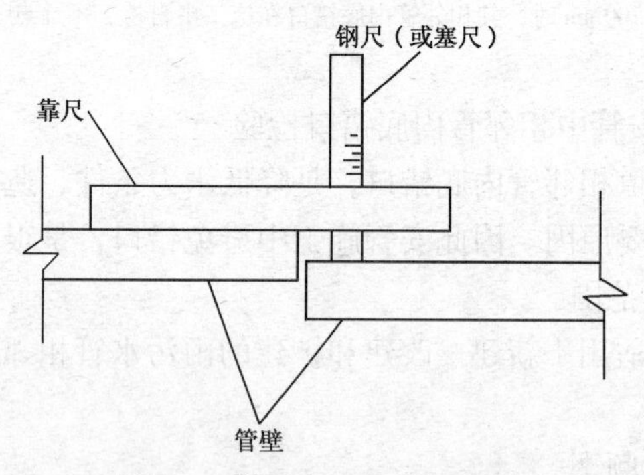

图5-1　管口错口尺量法示意图

（2）塞尺量测方法　将直尺（靠尺）的一端，置于错口处较高管口上的零度点（流水面），端头伸出错口点适当长度，将塞尺垂直于靠尺，向错口缝隙推进，塞尺上沿斜坡面与靠尺底面相接触处所显示的数值，就是管口错口数值。取值以 mm 计。

5. 易出现的问题及避免方法

（1）本方法侧重于相邻管内底错口的检验。对内径在 135°、180°等部位出现的错口，也应列为检验范围。

（2）本方法不适用于管径 <700mm 以下相邻管错口的检验。必要时对小管径管错口可进行外径检验，即安管后，抹带前，用上述方法检测管外口。抹带后，可利用“反光镜”进行管内错口光照检验，“反光镜”使用方法：如阳光较充足时，用两面镜子（直径 20cm 为宜），一面在上（槽底、槽上、井上均可）聚集阳光。一面在下，置于在被检段的管口以外，镜面面向管内。上镜将阳光反射到下镜镜面上，下镜再将阳光反射到管子内部。两镜位置角度调整适当，管内的亮度和照距足可将一般井距的管口衔接情况显示清晰。

四、管道接口检验

（一）管道接口质量标准

见表 5-4。

抹带接口允许偏差　　　　**表 5-4**

序号	项　目	允许偏差（mm）	检验频率		检验方法
			范围	点数	
1	宽度	+5 0	两井之间	2	用尺量
2	厚度	+5 0	两井之间	2	用尺量

（二）抹带接口的宽度、厚度检验

排水管道的不透水性和耐久性，在很大程度上取决于敷设管道时接口的质量。

常见的接口形式有柔性、刚性和半刚性三种。

标准规定：见表5-4。

1. 适用范围

常见的刚性接口，有水泥砂浆抹带接口和钢丝网水泥砂浆抹带接口。

本节着重介绍水泥砂浆抹带接口宽度和厚度的检验方法，钢丝网水泥砂浆抹带接口及普通柔性接口，可参照本方法。其他常用的企口管、承插口管接口也可参考。

2. 检验频率

抹带接口宽度和厚度的检验频率是两井之间计2点。即选择接口带中带宽、带厚偏差较大的抹带，取其中最大偏差值计2点。

对于两井距离较大的井段，划分检验段可参考本节“三”之检验频率的划分方法。

3. 检验工具

管带宽度和厚度的检验，常备工具有：2m钢尺，钢板尺，靠尺、塞尺等。

4. 检验方法和步骤

(1) 宽度　一般用钢尺直接量测。

(2) 厚度　将靠尺平放并吻合于管带上，用钢尺量取管外皮至靠尺下沿的间距，此间距即为管带厚度（图5-2）。如用塞尺量测更好，其效率和精度均能提高。

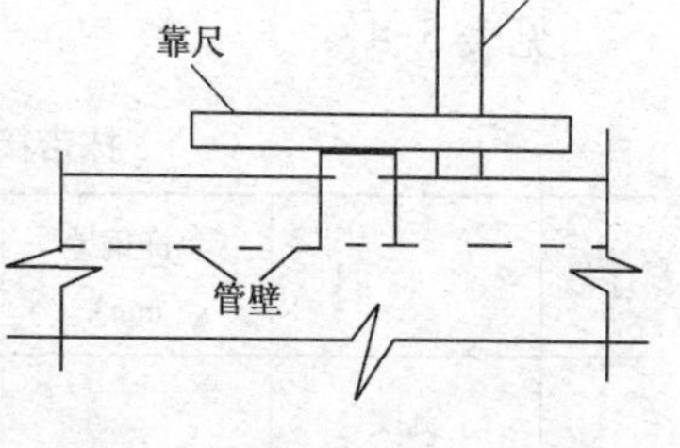

图5-2　管带宽度厚度示意图

5. 易出现的问题和避免方法

(1) 实施检验的条件　管带宽度和厚度的检验，必须在不空鼓、不裂缝而又在管带居中情况下，予以实施。如果在接口部位，小管径不去浆皮，大管径不凿毛，或因养护不好，砂浆配比不当，工艺粗糙等，而造成管带空鼓裂缝，甚至管带中心有较大位移，在此种情况下去量测管带的宽度与厚度是无意义的。

另外，时常发现钢丝网型号和孔径不符合规格；放置位置也常出现疏漏。特别是有的竟将钢丝网直接敷在管壁上。这些，都大大影响管带的内在质量。

（2）本方法的局限性　本方法对挖槽施工的平口管抹带接口的检验是适当的。但对企口和承插口管以及大管径接口的内缝适应性不强。

五、顶管检验

（一）顶管质量标准　见表5-5。

顶管允许偏差　　表5-5

序号	项　目		允许偏差（mm）	检验频率		检验方法
				范围	点数	
1	中线位移		50	每节管	1	用尺量，长、宽各计1点
2	管内底高程	$D<1500$mm	+30 -40	每节管	1	用尺量
		$D\geqslant1500$mm	+40 -50	每节管		用水准仪测量
3	相邻管间错口		15%管壁厚，且不大于20	每个接口	1	用水准仪测量
4	对顶时管子错口		50	对顶接口	1	用水准仪测量

（二）顶管相邻管错口和对向顶管错口检验

顶管相邻管错口的检验与安管相邻管底口错口方法相同。不同的是顶管施工的相邻管错口的检验频率是管口的百分之百；安管的检验点位是管内底，顶管的检验点位是含管径角度360°范围之内。

对向顶管错口的检验方法与相邻管错口的检验相同，只是错口允许偏差值的规定，大于其他施工方法的相邻管错口允许偏差值。

（三）顶管中线位移检验

标准规定：顶管中线位移允许偏差50mm。

1. 适用范围

本方法适用于一般钢筋混凝土管顶管施工的中线位移检验。一般铸铁管、钢管顶管施工亦可参照。

2. 检验频率

在顶管施工中，影响中线位移的因素较多。如后背的坚固程度，顶力均匀平稳性，顶进长度，特别是水文地质情况变化，对中线位移的影响更大些。

检验频率：每节管检验1点。通常应结合顶镐行程，每顶进50～100cm时检验1点较为妥善。当顶进不利时，则应随时加点。

在做竣工测量时，每节管检测1点是适当的。

3. 检验工具、方法及步骤

（1）挂中线检验法　此法在短距离顶进且使用经纬仪的条件受到一定限制时方采用。具体方法如下：

1）工作坑中心线　在工作坑的上部，最好是在二层槽口平台上（不得受扰动），前后各设一点，此两点的连线，即为管子顶进方向的中心线的平行线。如图5-3所示。

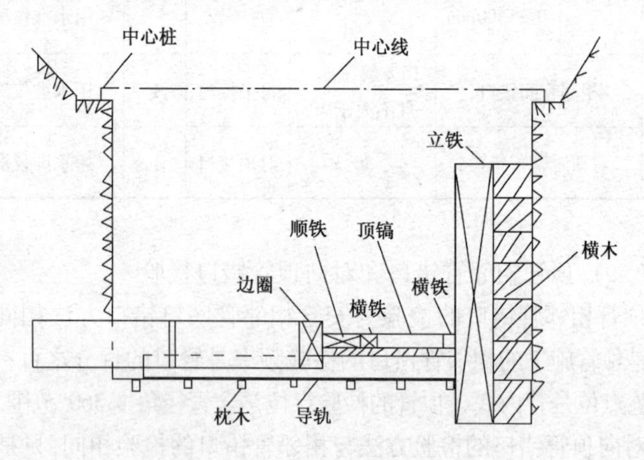

图5-3　顶坑中心线示意图

2）管内中心尺　尺长应小于管径（180°）大于135°的弦长，尺面中心刻度为零，两侧各有刻度。

3）木工铁水平（旱平）一只　旱平最好镶在中心尺上，使用时方便。

4）施测方法：将工作坑上部的两中心点连线绷紧，在该线上向坑底挂两条垂线，将管中心检测线引入顶进的第一节管，并将中心尺置于第一节管管头居中定平，测线置于中心尺尺面上，如图5-4所示。坑外操线人员和管内操尺人员，共同将线绷紧并移动测线，待测线同两条垂线的垂球顶尖相吻合时，将测线固定在中心尺面上。此时，测线如与中心尺零度相重合，则顶进偏差为零。否则，便可读出左右偏差值。其值以mm计。

为提高精确度，所用测线以锦纶线为宜。

（2）经纬仪检验法　用经纬仪检验顶管中心位移，也是经常采用的方法。如顶距较长时，用经纬仪后视顶坑内设置的管中心桩，前视顶进的第一节管中心尺（中心尺放置方法同前）。前视点与中心尺零度点的距离，即为管中心线的偏差值，以mm计。

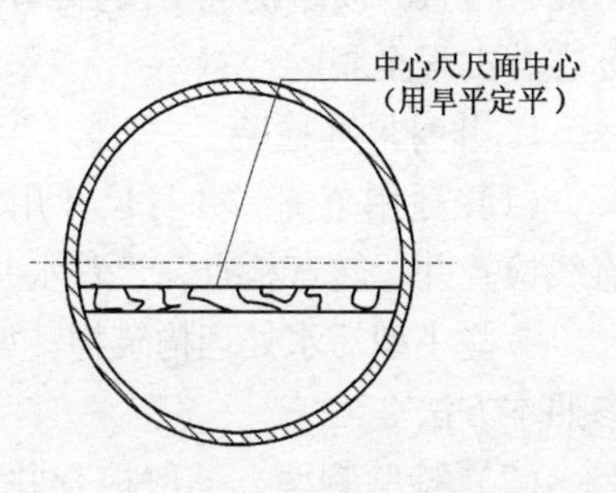

图5-4　首节管中心尺放置示意图

（3）钻机顶进管中心位移的检验：顶进中心查询顶进偏差记录为据。顶进后，即行竣工测量，方法可采用上述两方法之一。

六、检查井检验

检查井砌垒的质量标准　见表5-6。

检查井允许偏差　　表 5-6

序号	项目		允许偏差（mm）	检验频率		检验方法
				范围	点数	
1	井身尺寸	长、宽	±20	每座	2	用尺量、长宽各计 1 点
		直径	±20	每座	2	用尺量
2	井盖高程	非路面	±20	每座	1	用水准仪测量
		路面	与道路的规定一致	每座	1	用水准仪测量
3	井底高程	$D \leqslant 1000mm$	±10	每座	1	用水准仪测量
		$D > 1000mm$	±15	每座	1	用水准仪测量

排水管道的主体工程最终是隐蔽的，惟有检查井长久外露。因此，检查井质量的优劣及各部尺寸的正确与否，在一定程度上标志着工程全貌。

1. 井身尺寸检验

（1）适用范围　井身尺寸用尺量的方法适用于各种类型的直线检查井、转弯检查井、跌水井、溢流井以及倒虹管井等。

一些小型污水处理构筑物，如蔽油井，小型化粪池等，也可参照本方法。

（2）检验频率　一般检查井的井身由井室和井筒两部分组成。因此，检验点位也应取相应的两个部分。长宽各计 1 点。

井室：圆形井，每座沿直径量计 2 点，方形井，每座沿长、宽各计 1 点。

井筒：每座沿直径量计 2 点。

（3）检验方法及步骤

1）圆形井室（筒）尺寸检验　采用 2m 长，刻度为 mm 的钢尺。量测人员以二人为宜，一人施尺，一人检查钢尺是否放在直径的水平位置上。一般选择偏差较大处量测。

2）方形井室检验　方形井室尺寸的检验，即一般长，宽、高的量测。请参照第二章第四节之“一”的检验方法。

3）踏步安装尺寸检验　按设计规定检查踏步安装尺寸，并检查踏步安装的牢固性。

a. 水平距离检验　两踏步之间水平距离的检验方法常常是先借用相邻踏步的内侧边缘，用直尺垂直向下做一辅助线至另一相邻踏步以下，将钢尺平放在拟量踏步表面，将零点延伸到辅助线上，量出相邻踏步的水平间距，取值精确到mm。

b. 垂直距离检验　按规定相邻踏步的位置是交错的。量测其垂直距离仍需作辅助线，有时为了省略辅助线，通常采用量取垂直方向相邻的两踏步的间距。具体量法是：将钢尺零点处勾住踏步的下缘，再将钢尺上引至上一踏步的对应下缘，便可准确地测出两踏步的垂直距离，取值精确至mm。

c. 外露尺寸的检验　踏步安装检验外露尺寸可将钢尺放在踏步中心向井壁延伸,直接取值。在圆形检查井内,有时中心部位外露尺寸符合质量要求,但踏步两个边距离井壁不相等,这便是踏步安装不向心(井筒中心)。为了测定踏步是否向心,需校测踏步两个边的外露长度是否相等,相等者为向心,不相等者为不向心。

其他有关尺寸的检验，如流槽的宽度、高度；脚窝尺寸和间距等，与一般测量方法相同。

2. 井底、井口高程的检验

井底、井口高程检验，用水准仪测量。请参见第二章第三节有关内容。

井口高程的检验目的是为控制井口与铺装路面的高程一致，并注意井口，与路面纵横坡相吻合。

七、闭水试验

排水管道闭水试验,是检验管道施工质量的主要手段之一。它不仅关系着结构的安全,而且还决定着管道内外渗漏的程度,直接影响管道的使用功能。因此在质量检验评定中,列为“△”项目。

1. 适用范围

用闭水试验检验管体和附属构筑物严密程度的方法，适用于污水管道、雨污水合流管道、倒虹管道以及设计要求闭水的其他排水管道。

2. 检验频率

凡是要求做闭水试验的排水管道，管径小于700mm的每个井段均须做闭水试验；管径大于700mm的管道每三个井段抽检一段。

闭水试验的频率，通常按每井段测试，计1点。

有时因井距太短，或为减少闭水墙堵，也常采用几段井距串联一体来进行试验。但每次串联不宜过长，过长了则会影响测试结果的准确性。另外，一但出现渗水量不合格时，其渗漏部位，因试验段过长也难以查找。

3. 检验方法及操作步骤

管道铺设和检查井砌筑完毕后，并达到足够强度，即可在试验段两端检查井内砌置闭水墙堵。

闭水试验必须在回填和拆除井点以前进行。管道灌满水经24h后，进行试验。

闭水试验水位（水头），应为试验段上游管内顶以上2m。如带井闭水，但上游管内顶至检查井的高度小于2m时，其水位可至井口为止。

对渗水的测定时间应不少于30min。一般以1~2h为宜（时间越长越准确）。

具体试验步骤如下：

（1）外观检查　在试验段灌满水经24h以后，闭水试验以前，先对管体、接口、检查井井墙等做外观检查。以不漏水和不严重洇水为合格。外观合格后方能进行闭水试验。

（2）划定水位标记　当闭水试验开始时，先检查试验段检查井水位高度（水头）是否符合规定。确认符合规定后，将该水面位置固定。固定方法，一般有两种：a. 测试人员用彩色笔将水面与井墙接触处画一横线，但线不得过宽，以减少误差。b. 测试人员认定某一踏步的边角为基点，用钢尺由基点向下量取至水面的距离，准确到mm。将此数值与时间的起点同时记录下来。

（3）渗水量的观测时间　不得小于30min，观测时间段内分三次加水，每次补水用量筒加至划定的水位标记，记录下加水量。计算三次渗水量的平均值，与标准比较，以判定合格与否。

（4）实测渗水量　应按下式计算：

$$q = \frac{W}{T \cdot L} \tag{5-1}$$

式中　q——实测渗水量（L/min · m）；

W——补水量（L）；

T——实测渗水量观测时间（min）；

L——试验管段长度（m）。

（5）闭水试验记录表格见表5-7。

闭水试验记录表格　　　　**表5-7**

<table>
<tr><td>工程名称</td><td colspan="3"></td><td colspan="2">试验日期</td><td></td></tr>
<tr><td>桩号及地段</td><td colspan="6"></td></tr>
<tr><td>管道内径（mm）</td><td colspan="3">管材种类</td><td colspan="2">接口种类</td><td>试验段长度(mm)</td></tr>
<tr><td>试验段上游
设计水头（m）</td><td colspan="3">试验水头（m）</td><td colspan="3">允许渗水量
（m^3/24h · km）</td></tr>
<tr><td rowspan="5">渗水量测
定记录</td><td>次数</td><td>观测起始
时间 T_1</td><td>观测结束
时间 T_2</td><td>恒压时间
T（min）</td><td>恒压时间
内补入的
水量W（L）</td><td>实测渗水量 q
（1/min · m）</td></tr>
<tr><td>1</td><td></td><td></td><td></td><td></td><td></td></tr>
<tr><td>2</td><td></td><td></td><td></td><td></td><td></td></tr>
<tr><td>3</td><td></td><td></td><td></td><td></td><td></td></tr>
<tr><td colspan="6">折合平均渗水量　（m^3/24h · km）</td></tr>
<tr><td>外观记录</td><td colspan="6"></td></tr>
<tr><td rowspan="2">参加单位
及人员</td><td colspan="2">建设单位</td><td>施工单位</td><td colspan="2">监理单位</td><td></td></tr>
<tr><td colspan="2"></td><td></td><td colspan="2"></td><td></td></tr>
</table>

第二节　沟　　渠

建造大型排水渠道，常用的建筑材料有砖，石、混凝土块以及钢筋混凝土等。采用钢筋混凝土材料时，通常在现场支模浇筑或预制拼装，采用其他几种材料时，主要是在施工现场砌筑和安装。在多数情况下，建造大型排水渠道，是采用两种以上材料，即混合结构。

常见的排水渠道还有明渠。明渠有护砌和不护砌两种。

一、土渠检验

（一）土渠边坡质量标准　见表5-8。

土渠允许偏差　　　　**表5-8**

序号	项　　目	允许偏差	检验频率		检验方法
			范围（m）	点数	
1	高程	0 −30mm	10	1	用水准仪测量
2	渠底中线每侧宽度	不小于设计规定	20	2	用尺量每侧计1点
3	边坡	不陡于设计规定	40	每侧1	用坡度尺量

注：1. 检验频率：一般定为40m每侧计一点。边坡以不陡于设计规定为合格。
2. 检验步骤：见本章第一节及第三章第一节有关沟槽边坡检验。

（二）土边坡检验

1. 适用范围

本方法适用于一般排水明渠及管道、沟渠下游出口相接的明渠。

2. 检验方法及步骤

土渠边坡的检验与管道及有结构的沟渠挖槽边坡检验方法基本相同。但挖槽是临时性的，土渠则是相对永久性的。因此，土渠边坡的检验较挖槽边坡检验更严格，而且必须列入竣工鉴定项目。正因为如此，上渠边坡都是严格按设计进行开挖和修整，必须达到成型规矩，线条清晰。

二、水泥混凝土及钢筋混凝土渠检验

水泥混凝土及钢筋混凝土渠质量标准见表5-9的规定。

水泥混凝土及钢筋混凝土渠允许偏差　　表5-9

序号	项　目	允许偏差	检验频率		检验方法
			范围	点数	
1	△混凝土抗压强度	必须符合CJJ3—90附录三的规定	每台班	1组	必须符合CJJ3—90附录三的规定
2	渠底高程	±10mm	20m	1	用水准仪测量
3	拱圈断面尺寸	不小于设计规定	20m	2	用尺量，宽厚各计1点
4	盖板断面尺寸	不小于设计规定	20m	2	用尺量，每侧计1点
5	墙高	±20mm	20m	2	用尺量，每侧计1点
6	渠底中线每侧宽度	±10mm	20m	2	用尺量，每侧计1点
7	墙面垂直度	15mm	20m	2	用垂线检验，每侧计1点
8	墙面平整度	10mm	20m	2	用2m直尺或小线量取最大值，每侧计1点
9	墙厚	+10mm 0	20m	2	用尺量，每侧计1点

在排水工程中，现场浇筑的混凝土和钢筋混凝土沟渠和拱渠，装配式混凝土及钢筋混凝土渠，是目前广泛采用的沟渠结构形式。

1. 适用范围

一般用尺量的方法，多用于墙高、墙厚、渠宽及预制盖板、拱圈的断面尺寸。

现场浇筑的混凝土及钢筋混疑土方沟或拱圈断面尺寸的检

验，有时要采用水准仪检测。

2. 检验频率宽厚各计 1 点，墙高，墙厚每隔 20m 检验两点，每侧各计 1 点，拱圈和盖板的断面尺寸，每隔 20m 检验两点。

3. 检验方法和步骤

（1）墙高：墙高直接用钢尺量测。测定墙高的前提是，底板墙脚高程必须准确。取值以 mm 计。

（2）墙厚：按常规进行量测，抽样方法应从备检验段中选择墙厚较薄处量测，并需要在盖板或拱圈安装之前进行检验。取值以 mm 计。

（3）盖板断面尺寸：一般是指预制盖板。这样需要在渠长 20m 范围内，所有盖板数量中，在安装前抽样检查。用直尺量测样品块的宽、厚各 1 点，以 mm 计。

有时针对实际情况，需要加测对角线长度。

（4）混凝土和钢筋混凝土拱圈：拱圈的施工方式一般有两种：一种是预制件安装；另一种是现场浇筑。

预制件的断面尺寸检验基本上与盖板的检验相同，但应注意控制其跨度和拱度。现场浇筑的拱圈断面尺寸检验，是在一定长度范围内（如 20m），用尺量的方法，宽、厚各计 1 点。

由于在支搭拱胎（架）时，沿长度方向是连续的，混凝土浇筑过程中是不间断的，在一般情况下连续长度中，截取某部位一个断面，进行拱圈宽、厚，特别是厚度的测定，实际上是难以做到的。在这种情况下，应以拱胎（模板）来控制断面尺寸及垂直拱轴线的辐射方向，外模一经成型后，可用直尺量取模板或某一部位的高度，以此间接量出混凝土拟浇筑的厚度。经检验厚度不小于设计规定即已达到对拱圈厚度的检验目的。

以上介绍的是现浇混凝土拱圈厚度用量测模板的方法。另外亦可采用“钎探”方法，即，当混凝土振动成型后初凝前用钢钎（直径 5mm，长度 50cm 为宜），插入拟测部位，轻轻活动，使钢钎头部触及模板底面。此时，如钢钎带有刻度，其厚度可直接读出，如无刻度，将钢钎拔出，用尺量取砂浆痕迹长度，此长度即为拱圈混凝土浇筑厚度。取值准确至mm。

钎探法要注意，尽量防止钎探部已震捣成型的混凝土结构被破坏，从而造成薄弱环节。

在模板拆除后。应按一定的检验频率检验断面尺寸，拱圈厚度可用水准仪测定。其内顶和外顶的高差值，即是该点断面的厚度。

拱圈断面尺寸的检验方法，另见第二章通用检验方法第四节之三中有关内容。

水泥混凝土及钢筋混凝土渠其他检验项目的检验方法，参照前面所讲内容执行。

三、石渠检验

（一）石渠施工质量标准　见表5-10。

石渠允许偏差　　表5-10

序号	项目		允许偏差	检验频率		检验方法
				范围（m）	点数	
1	△砂浆抗压强度		必须符合本表注的规定	100	1组	必须符合本表注
2	渠底高程	混凝土	±10mm	20	1	用水准仪测量
		石	±20mm			
3	拱圈断面尺寸		不小于设计规定	20	2	用尺量，宽、厚各计1点
4	墙高		±20mm	20	2	用尺量，每侧计1点
5	渠底中线每侧宽度	料石、混凝土	±10mm	20	2	用尺量，每侧计1点
		块石	±20mm			
6	墙面垂直度		15mm	20	2	用垂线检测，每侧计1点
7	墙面平整度	料石	20mm	20	2	用2m直尺或小线量取最大值，每侧计1点
		块石	30mm			
8	墙厚		不小于设计厚度	20	2	用尺量，每侧计1点

注：砂浆强度检验必须符合下列规定：

1. 每个构筑物或每50m^3砌体中制作一组试块(6块)，如砂浆配合比变更时，也应制作试块。
2. 同强度砂浆的各组试块的强度平均值不低于设计规定。
3. 任意一组试块的强度最低值不得低于设计规定的85%。

（二）石渠质量检验

采用石拱圈结构作为排水渠，是在石料丰富的地区，常采用条石或毛石砌筑。通常将渠顶砌成拱型、渠底和渠身（拱台）砌平、勾缝，使水力性能良好。

拱形渠道的墙高，墙厚及拱圈尺寸的检验，在混凝土拱渠中已做了介绍。同样石拱渠的墙高，墙厚也是用尺量。拱圈的厚度、宽度，在砌筑过程中多以“土牛拱胎”或木拱架（拱圈断面样板）来控制拱圈的断面尺寸及垂直轴线的辐射方向。这些，可在砌筑过程中跟踪抽样检验。在拆除拱胎后，可按规定频率（同混凝土拱渠），检验拱圈宽度可用尺直接量取，检验厚度则要测定拟检点断面上下拱顶的高程差。

四、砖渠检验

砖渠质量标准　见表5-11。

砖渠允许偏差　　**表5-11**

序号	项目	允许偏差	检验频率		检验方法
			范围	点数	
1	△砂浆抗压强度	必须符合本表注的规定	100m、每一配合比	1组	必须符合本表注
2	渠底高程	±10mm	20m	1	用水准仪测量
3	拱圈断面尺寸	不小于设计规定	20m	2	用尺量,宽、厚各计1点
4	墙高	±20mm	20	2	用尺量，每侧计1点
5	渠底中线每侧宽度	±10mm	20	2	用尺量，每侧计1点
6	墙面垂直度	15mm	20	2	用垂线检测,每侧计1点
7	墙面平整度	10mm	20	2	用2m直尺或小线量取最大值，每侧计1点

注：砂浆强度检验必须符合下列规定：

1. 每个构筑物或每50m^{3}砌体中制作一组试块（6块），如砂浆配合比变更时，也应制作试块。
2. 同标号砂浆的各组试块的强度平均值不低于设计规定。
3. 任意一组试块的强度最低值不得低于设计规定的85%。

砖渠拱圈工程，一般是由基础、拱台和拱圈组成的的排水渠道。

砖砌拱圈断面尺寸的检验，同混凝土拱圈检验方法。墙高的检验同水泥混凝土及钢筋混凝土渠墙高检验方法。

五、块石护坡、挡土墙检验

块石护坡、挡土墙（重力式）

块石护坡、挡土墙（重力式）墙面坡度允许误差应符合表5-12的规定。

块石护坡、挡土墙（重力式）墙面坡度允许误差　　表5-12

序号	项目		允许偏差（mm）				检验频率		检验方法
			浆砌料石砖、砌块	浆砌块石		干砌块石	范围	点数	
			挡土墙	挡土墙	护底、护坡	护底、护坡			
1	△砂浆抗压强度		平均值不低于规定				每个构筑物		必须符合规定
2	断面尺寸		+10 0	+20 −10	不小于设计规定			3	用尺量长宽高各计1点
3	顶面高程		±10	±15				4	用水准仪测量
4	中线位移		10	15				2	用经纬仪测量纵横向各计1点
5	墙面垂直度		0.5%H ≤20	0.5%H ≤30				3	用垂线测量
6	平整度	料石	20	30	30	30		3	用2m直尺或小线量取最大值
		砖、砌块	10						
7	水平缝平直		10					4	拉10m小线量取最大值
8	墙面坡度		不陡于规定					2	用坡度尺检验

注：表中H为构筑物高度（单位：mm）

1. 适用范围

适用排水明渠的护坡、闸前闸后及进出水口工程的块石挡土墙（重力式）、墙面坡度的检验。其他材料如料石、砌块和砌砖的墙面坡度的检验也与此相同。

2. 检验频率

以每座建筑物为一个检验单位，挡土墙的长、宽、高各计1点（单位 mm），墙面坡度计2点。

3. 检验方法和步骤

挡土墙断面尺寸所含的长、宽、高用直尺量测，其中高度的量测，可将靠尺平放于墙体顶面，靠尺一端向坡脚方向探出，钢尺零点置于坡脚，将尺垂直向上与靠尺相交，相交点的读数，即为墙高，以 mm 计。挡土墙较高时可采用第二章第四节之三叙述的方法。

护坡及挡土墙坡度，用坡度尺检验，检验方法，参照挖槽边坡和土渠边坡的量测方法。

第三节　排 水 厂 站

一、基坑检验

基坑质量标准

基坑开挖应符合表5-13的有关规定。

基坑开挖允许偏差　　**表5-13**

序号	项目		允许偏差	检验频率		检验方法
				范围	点数	
1	轴线位移		50mm	每座	4	用经纬仪测量纵横向各计2点
2	基底高程	土方	±30		5	用水准仪测量
		石方	±100			
3	基坑尺寸		不小于规定		4	用尺量每边各计1点
4	基坑边坡		不小于规定		4	用坡度尺检验，每边各计1点

基坑开挖应对基坑的尺寸、轴线位移、基底高程和边坡逐一检验。其中先检查基底土壤是否扰动，是否受水浸泡或受冻，检查合格后进行各项目的检验。

1. 基坑轴线位移检验

基坑轴线的检验是对厂站构筑物平面位置的控制，平面位置正确，才能确保与之配合的各工程项目的衔接和安装质量。

进行基坑轴线检验前要校核构筑物纵横轴线的控制桩位置正确无误。

用经纬仪检测基坑轴线位移的方法，在第二章第六节轴线及平面位置检验中已作较详细的叙述，这里不再重复。

2 基坑尺寸检验

基坑尺寸检验是根据基坑的几何形状，分别量测其长、宽，角度或半径，在基坑轴线检测的基础上进行，在正确的纵横轴线和中心的条件下分别用尺量测基坑平面的半幅长，宽和半径，对带有一定角度的基坑，应根据设计交桩所构成的角度，用经纬仪进行复核控制。

每座基坑，每边量测 1 点，取最大偏差处量测，以 cm 计。基坑尺寸较大如边长超过 20m，或半径超过 10 m，可每 10 m 增测一点。

3. 基底高程检验

基底高程检验对中小型构筑物基底，用水准仪检测 5 点，即中部和四个方向距基坑边一定距离处，检测高程最大偏差值，与允许偏差比较。

高程检测的要求和方法参见第二章第三节高程检验内容。

4. 基坑边坡检验

基坑边坡检验主要是用坡度尺检验基坑四壁的坡度，每边检测坡度最大偏差点，计 1 点，不陡于规定为合格。

本章第一节叙述了沟槽边坡检验，第三章第一节之四中亦作了叙述，可作参考。

二、泵站沉井检验

（一）泵站沉井质量标准

沉井轴线及高程检验应符合表5-14的有关规定。

沉井轴线及高程允许误差表 **表5-14**

序号	项目	允许偏差（mm）		检验频率		检验方法
		小型	大型	范围	点数	
1	轴线位移	1%H		每座	4	用经纬仪测量
2	底板高程	+40，-60	+40，-［60+10（H-10）］		4	用水准仪测量
3	垂直度	0.7%H	1%H		2	用垂线或经纬仪检验，纵横向各1点

注：1. 表中H为沉井下沉深度（单位m）；

2. 基础、垫层的质量检验标准可参照表5-2；

3. 沉井的外壁平面面积大于或等于250m^2，且下沉深度H≥10m，按大型检验；不具备以上的两个条件，按小型检验。

（二）泵站沉井轴线位移检验

1. 检验工具

经纬仪、标杆、小线、钢尺。

2. 检验方法

（1）测量依据

1）测绘部门给的坐标网坐标点或设计部门给的建筑坐标点。

2）测绘部门给的轴线交桩，如图5-5厂站轴线控制示意图的①轴，②轴和A轴，B轴，C轴。

3）x、y值为坐标网坐标，A、B为建筑坐标。单体建筑物或构筑物只要①轴和A轴延长线的栓桩控制即可施行对建（构）筑物各部位的定位。

群体建筑物或构筑物则必须实施统一的坐标定位。

（2）轴线发生偏移的危害，一座泵站在修建前，市政干线

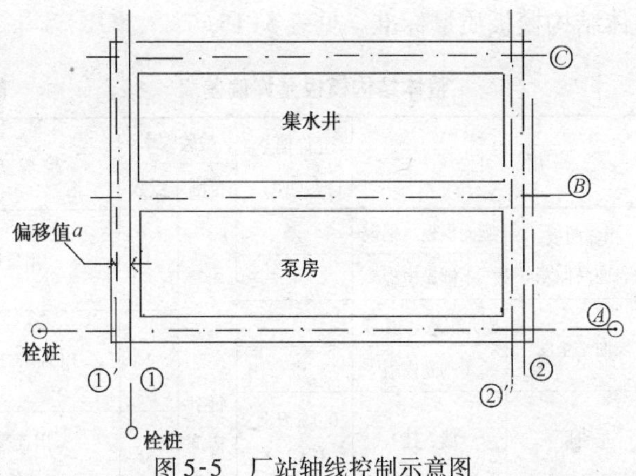

图 5-5　厂站轴线控制示意图

（如进水总干管和出水总干管）已埋设就位，如果泵房整体发生沿①、②轴偏移，则泵房预留的进水和出水套管将随①、②轴向左或右偏移，待管线对接时，管道将发生错口或扭曲现象，造成质量事故。

（3）检测方法

通常方法是将①-①和Ⓐ-Ⓐ轴用小线或经纬仪定出位置，沿小线量测墙的位置和预留孔的平面位置，如符合设计要求，即为合格，如图 5-5，①轴向左偏移值为 a，在管道预留时必须予以校正，如果管道预留孔部分的墙体已浇筑完成，则和市政管道对接时，将发生错口，其值为 a。

（4）检验人员：本工作需要 3 人，1 人司仪、1 人扶花杆、1 人量测点。

（5）检验频率：每浇筑一次（即每支一次模板或每一道工作缝）检测一次，一次浇筑成型的，只在 ±0.00 校测一次。每次检验 4 点，分布均匀，取最大偏移量，以 mm 计。

三、模板检验

（一）模板质量标准

整体结构模板质量标准　见表5-15。

整体结构模板允许偏差表　　　　**表5-15**

序号	项目		允许偏差（mm）	检验频率		检验方法
				范围	点数	
1	相邻两板表面高低差	刨光模板、钢模	2	每个构筑物或构件	4	用尺量
		不刨光模板	4			
2	表面平整度	刨光模板、钢 模	3		4	用2m直尺检验
		不刨光模板	5			
3	垂直度	墙、柱	0.1%H且不大于6		2	用垂线或经纬仪检验
4	模内尺寸	基础	-10 -20		3	用尺量，长、宽、高各计1点
		梁、板、墙、柱	+3 -8			
5	轴线位移	基础	15		4	用经纬仪测量，纵、横向各计2点
		墙	10			
		梁柱	8			
6	预埋件、预留孔位移		10	每件（孔）	1	用尺量

注：表中H为构筑物高度（单位：mm）

（二）整体结构模板预埋件、预留孔位置的检验

1. 检验工具

经纬仪、水平尺、塔尺、花杆、直角尺、垂球、小线、钢尺、钢卷尺、划笔。

2. 测量依据

依据给定的构筑物轴线和预埋件，预留孔的平面位置和标高。

3. 检测方法

（1）平面预留孔、预埋件位置检测，测出构筑物纵横轴线位置及其交点，依设计尺寸分别用直角尺、钢尺量取a和b，a

和 b 的交点即为预留孔、预埋件的中心位置，如图 5-6 所示。

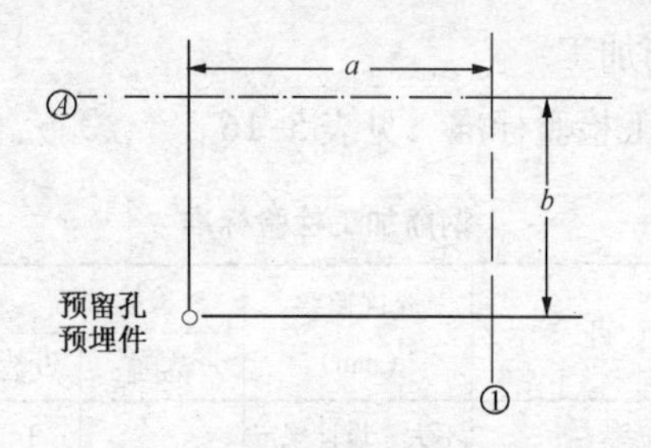

图 5-6　平面预留孔，预埋件位置检测示意图

（2）侧面预留孔、预埋件位置检测　如图 5-7 所示，测出构筑物横、竖轴线（b）和（2），轴线（b）和（2）相交于点 S，从点 S 向左沿（b）轴仗量 SR，等于预留孔或预埋件在侧面上的水平距离。用直角三角尺的一个直角边靠在（b）轴上，直角顶点落在点 R 上，以另一直角尺将 R 延至墙边的 K 点，在 K 点吊垂球，量取侧墙上预留孔或预埋件的竖直距离，$L=KM$，点 M 即为侧墙上预留孔或预埋件的正确位置。比较预留孔，预埋件设置位置与正确位置之间的偏差，用尺量取中至中的距离，以 mm 计。

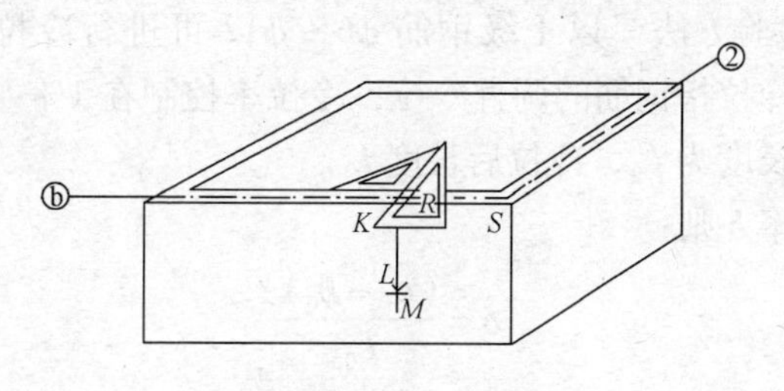

图 5-7 侧面预留孔预埋件位置检测示意

四、钢筋加工检验

（一）钢筋加工

1. 钢筋加工检验标准　见表5-16。

钢筋加工检验标准　　表5-16

<table>
<tr><th rowspan="2">序号</th><th rowspan="2" colspan="2">项　目</th><th rowspan="2">允许偏差（mm）</th><th colspan="2">检验频率</th><th rowspan="2">检验方法</th></tr>
<tr><th>范围</th><th>点数</th></tr>
<tr><td>1</td><td colspan="2">冷拉率</td><td>不大于设计规定</td><td rowspan="5">每根（每一类型抽查10%且不小于5根）</td><td>1</td><td>用尺量</td></tr>
<tr><td>2</td><td colspan="2">受力钢筋成型长度</td><td>+5，
-10</td><td>1</td><td>用尺量</td></tr>
<tr><td rowspan="2">3</td><td rowspan="2">弯起钢筋</td><td>弯起点位置</td><td>±20</td><td>1</td><td>用尺量</td></tr>
<tr><td>弯起高度</td><td>0，-10</td><td>1</td><td>用尺量</td></tr>
<tr><td>4</td><td colspan="2">箍筋尺寸</td><td>0，
-5</td><td>2</td><td>用尺量高、宽各计1点</td></tr>
</table>

2. 钢筋加工检验

冷拉率、受力钢筋成型长度，弯起钢筋的弯起点位置和弯起高度的检验。

（1）冷拉率的检验

1）检验工具　钢尺。

2）检验方法　以Ⅰ级钢筋 $\phi6\sim\phi12$ 可进行冷拉的钢筋为例，钢筋冷拉指钢筋的调直冷拉，冷拉率控制在1%左右，如冷拉前钢筋长度为 L_0，冷拉后长度 L_1。

冷拉率 δ 则：

$$\delta=\frac{(L_1-L_0)}{L_0} \tag{5-2}$$

冷拉率 δ 以百分率表示。

3）检验人员：2人。

4）检验频率　每批不同型号、不同规格的钢筋，抽查

10%，且不少于5根。

（2）受力钢筋成型长度检验

1）检验工具　钢尺或标有尺寸范围的模型板。一般加工检查用模型板，现场抽查用钢尺。

2）检验方法　按设计尺寸，量至钢筋的外皮，见图5-8受力钢筋成型长度检测示意。

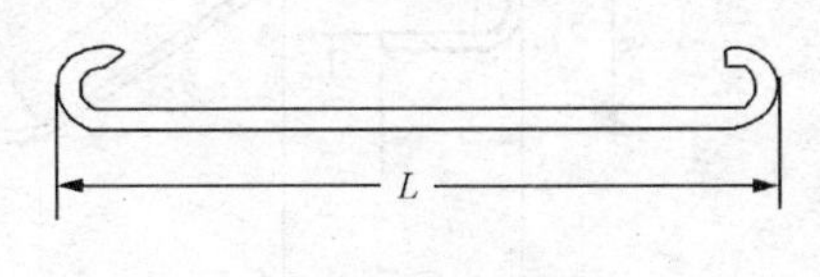

图5-8　受力钢筋成型长度检测示意

3）取样方法及检验频率：每一类型钢筋抽查量不小于10%，且不少于5根。

（3）弯起钢筋弯起点位置检验

1）检验工具　钢尺或带有钢筋限位的模型板。

2）检验方法

a. 检验分析　钢筋一头弯起，或是两头弯起，参见图5-9。S、L_2、L_1、h四个值总是互相联系的，如果四个值均在误差范围内，弯起钢筋的位置是正确的。

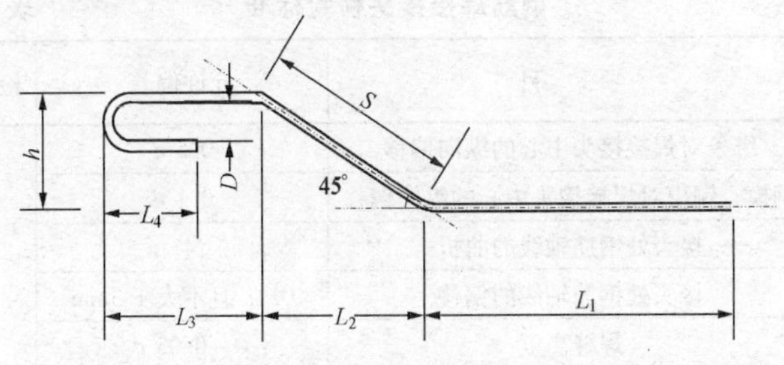

图5-9　弯起钢筋弯起点位置关系示意

b. 一般检测方法　按设计图示各部尺寸之和，并考虑钢筋弯曲后的长度增长，进行下料。钢筋下料长度总是因钢筋成型不同而改变，但有一点是不变的，即钢筋受弯曲部分，靠里侧受压缩，靠外侧受拉伸，但钢筋中心线长度不变。如图5-10所示，对弯起钢筋的检测方法，可取钢筋平直部分的 $L_1/2$，从中心处向两端检测弯起钢筋各部位尺寸。

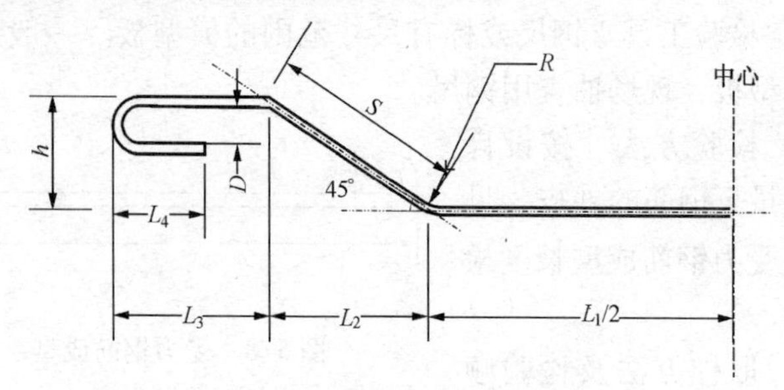

图 5-10　弯起钢筋部位尺寸检测示意

检测方法参见第二章第四节之一有关内容。

3）检验频率：每类钢筋取 10%，并不少于 5 根。每根钢筋的弯起点位置和弯起高度各计一点。

（二）钢筋焊接

1. 钢筋焊接接头的质量标准　见表 5-17。

钢筋焊接接头检验标准　　**表 5-17**

序号	项　　目		允许偏差	检验方法
1	绑条对焊接接头中心的纵向偏移		0.5 d	用尺量
2	钢模、铜模对焊接接头中心的纵向偏移		0.1 d	
3	接头处钢筋轴线的曲折		4°	
4	接头处钢筋轴线的偏移		0.1d 且不大于 3mm	
5	焊缝高度		−0.05 d	
6	焊接宽度		−0.1 d	
7	咬肉深度		−0.5 d	
8	焊缝长度		0.05d 且不大于 1mm	
9	焊接表面上气孔及夹渣	在 2d 长度上	不多于 2 个	
		直径	不大于 3mm	

注：1. 本表 d 为钢筋直径（mm）。

2. 本表供抽查焊接接头时使用，不计点。

2. 钢筋焊接接头检验

钢筋焊接接头检验除按规范规定作抗拉强度和冷弯检验外，还应检验其焊缝高度、焊缝长度、焊缝宽度、咬肉深度，气孔及夹渣情况。

（1）检验工具　钢板尺、焊缝检测器、游标卡尺等。

（2）检验方法

1）焊缝高度检验　可以用带游标尺的焊缝检测器，放置在焊缝附近外露的钢筋上，将游标尺端头接触焊缝，读取焊缝高度值。

如检查焊缝内在质量，可从焊缝处锯开，再用游标卡尺量测。

2）焊缝长度检验　按设计和规范规定，用钢板尺直接量测焊缝长度。

3）焊缝宽度检验　焊缝宽度用游标卡尺直接量测其缝宽的最小值，精确至0.1mm。

4）焊接接头咬肉深度检验　检验咬肉深度先用目测，发现有“咬肉”现象发生，可用焊缝检测器量测。量测方法类似焊缝高度的检验，即将焊缝检测器底边安放在待检测咬肉深度一侧的钢筋上，用标尺端头触及咬肉处根部，读出游标指示值，精确至0.1mm，即为测得的咬肉深度。

5）焊缝表面气孔的夹渣检查　先敲掉缝上的浮渣，以光洁、平直、密实为合格。如发现有气孔和夹渣，应测出在两倍钢筋直径的长度上，气孔和夹渣不多于2个，其单个直径不大于3mm为合格，用游标卡尺量测。

（3）检验人员　1~2人。

（4）检验频率　每个焊接接头。不合格的接头应剔除重焊，不计点。

3. 钢筋安装检验

钢筋安装检验标准见表5-18。

钢筋安装检验标准 **表 5-18**

<table>
<tr><th rowspan="2">序号</th><th rowspan="2" colspan="2">项　目</th><th rowspan="2">允许偏差（mm）</th><th colspan="2">检验频率</th><th rowspan="2">检验方法</th></tr>
<tr><th>范围</th><th>点数</th></tr>
<tr><td>1</td><td colspan="2">高度方向配置两排以上受力钢筋时钢筋的排距</td><td>±5</td><td rowspan="8">每个构件或构筑物</td><td>2</td><td>用尺量</td></tr>
<tr><td rowspan="3">2</td><td rowspan="3">受力钢筋间距</td><td>梁、柱</td><td>±10</td><td>2</td><td rowspan="3">在任意一个断面量取每根钢筋间距最大偏差值，计1点</td></tr>
<tr><td>板、墙</td><td>±10</td><td>2</td></tr>
<tr><td>基础</td><td>±20</td><td>4</td></tr>
<tr><td>3</td><td colspan="2">箍筋间距</td><td>±20</td><td>5</td><td>用尺量</td></tr>
<tr><td rowspan="3">4</td><td rowspan="3">保护层厚度</td><td>梁、柱</td><td>±5</td><td rowspan="3">5</td><td rowspan="3">用尺量</td></tr>
<tr><td>板、墙</td><td>±3</td></tr>
<tr><td>基础</td><td>±10</td></tr>
</table>

前提条件：主筋调直符合要求，弯起筋、各类箍筋成型、分布尺寸、角度准确。绑扎、焊接要符合设计和规程要求。

4. 钢筋入模前需要检验钢筋骨架和模板的各部位尺寸，符合设计要求后方可入模。

（1）检验工具：钢尺、小线、自制专用木板尺、角度仪等。

（2）检验方法：

1）模外成型钢筋检验　主筋检验用小线和钢尺检查钢筋的直顺度和长度，箍筋检验即量测钢筋外皮尺寸，每个箍筋高、宽各计一点。

2）模内成型钢筋检验　钢筋排距是在同一个断面上，两排钢筋间的距离，检验时选择排距最大偏差处，量取排距最大偏差值。

构件受力钢筋间距检验，是选择间距偏差较大处连续取5个点。构筑物受力钢筋间距检验，要分别部位，选择间距最大偏差处量取。各部位的选择应有代表性，如四周墙壁和底板各取一处，圆形构筑物可在四周墙壁上均匀地抽检4处，或在重点部位处取点。检验前应安排一下检验计划。

钢筋保护层检验可参考钢筋间距抽检方法，量取钢筋外皮至模板内侧的净距。

（3）检验频率　以每一构件或构筑物为单位。

1）顺高度方向配置两排以上受力钢筋时，钢筋的排距检验2点。

2）受力钢筋间距检验2点。

3）箍筋间距检验5点。

4）保护层厚度检验5点。

五、水池类检验

现场浇筑水泥混凝土结构和砖砌结构类水池、泵站，这类水工构筑物一些检验项目的检验方法，在前几章中均有介绍，可参照执行，这里只介绍一些特殊部位的检验方法。

1. 泥斗斜面平整度检验

泥斗斜面平整度用2m直尺检验，直尺顺斜方向量测，并有规则地在各辐射线方向，选择具有代表性的量测点，每座池面至少量测10点以上，根据其偏差，计算泥斗斜面平整度合格率。

2m直尺量测泥斗斜面平整度的方法，参见第二章第二节平整度检验的相应内容。

2. 进出水堰口高程检验

沉淀池类水池进出口采用的薄壁堰、穿孔槽或孔口，为了达到均匀平稳地进出水标准，对堰（孔）口高程精度要求是严格的。

堰（孔）口高程检验是在预制加工验收合格的基础上，对堰口安装高程用水准仪检测。检测点数和分布可按水池直径大小取6~10个部位检测，检测部位可沿四周堰口均匀分布，测出正负高程最大偏差值。

高程测量要求和步骤参见第二章第三节高程检验的有关内

容。检验频率一般每5m测1点，允许偏差为2mm。

3. 闸槽安装检验

闸槽安装是在闸槽加工制作中，各部尺寸和相对平整度符合设计要求、质量标准的基础上进行的。检验闸槽安装的质量，主要控制其垂直度和槽口平面的平整度。

对于高度在2m以下的闸槽，一般可用线坠检查其垂直度，高度2m以上的闸槽，则用经纬仪检验其垂直度。检验方法参见第二章第七节的相应内容。

一侧槽口的平整度可用2m直尺沿槽口检验，相对应的两侧槽口的平整度属于闸槽平面的平整度，其检验方法复杂而细致，通常是在闸槽安装过程随时检查、调整和固定。检查方法是用两台经纬仪，从互相垂直的方向，同时控制闸槽平面和槽口位置。当闸槽平面的平整度和垂直度达到标准后，固定闸槽，浇筑槽口二期混凝土。

检验频率：每个闸槽检验2点，两侧各1点，允许偏差为2mm。

4. 刮泥机安装检验

（1）刮泥机走轮钢轨检验　为保证铺设的轨道符合允许偏差的要求，应在铺设前检查钢轨的弯曲、歪扭等变形情况。

钢轨平面、侧面的直顺度、钢轨两端面的垂直度，可以用经纬仪的竖丝检测钢轨一侧边缘和端面中心线的偏移量，用直尺量测，取其最大偏移值。

钢轨安装的检验，对直线平行轨道，检验其轴线位移和两轴线间距，检验方法宜采用经纬仪辅以钢尺量测。对圆形轨道轴线位置的检验，是通过圆形轨道的圆心，用钢尺严格量测两条轨道的半径，并同时核对两轨间距。

检验走轮钢轨的直顺度、垂直度，轴线位移、轨顶高程。

检验频率：每根轨直顺度：正面测1点，侧面测2点，允许偏差L/5000，且不大于2mm；端面垂直度每根轨测2点，允许偏差1mm；轴线位置，每5m测1点，允许偏差5mm；轨顶高程每5m测1点，允许偏差±2mm。

接头间隙、接头错位等项，应对每条钢轨进行检验。检验方法参用第二章有关各节相应的内容。

（2）刮泥机转动轴检验　刮泥机转动轴主要检验安装位置和轴的垂直度。转动轴安装位置的检验方法类似于第二章第六节轴线及平面位置用经纬仪检验的方法。根据位置，在安装转动轴的部位，用经纬仪定出转动轴的位置，用十字线交点来控制，校验安装的转动轴中心与十字线、交点的位置关系，测定转动轴位置偏差程度。具体检验步骤可参见第二章第六节之二的内容。

刮泥机转动轴垂直度检验，除按第二章第七节之二经纬仪检验垂直度的方法步骤外，更重要的是通过刮泥机试运转作间隙调空，达到运行平稳。

六、构件安装检验

检验标准见表5-19。

构件安装检验平面位置检验　　表5-19

序号	项目		允许偏差（mm）	检验频率		检验方法
				范围	点数	
1	平面位置		10	每一个构件	1	用经纬仪测量
2	相邻两构件支点处顶面高差		10		2	用尺量
3	焊缝长度		不小于设计规定			抽查焊缝10%，每处计1点
4	吊车梁	中线偏差	5		1	用垂线或经纬仪量
		顶面高程	0，-5		1	用水准仪量
		相邻两梁端顶面高差	0，-5		1	用尺量

1. 平面位置检验

（1）检验频率　构件逐个检验，每件计1点。

（2）检验工具　经纬仪具和钢尺。

（3）检验人员　3人。

（4）检验依据和方法：构件安装平面位置检验可用构件轴向位移检验的方法检验。即在构件端面画出中心线，在安装构件的部位按设计位置画出安装中心位置，用钢尺量测构件端面中心线偏离安装位置的距离，即为构件安装平面位置偏差值，以mm计。

用经纬仪检验构件安装平面位置的条件，方法步骤和结果计算，可参用第二章第六节有关内容。

2. 相邻两构件支点处顶面高差检验

（1）检验频率　构件逐个检查，相邻两构件支点计2点。

（2）检验工具　钢板尺、杠尺、塞尺、旱平。

（3）检验人员　2~3人。

（4）检验方法　相邻两构件支点处顶面高差的检验，一般可用钢板尺直接量测，当相邻两支点相隔一定距离不便于用钢板尺直接量测取值，可借助杠尺、旱平，放置在较高的支点上，并调至水平，用钢板尺或塞尺量取杠尺底面至另一支点顶面的距离，取最大高差值，以mm计，即为该支点处顶面高差值。

用尺量检验两构件支点处顶面高差的方法，在第二章第四节之二相邻板（件）高差检验中已经有较细的叙述，此处不再重复。

3. 吊车梁端面高差检验

（1）检验频率　每个梁检验两点，取最大高差值，计1点。

（2）检验工具　钢板尺，旱平，水准仪。

（3）检验人员　3~4人。

（4）检验方法　相邻两梁距离较近时，可以用钢板尺直接量测取值；或借助旱平钢板尺直接量测其高差。两吊车梁相距较远，不能用尺量测其间高差时，则用水准仪测量。

采用水准仪测量相邻两梁端面高差前，应按照规定对水准仪进行检验校正，要复核所引水准点高程。转点和架设水平仪的部位要稳固，司尺和读数要认真，相邻两行车梁端面高程的读数取值应在同一测点位置上进行，即同一个仪器高的条件下取值，以保证取值的精度，读数精确至 mm。

水准点高程校核，高程测量的方法和步骤以及结果评定计算等在第二章第三节中已有叙述，这里不再重复。

4. 吊车梁中线偏差检验

吊车梁中线偏差就是指梁的直顺度（侧向弯曲）检验。

中线偏差，通常是在梁两端面间挂通线，沿通线选取中线偏差最大的部位，用尺量取通线至梁中心线间的距离，即为中线偏差值，以 mm 计。另一种量测方法是沿通线选择至边线偏差最大的部位，用尺分别量取通线两侧至梁边缘的距离，此距离与设计的梁半幅距离之差即为吊车梁中线偏差值，取最大偏差值，以 mm 计。

对行车梁逐个作中线偏差的检验。

七、设备基础检验

设备基础一般采用水泥混凝土浇筑，埋置预埋螺栓。预埋螺栓锚板及预埋螺栓预留孔质量要求：

地脚螺栓，埋入混凝土的部分，油污应清除干净，并不得带有锈迹。

地脚螺栓的弯钩底端应不接触孔底，外缘离孔壁的距离应不小于 15mm。

当浇筑二次混凝土厚度大于 40mm 时，宜采用细石混凝土；厚度小于 40mm 时，宜采用水泥砂浆灌注，其等级应比一次混凝土高一级。

设备基础允许偏差见表 5-20。

设备基础允许偏差 **表 5-20**

序号	检验项目		允许偏差（mm）	检验频率		检验方法
				范围	点数	
1	混凝土抗压强度		符合 GBJ107—87 标准规定	座	1 组	按 GBJ107—87 标准评定
2	高程		+0（且一致），−10	座	1	水准仪量测
3	平面尺寸		+10，−10	座	2	尺量
4	对角线差值		10	座	1	用尺量两对角线的差值
5	平整度		2	座	1	2m 直尺、塞尺量测
6	预埋地脚螺栓	顶端高程	+20，−0	条	1	用水准仪具量
		中心距	+2，−2		1	尺量
7	预埋螺栓预留孔	中心位置	3	座	1	尺量
		孔半径	螺栓弯钩≮+20		1	
		孔深度	≮设计+20		1	
		孔壁垂直度	+5，−5	每孔	1	挂垂线量
8	预埋活动地脚螺栓锚板	中心位置	5	每块	1	挂中心线用尺量
		高程	2	每块	1	用水准仪具量

附：设备有特殊要求的项目，按设备说明要求。

1. 设备基础顶面高程、平面尺寸、对角线差值、平整度检验

顶面高程检验在基础顶面中线附近选 1 点；

平面尺寸检验，长、宽各计 1 点；

对角线差值分别量取两条对角线，计算其差值；

平整度检验用 2m 直尺选择较不平处，用塞尺量测最大间隙处的值；

以上各项目的具体检验方法可参照第二章所讲内容。

2. 预埋地脚螺栓检验

顶面高程检验每个测1点，同一般高程测量方法；

中心距检验，用钢尺直接量测，可以是中到中量测，也可以是边到边量测，计算实测距离与设计距离的差值。

3. 预埋螺栓预留孔检验

中心位置检验　按设计要求定出设计中心位置，用钢尺量测实测位置与设计中心位置的差值；

其他检验项目的检验方法，参照第二章通用检验方法有关内容。

4. 预埋活动地脚螺栓锚板

中心位置检验　按设计要求定出设计中心位置挂中线，用钢尺量测锚板中心实际位置与设计中心位置之间的距离即为偏差值。

八、工艺管道检验

（一）铸铁管安装检验

1. 铸铁管用于输送污泥、空气、给排水、沼气等。铸铁管安装的质量标准见表5-21。

铸铁管安装的质量标准　　表5-21

序号	检验项目	允许偏差（mm）	检验频率		检验方法
			范围	点数	
1	中线位移	室外 ±50	每节点	2	用经纬仪、水准仪等检查
		室内 ±15			
2	管道高程	室外 ±20		2	用经纬仪、水准仪等检查
		室内 ±10			
3	水平管道直顺度	室外 15/10m		2	水平尺或拉线和钢板尺检查
		室内 10/10m			
4	垂直管道垂直度	0.2%H，且不大于10		2	用垂线或钢板尺

2. 中线位移检验

水平位移挂小线用尺量和经纬仪配合用尺量。按量测方法可分用挂中线和挂边线的方式，或经纬仪测中线和测边线的方式；

竖向位移：每节管取两端用水准仪测定管顶外皮或管底外皮，高程减（或加）去管内径加壁厚，即为中线高程，与设计中心高程比较，其差值即为偏差。

3. 管道高程检验

参照第二章第三节有关内容。

4. 水平管道直顺度检验

参照第二章第五节有关内容。

5. 垂直管道垂直度检验

参照第二章第七节有关内容。

（二）钢管安装检验

1. 钢管用于输送污泥、压缩空气、给排水、沼气等。钢管安装的标准见表5-22。

钢管安装标准 **表5-22**

<table>
<tr><th rowspan="2">序号</th><th rowspan="2" colspan="2">检验项目</th><th rowspan="2">允许偏差（mm）</th><th colspan="2">检验频率</th><th rowspan="2">检验方法</th></tr>
<tr><th>范围</th><th>点数</th></tr>
<tr><td rowspan="3">1</td><td rowspan="3">对口间隙</td><td>壁厚（mm）</td><td>间隙</td><td rowspan="9">每个口</td><td rowspan="3">1</td><td rowspan="3">焊口检测器量</td></tr>
<tr><td>5~9</td><td>1.5~2.0</td></tr>
<tr><td>大于9</td><td>2~3</td></tr>
<tr><td rowspan="4">2</td><td rowspan="4">对口</td><td>2.5~5</td><td>0.5</td><td rowspan="4">1</td><td rowspan="4">用尺量</td></tr>
<tr><td>6~10</td><td>1</td></tr>
<tr><td>12~14</td><td>1.5</td></tr>
<tr><td>≥16</td><td>2</td></tr>
<tr><td rowspan="2">3</td><td rowspan="2">焊接加强面</td><td>转口</td><td>1.5~2 且0.3</td><td rowspan="2">1</td><td rowspan="2">焊口检测器量</td></tr>
<tr><td>固定口</td><td>2~3 且0.4</td></tr>
<tr><td>4</td><td colspan="2">△管道高程</td><td>+10，-10</td><td rowspan="2">100 m</td><td>1</td><td>用水准仪量</td></tr>
<tr><td>5</td><td colspan="2">中线位移</td><td>10</td><td>1</td><td>用尺量</td></tr>
<tr><td>6</td><td colspan="2">立管垂直度</td><td>0.2%H且不大于10</td><td>每根</td><td>2</td><td>用尺量</td></tr>
</table>

注：表中H为立管的总高度（mm）。

2. 管道高程检验

1）管道安装的高程检验：用水准仪沿管中心每 10 m 检测 1 点，计 1 点。

2）中线位移检验：钢管安装的中线位移检验，是用设计管道中线为标准，沿管道每 10 m 用尺量 1 点，取管道安装中线偏离设计中线的最大值，作为钢管中心位移值。

检验方法同本节铸铁管道安装中心线位移检验。

3. 对口间隙和对口错口检验

按照有关规范的规定，钢管接口的对口间隙量的量测用钢尺或塞尺直接量得，但取值时要沿接口周圈取最大间隙偏差值，读数至 mm。

钢管接口对口错口检验，是用尺量对口错口的最大错口值，读数至 mm。这里主要对钢管接口而言，所以要检查接口周圈的错口间隙。

钢管的对口间隙和错口间隙允许偏差小，要求精度高，为的是保证接口间隙的焊接条件和提高焊接质量。

4. 水平管道纵横方向弯曲及立管垂直度检验

水平管道纵横方向弯曲（直顺度），以及立管垂直度允许偏差小，精度要求高。检验方法与铸铁管检验相同。

九、水工构筑物满水试验

检验标准：每座池被水浸湿的墙壁和底板的总面积，每 m^2 一天泅水量不大于 2 升。

试验方法：

1. 充水

（1）向水池内充水宜分三次进行，第一次充水为设计水深的 1/3，第二次充水为设计水深的 2/3，第三次充水至设计水深。

对大、中型水池，可先充水至池壁底部的施工缝以上，检查底板的抗渗质量，当无明显渗漏时，再继续充水至第一次充水深度。

（2）充水时的水位上升速度不宜超过 2 m/d。相邻两次充水的间隔时间，不应小于 24h。

（3）每次充水宜测读 24h 的水位下降值，计算渗水量，再充水过程中和充水以后，应对水池作外观检查。当发现渗水量过大时，应停止充水。待做出处理后方可继续充水。

（4）当设计单位有特殊要求时，应按设计要求执行。

2. 水位观测

（1）充水时的水位可用水位标尺测定。

（2）充水至设计水深进行渗水量测定时，应采用水位测针测定水位。水位测针的读数精度应达 1/10mm。

（3）充水至设计水深后至开始进行渗水量测定的间隔时间，应不小于 24h。

（4）测读水位的初读数与末读数之间的间隔时间，应为 24h。

（5）连续测定的时间可依实际情况而定，如第一天测定的渗水量超过允许标准，而以后的渗水量逐渐减少，可延长观测。

3. 蒸发量测定

（1）现场测定蒸发量的设备，可采用直径约为 50cm 高约为 30cm 的敞口钢板水箱，并设有测定水位的测针。水箱一并检验，不得渗漏。

（2）水箱应固定在水池中，水箱中充水深度可在 20cm 左右。

（3）测定水池中水位的同时，测定水箱中的水位。

4. 水池的渗水量按下列公式计算

$$Q = \frac{A_1}{A_2}\left[(E_1 - E_2) - (l_0 - l_1) \right] \quad (5\text{-}3)$$

式中 Q——渗水量（$L/m^2/d$）；

A_1——水池的水面面积（m^2）；

A_2——水池的浸湿总面积（m^2）；

E_1——水池中水位测针的初读数，即初读数（mm）；

E_2——测读 E_1 后 24h 水池中水位测针末的读数（mm）；

l_0——测读 E_1 时水箱中水位测针的读数（mm）；

l_1——测读 E_1 时水箱中水位测针的读数（mm）。

注：①当连续观测时，前次的 E_2、l_2 即为下次的 E_1、l_1；

②雨天时，不做满水试验渗水量的测定；

③按上式计算结果渗水量如超过规定标准，应经检查，处理后重新进行测定。

十、消化池等气密性检验

检验标准：每座池 24h 的气压降不超过试验压力的 20%。气密性试验压力为消化池工作压力的 1.5 倍。每座消化池测一次。

1. 主要试验设备

（1）压力计：可采用 U 型管水压计或其他类型的压力计，刻度精确到 mm 汞柱，用于测量消化池内的气压。

（2）温度计：用以测量消化池内的气温，刻度精确到 1°C。

（3）大气压力计：用以测量大气压力，刻度精确至 10Pa。

（4）空气压缩机一台。

2. 测读气压

（1）池内充气至试验压力稳定后，测读池内气压值，即初读数，间隔 24h，测读末读数。

（2）在测读池内气压的同时，测读池内气温和大气压力，并将大气压力换算为与池内气压相同的单位。

3. 池内气压降可按下式计算：

$$\Delta P = (P_{d1} + P_{a1}) - (P_{d2} + P_{a2})\frac{273 + t_1}{273 + t_2} \qquad (5\text{-}4)$$

式中 ΔP——池内气压降（10Pa）；

P_{d1}——池内气压初读数（10Pa）；

P_{d2}——池内气压末读数（10Pa）；

P_{a1}——测量 P_{d1} 时的相应大气压力（10Pa）；

P_{a2}——测量 P_{d2} 时的相应大气压力（10Pa）；

t_1——测量 P_{d1} 时的相应池内气温（°C）；

t_2——测量 P_{d2} 时的相应池内气温（°C）。

十一、工艺压力管的压力试验

（一）外观评定

1. 管道的管材、管件，阀门的材质、规格、型号应符合设计要求和有关规范规定，具有出厂合格证明文件。管材、管件、阀门应表面光洁，铸铁管制造厂标记明显、清晰，不得有裂纹、缩孔、夹渣、重皮、砂眼和超过壁厚允许偏差的局部凹坑、碰伤，不锈钢管无划痕、锈斑。

2. 钢管、承压铸铁管及管件，当钢管质量证明不全或不符时，都应进行检验检查和水压试验，试验合格方可使用。

3. 工艺压力管道焊接或安装后，焊缝要进行无损伤检查，整个管道要进行液压严密性试验，试验结果应符合各设计要求。

（二）工艺压力管道试压验收记录

1. 各种水的压力管道，包括给水管道、污泥管道、浮渣管道、出水压力管道等按国标采暖与卫生工程施工试压要求见表5-23。

管道试验压力表 **表5-23**

管　材	工作压力（MPa）	试验压力
钢　管	P	$P+0.5$ 并不小于0.9
	$P\leqslant 0.5$	$2P$
	$P>0.5$	$P+0.5$
钢筋混凝土管	$P\leqslant 6$	$1.5P$
	$P>6$	$P+0.3$

注：水压试验的先升至试验压力观测10min，压力降不大于0.05 MPa，管道、附件和接口均未发生漏裂然后将压力降至工作压力进行外观检查不漏为合格。

2. 各构筑物之间的连接管道在压力状态下工作，按工作压力加2m 水头进行试压，以不渗漏为合格，允许渗水量按部颁标准 CJJ3—90 执行。

3. 热力管道试压按城市供热网质量检验评定标准（CJJ38—90）执行。管道试压按分段试压和总体试压两步进行。

压力实验标准见表5-24。

热力管道压力实验标准　　　　表5-24

分　步	试验压力（MPa）	标　　准
分段试压	1.5P	10min 不渗漏为合格
	1.0P	30min 不渗漏压力降不大于 0.02 MPa 为合格
总体试压	1.25P	60min 不渗漏压力降不大于 0.05 MPa 为合格

4. 沼气管路（含室外、架空、管廊内及室内）试压标准

（1）除架空管线外，应分段及整体分别进行强度试验。

试验压力：低压及中压管道为 0.3MPa；次高压管道为0.45MPa。

用压缩空气向沼气管道内打入压缩空气达规定压力后，用涂肥皂水的方法，对接口逐个进行检查，如无漏气，则为合格。

（2）所有沼气管道都应进行严密性试验。在管道内打入压缩空气至试验压力，稳压一段时间后，再进行压力降观测，试验压力降观测，试验压力及稳压时间参见表5-25。允许压力降见表5-26。

管道严密性试验压力及试验稳压时间规定　　　　表5-25

试验压力（MPa）		试验稳压时间（h）	
管道类别	压力	管道直径（mm）	稳压时间（h）
低压及中压管道	0.1	<300	6
		300～500	9
次高压管道	0.3	>500	12

管道严密性试验 24h 的允许压力降　　表 5-26

管道公称直径（mm）	150	200	250	300	350
允许压力降（MPa）	0.064	0.048	0.038	0.032	0.027
管道公称直径（mm）	400	450	500	600	700
允许压力降（MPa）	0.024	0.021	0.019	0.016	0.013

5. 氯气管道试压标准按（GBJ235—82）剧毒负压管沟内管道试压标准执行，除进行强度试验、严密性试验外，还要进行高空试验。

注：以上各种管道试压，都要符合设计要求进行强度试验（为工作压力的1.5倍）及严密性试验（工作压力）两个步骤进行。用气压试验的管道还要考虑试压开始及结束时的温度影响，达到标准为合格。

第六章 道路工程质量通病及防治

第一节 道路路基土石方

路基工程在道路工程施工中占据极其重要的位置，路基的强度和稳定性是保证路面强度和稳定性的基本条件。道路工程中所发现的质量通病，由道路路基所引起的占60%左右，所以控制道路路基施工质量是极其重要的。

一、路基土石方回填

道路工程施工中一定存在填挖方地段，同时道路中还容纳了许多管线，各种管线施工时其沟槽回填的密实程度，对道路路基的强度和稳定性影响很大，所以道路路基施工中路基填筑和管线沟槽回填，是路基工程施工的关键部位。施工中超厚回填，倾斜碾压，填土不符合要求，带水回填均造成回填土达不到标准要求的密实度。

1. 超厚回填

（1）现象　一种是路基填方，一种是沟槽回填土，不按规定的虚铺厚度回填。严重者，用推土机一次将沟槽填平。

（2）原因分析

1）施工技术人员和操作人员对超厚回填压实度达不到标准要求所造成的危害不了解或认识不足，不了解施工规范及质量标准要求；

2）技术交底不清或质量控制措施不力；

3）施工者有意偷工不顾后果。

（3）预防措施

1）加强技术培训，使施工技术人员和操作人员了解分层压实的意义；

2）要向操作者做好技术交底，了解规范要求和质量标准，使路基及沟槽回填土的虚铺厚度不超过规定；

3）按操作要求，加强质量管理，惩戒有意偷工者。

2. 倾斜碾压

（1）现象　在填筑段随高就低，使碾轮爬坡碾压，见图6-1。

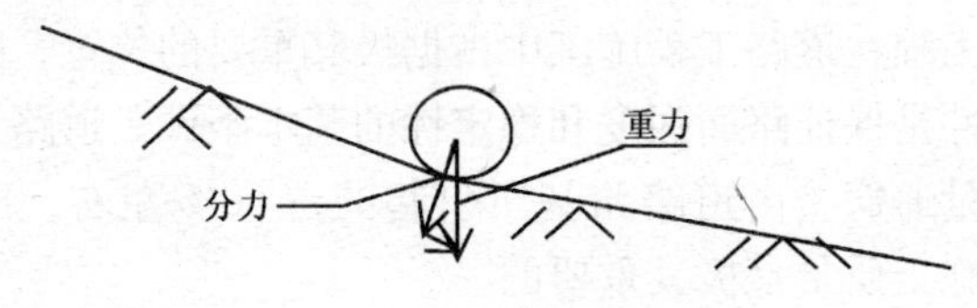

图6-1　碾轮爬坡碾压

（2）原因分析　在填筑段内未将底层整平，即进行填筑，或在沟槽内填筑高度不一，使碾轮在带有纵坡的状态下碾压。不了解这样碾轮会产生分力损失，在纵坡上使碾轮不能发挥最大的压实功能。

（3）预防措施　在路基总宽度内，应采用水平分层方法填筑。路基地面的横坡或纵坡陡于1:5时应作成台阶。回填沟槽分段填土时，应分层倒退留出台阶。台阶高等于压实厚度，台阶长不小于1m。

3. 挟带大块回填

（1）现象　在填土中带有大砖块、大石块、大混凝土块。

（2）原因分析

1）不了解较大块状物掺入对夯实的不利影响。填土中挟带块状物，妨碍颗粒间相互挤压，达不到整体密实效果。另一方面块状物支垫碾轮，产生叠砌现象，使块状物周围留下空隙，日后发生沉陷。

2）不愿多运弃土和杂物。

3）交底不明确，或控制不严格。

（3）预防措施：

1）在回填土交底中要向操作者讲明带块状物回填的危害，使操作者能自觉遵守。

2）要严格管理，对填土中的大砖块、大石块、大混凝土块要取出，对大于10cm的硬土块打碎或取出。

4. 挟带有机物或过湿土的回填

（1）现象　在填土中含有树根、木块、杂草或有机垃圾等杂物或过湿土。

（2）原因分析

1）路基填土中不能含有有机物质，这是最基本常识。有机物的腐烂，会形成土体的空洞，主要是施工操作者技术素质过低，管理者控制不严。

2）取土土源含水量过大，或备土遇雨，造成土的过湿，又不加处理直接使用。超过压实最佳含水量的过湿土，达不到要求的密实度会造成路基不均匀沉陷，使路面结构变形。

（3）预防措施

1）属于填土路基，在填筑前要清除地面杂草、淤泥等，过湿土及含有有机质的土一律不得使用。属于沟槽回填，应将槽底木料、杂草等杂物清除干净；

2）过湿土，要经过晾晒或掺加干石灰粉，降低至接近最佳含水量时再进行摊铺压实。

5. 带水回填

（1）现象　多发生在沟槽回填土中，积水不排除，带泥水回填土。

（2）原因分析　由于地下水位高于槽底，又无降水措施，或降水措施不利，或在填土前停止降水，地下水积于槽内。雨水或其他客水流入槽内，不经排净即行回填土。

（3）预防措施

1）排除积水，清除淤泥疏干槽底，再进行分层夯实。

2）如有降水措施的沟槽，应在回填至地下水位以上夯实完毕，再停止降水。

3）如排除积水有困难，也要将淤泥清除干净，再分层回填砂或砂砾，在最佳含水量下进行夯实。

6. 回填冻块土和在冻槽上回填

（1）现象　冬期施工回填时回填冻土块或在已结冻的底层上回填。

（2）原因分析

1）技术交底不清，质量管理不严。冬期施工措施未加规定。

2）槽底或已经夯实的下层，未连续回填又不覆盖或覆盖不力（草帘刮跑或过薄），造成受冻。

（3）预防措施

1）施工管理人员应向操作工人做好技术交底；同时要求严格管理，不得违章操作。

2）要按规范要求：道路下沟槽回填土“当年修路者，不得回填冻土”要掏挖堆存土下层不冻土回填，如堆存土全部冻结或过湿，应换土回填。

3）回填的沟槽如受冻，应清除冻层后回填，在暂时停顿或隔夜继续回填的底层上要覆盖保温。

7. 不按段落分层夯实

（1）现象　路基下沟槽回填或者填筑路基，段落分界不清，分层不明，搭茬处不留台阶，碾压下段时，碾轮不到位或边角部位漏夯（压）。

（2）原因分析

1）不按分段、水平、分层技术要求回填，而是随高就低，层厚不一的胡乱回填。

2）分段回填的接茬不是按每层倒退台阶的要求填筑和碾压。

3）无法碾压的边角部位，未用夯打。

（3）预防措施

1）要按规范要求，分段、水平、分层回填，段落的端头每层倒退台阶长度不小于1m，再接填下一段时碾轮要与上一段碾压过的端头重迭。

2）槽边弯曲不齐的，应将槽边切齐，使碾轮靠边碾压；对于检查井周围或其他构筑物附近的边角部位，应用动力夯或人力夯夯实，周围空间应满足夯实机具尺寸要求。

二、路肩、边坡的质量通病及防治

1. 路肩、边坡松软

（1）现象　路肩松软，一经车轮碾压，即下陷出车辙。边坡呈松散状态，稍触外力，边坡土下溜。

（2）原因分析

1）填方路基碾压不到位，使路肩和边坡未达到要求的密实度。

2）填方宽度不够，最后以松土贴坡。松土填垫路肩，又不经压实。

3）路基填方属砂性土或松散粒料，所形成的边坡稳定性差。

（3）预防措施

1）填方路堤分层碾压，两侧应分别有20～30cm的超宽，最后路基修整时施以削坡，不得有贴坡现象，如有个别严重亏坡，应将原边坡挖成台阶，分层填补夯实。路肩的密实度应达到轻型击实的90%以上。

2）路基填方如属砂性土或松散颗粒料，其边坡应予护砌或栽种草皮、灌木丛以保护，或加大边坡坡率，一般应大于1:2。

3）路面完工后，所填补的路肩亏土，必须碾压或夯实，密实度应达到轻型击实的90%以上。

4）采用石灰土或砾料石灰土稳定路肩。

5）在路肩外侧，用块石或混凝土预制块铺砌护肩带。其最小宽度≥200mm。

6）铺条形草皮或全铺方块草皮进行边坡植被防护。前者用于一般路堤边坡，后者用于坡长8m以上的高填方边坡。

7）采用片石、卵石或预制块铺砌在边坡表面，用以加固边坡。

2. 边坡过陡

（1）现象　主要指填土路堤边坡坡度小于设计坡率，即土质边坡小于1∶1.5。

（2）原因分析　受拆迁占地等因素影响，下层路基填筑宽度窄于路基下口设计宽度而路基顶面又要满足总宽度，便形成了边坡小于设计坡率。

（3）预防措施

1）要按照设计边坡坡率施工，使用坡度尺检查控制坡度，不小于设计规定。如无设计规定，一般不得小于1∶1.5。

2）如受条件限制，边坡小于1∶1.5时，要护砌砖石护坡。边坡直立时要砌筑挡土墙。

3. 路肩积水

（1）现象　即路肩横向反坡，或路肩与路面接茬处形成沟槽，造成积水。

（2）原因分析

1）路肩碾压不实，与路面接茬处的路肩经右侧车轮反复走压下沉，形成沟槽。

2）或虽经碾压，但未经修整，高低不平或路肩横向反坡。

（3）预防措施

1）重视路肩工序的质量控制，按设计横坡进行碾压修整，使密实度不低于轻型击实的90%，横坡偏差不大于±1%。

2）要求路肩不得有积水现象。

3）如为防止路肩边坡冲刷，也可将路肩作成反坡，将雨水顺纵向汇集一处通过水簸萁排至路外。

三、路基排水质量通病防治

路基及沿线构筑物经常受到水的侵袭，严重时危害路基，甚至造成路基被冲毁。因此保障路基排水的顺畅是十分重要的。

路基排水施工中，经常因管理不善，造成排水沟沟底纵坡不顺，断面尺寸不准，排水无出路等质量通病。必须在施工中针对产生原因，积极予以防治。

1. 排水沟沟底纵坡不顺，断面大小不一

（1）现象　沟底高低不平，甚至反坡，局部积水，局部断面过小，排水不畅。

（2）原因分析　未按设计纵坡和断面开挖修整边沟。忽视对附属工序的质量检查。

（3）治理方法　要严格按照设计要求的开挖断面和纵断面高程开挖修整，认真做好工序质量检验。

2. 路基排水无出路

（1）现象　边沟无出路，边沟变成渗水沟。

（2）原因分析

1）工程设计单位调查工作不细，未解决排水出路问题。

2）施工单位学习图纸不细，对设计忽略的问题未提出补充意见。或者设计已有交代，施工单位有所忽视。

（3）预防措施

1）施工单位要认真学习施工图，加强图纸会审，对排水出路不明确的，要提出补充设计。

2）除解决好路基边沟排水设施外，还要解决好边沟排水沟出口的开挖修整。

四、路床的质量通病及防治

1. 不按土路床工序作业

（1）现象

1）把路面结构直接铺筑在未经压实的土路床上。

2）虽经压实，但不控制或不认真控制其压实度、纵、横断面高程、平整度和碾压宽度。

（2）原因分析

1）施工单位技术素质低，不了解不做路床的危害。

2）施工单位有意偷减工序，只图省工、省时、省机械。

3）只顾工程进度，不顾工程质量。

（3）预防措施

1）对技术素质偏低的施工单位或人员应进行培训，施工时做好技术交底。

2）要按照路床工序的要求，在控制中线高程（±20mm）、横断高程（±20mm，且不大于±0.3%）、平整度（20mm）的基础上，填方路段路床向下0~80cm范围内，挖方路段路床向下0~30cm范围内要达到重型击实标准95%压实度（采用轻型时要达到98%）。

3）路床工序中的密实度项目和路面结构各结构层一样是主要检查项目（即带有△项目），不做土路床工序等于密实度合格率为0，按质量检验评定标准判定应属于不合格工程，因此，必须加强土路床工序的质量控制。

2. 土路床的压实宽度不到位

（1）现象　路床的碾压宽度普遍或局部小于路面结构宽度。

（2）原因分析　边线控制不准，或边线桩丢失、移位、修整和碾压失去依据。

（3）治理方法

1）不论是填土路段填筑路基时，还是挖方路段，开挖路槽时，测量人员应将边线桩测设准确，随时检查桩位是否有变动，如有遗失或移位，应及时补桩或纠正桩位。

2）路床碾压边线应超出路面结构宽度（包括立缘石基础宽度）每侧不得小于10cm。

3. 土路床的干碾压

（1）现象　在干燥季节，施工土路床过程中，水分蒸发较快，在路床压实深度的土层干燥，补洒水不足或只表面洒水，路床压实层达不到最佳密实度。

（2）原因分析

1）忽视土路床密实度的重要性或强调水源困难或强调洒水设备不足。

2）有（明知）或无意（不理解）违章操作。

（3）治理方法

1）教育施工人员理解路床土层密实度对结构层稳定性的重要性。

2）如果路床土层干燥，应实行洒水翻拌的方法，直至路床土层0~30cm全部达到最佳含水量时再行碾压。

4. 路床土过湿或有“弹软”现象不加处理

（1）现象　路床土层含水量超过压实最佳含水量，致使大部或局部发生弹软现象。

（2）原因分析

1）在挖方路槽开挖后，降雨，雨水浸入路床松土层。

2）由于地下水位过高或浅层滞水渗入路床土层。

3）填方路基路床土层填入过湿土或受水浸泡。

4）路床土层内含有黏性较大的翻浆土（该种土保水性强渗透性差）。

（3）治理方法

1）雨期施工土路床，要采取雨期施工措施，挖方地段，当日挖至路槽高程，应当日成活，同时还要挖好排水沟；填方路段，应随摊铺随碾压，当日成活。遇雨浸湿的土，要经晾晒或换土。

2）路床土层避免填筑黏性较大的土。

3）路床上碾后如出现弹软现象，要彻底挖除，换填含水量合适的好土。

5. 路床土层含有有机物质

（1）现象　路床土层含有树根、杂草、垃圾等有机物质，未予清除。

（2）原因分析

1）路床土层部位正处于被伐树木或其附近，枝、须根未清除。

2）路床土层部位正处在被填垫过的含有有机物质的房渣土或垃圾土地段。

（3）预防措施　不论是填方路床还是挖方路槽土层中均不应含有任何有机物质，如土路床处于含有有机物的房渣土或垃圾土土层应换填好土；如有少量树根、杂草、木块等有机物应清除干净。

第二节　道路基层

路面基层是指支承路面面层的结构层，它主要承受由面层传来的车辆荷载垂直力，所以它必须由足够的强度、刚度和稳定性，因此基层质量的好坏，直接影响着路面的质量。在施工过程中路面基层也仍然存在着一些质量通病。

结构强度是指结构抵抗车辆荷载作用下所产生的各种应力（压、拉、剪）的能力。结构刚度是指结构抵抗变形的能力。结构稳定性是指抵抗温度和水分影响的能力。

一、级配碎石（砂砾）基层质量通病及防治

级配碎石（砂砾）层施工中，存在碎石（砂砾）级配差，碎石（砂砾）含泥量大，摊铺违背技术规程，造成级配不均匀，压不成板状，以及含水量掌握不好，机械功能不足造成的质量通病。

1. 碎石（砂砾）层级配质量差

（1）现象　砾石颗粒过多过大，即含有直径大于10cm的超大巨粒卵石或砂粒过多，大颗粒碎石含量超过配比要求。碎石粒径出现过大或过小现象。

（2）原因分析　因为不是人工掺拌的级配，而是天然级配，料源质量差；各级别碎石计量不准确。

（3）预防措施　应以人工级配砂砾代替天然级配砂砾做结构层，按配比要求，采用准确计量设备随时检测。应按标准做筛分试验，合格后再使用。

2. 碎石（砂砾）层含泥量大

（1）现象　在洒水后碾压过程中表面泛泥并有严重裂纹出现。

（2）原因分析　在天然级配碎石（砂砾）含泥量大于砂（小于5mm颗粒）重的10%。

（3）预防措施　采用人工级配，把小于0.074mm的土颗粒筛去。或经试验含泥量大于砂重10%的级配砂砾，不准使用。

3. 碎石（砂砾）碾压不足

（1）现象

1）碎石（砂砾）表面轮迹明显、起皮、压不成板状。

2）碎石（砂砾）层表面松散，有规律裂纹。

3）碎石（砂砾）层表面无异常，经试验密实度不够。

（2）原因分析

1）碎石（砂砾）摊铺虚厚超过规定厚度。

2）碾压碎石（砂砾）层的机械碾压功能过小。

3）碎石（砂砾）层的碾压遍数不够。

（3）预防措施

1）按规定压实厚度10～20cm摊铺压实，超过规定厚度时，分两层摊铺、碾压。

2）将碾压功能小的机械换成符合碾压厚度的机械或改用振动碾。

3）对碾压不够的碎石（砂砾）层，增加碾压遍数，追加碾压密度。

二、石灰土基层（垫层）的质量通病及防治

石灰土强度的形成原理，是在粉碎的土料中掺入具有一定细度的石灰，在最佳含水量下压实后，发生一系列的物理力学和化学作用，形成石灰土的强度。灰和土发生系列相互作用，形成板体，提高了强度和稳定性。但是由于违反施工操作规程出现了下述许多通病。

1. 搅拌不均匀

（1）现象　石灰和土掺和后搅拌遍数不够，色泽呈花白现象。有的局部无灰，有的局部石灰成团；不加搅拌，一层灰一层土。

（2）原因分析

1）拌合遍数不够。

2）无强制搅拌设备，靠人工，费时费力，加上管理不严，于是便不顾质量，粗制滥造，搅拌费力，不愿多拌。

（3）预防方法

按施工技术规程的规定施工。

人工搅拌：

1）将备好的土与石灰按计算好的比例分层交叠堆在拌合场地上；

2）对锹翻拌三遍，要求拌合均匀色泽一致，无花白现象。土干时随拌随打水花。加水多少，以最佳含水量控制。

机械搅拌：方法很多，有的用专用灰土拌合机械搅拌、农用犁耙搅拌。不管用什么方法就地搅拌，都应严格按规程操作保证均匀度、结构厚度、最佳含水量。最好的办法是实行工厂化强制搅拌。

2. 石灰土厚度不够

（1）现象　石灰土达不到设计厚度，特别是人行道石灰土基层表现尤其突出，造成人行道铺装面下沉变形。

（2）原因分析

1）省略了路床工序，对土路床的密实度、纵横断高程、平整度、宽度指标没进行控制。

2）不做土路床，就地翻拌，遇土软时，翻拌深度就深，灰土层厚，遇土硬时，翻拌深度就浅，灰土层就薄。

（3）预防措施　要按质量检验评定标准所规定的土路床工序，控制土路床的纵横断面高程、平整度、宽度、密实度。在这个基础上再按“搅拌不均匀”通病的治理方法，搅拌、摊铺石灰土，灰土层的厚度就能保证均匀。

3. 掺灰不计量或计量不准确

（1）现象　在石灰土掺拌过程中，加灰随意性比较强，不认真对土、灰的松干容重进行实际计算。或者虽然有计算但只是粗略的体积比。

（2）原因分析

1）管理人员和操作人员不了解剂量是影响灰土强度的重要因素。

2）管理人员未经试验计算或虽经试验计算但对操作者交底不清楚。

（3）预防措施　石灰土的石灰剂量，是按熟石灰占石灰土的总干重的百分率计算。经济实用的剂量是10%～14%。要取得准确的剂量，就应经过试验，取得如表6-1中“石灰体积和质量换算表”的数据。

如果无试验资料，12%石灰土，压实厚度15cm，以人工上土为例，土松铺22～24cm，石灰松铺6cm；压实厚度20cm，土松铺30～32cm，石灰松铺8cm。按上述土、灰厚度比例关系，大致是4∶1，如果是石灰处理土基15cm厚（实厚），加灰6%，那么石灰松铺厚度便是3cm。如果9%，松铺厚度便是4.5cm。

4. 石灰活性氧化物含量低

（1）现象　石灰经试验氧化钙和氧化镁活性氧化物含量低于60%的Ⅲ级灰标准。特别是当前市政工程上大量使用的袋装生石灰粉，发现不少低于Ⅲ级灰标准，灰中含有大量非活性的生石灰粉。

（2）原因分析

1）购进的是劣质石灰或劣质生石灰粉。

2）石灰存放时间过长失效。

（3）预防措施

1）要采用不低于Ⅲ级标准的石灰。

2）对新购进的或存放过久的石灰要进行活性氧化物含量试验。

3）如经试验低于Ⅲ级标准，可根据活性氧化物含量提高石灰剂量。

4）要尽量缩短石灰的存放时间，一般生产后的石灰不迟于3个月内使用。

5. 消解生石灰不过筛

（1）现象　将含有尚未消解彻底的石灰块和慢化石灰块直接掺入土料，不过筛。

（2）原因分析　图省工，违反操作规程。

（3）预防措施

1）生石灰块应在用灰前一周，至少2～3d进行粉灰，以便充分消解。

2）消解的方法要按规程规定的，在有自来水或压力水头的地方尽量采用射水花管，使水均匀喷入灰堆内部，每处约停放1～3min,再换位置插入，直至插遍整个灰堆，要使用足够的水量使灰充分消解。

3）对少量未消解部分和慢化生石灰块，要过1cm筛孔的筛子。

6. 土料不过筛

（1）现象　土料内含有大土块、大砖块、大石块或其他杂物。

石灰体积和质量换算表　　表 6-1

石灰组成（块:末）	密实状态下每 m^3 石灰质量（kg）	每 m^3 熟石灰用生石灰数量（kg）	每 1000kg 生石灰熟化后的体积（m^3）	每 m^3 石灰膏用生石灰数量（kg）
10:0	1470	355.4	2.814	—
9:1	1453	369.6	2.706	—
8:2	1439	382.7	2.613	571
7:3	1426	399.2	2.505	602
6:4	1412	417.3	2.396	636
5:5	1395	434.0	2.304	674
4:6	1379	455.6	2.195	716
3:7	1367	457.5	2.103	736
2:8	1354	501.5	1.994	820
1:9	1335	526.0	1.902	—
0:10	1320	557.7	1.793	—

（2）原因分析

1）土料黏性太大，结团，未打碎。

2）对土料内含有的建筑渣土，未过筛。

（3）预防措施　所有的土均应事先将土块打碎，人工拌合时，须要通过 2cm 筛孔的筛子；机械拌合时可不过筛，但必须将大砖块、大石块等清除，2cm 以上的土块含量不得大于 5%。

7. 灰土过干或过湿碾压

（1）现象　掺拌摊铺的灰土过干或过湿，都偏离最佳含水量较大；往往是过干时，在进行碾压后，再在表面进行洒水，这样只湿润表层，不能使水分渗透到整个灰土层。过湿时，碾压出现颤动、裂缝现象。

（2）原因分析

1）土料在开挖、运输过程或就地过筛翻拌过程中，土料中原有水分蒸发，翻拌过程后中又未重新加水。

2）所取土料过湿或遇雨或灰土干拌后未碾压遇雨，没有进行晾晒。在大大超过最佳含水量的状态下碾压。

（3）预防措施

1）石灰土搅拌必须具备洒水设备，如果在取土、运输、翻拌过程中失水，就应在翻拌过程中随搅拌随打水花，直至达到最佳含水量。同时在碾压成活后，如不摊铺面层结构，应不断洒水养生，保持经常湿润（因为灰土初期经常保持一定湿度，能加速结硬过程的形成）；灰土强度形成过程中，一系列相互作用都离不开水。

2）取来的土料过湿或遇雨后过湿都应进行晾晒，使其达到或接近最佳含水量时再进行加灰掺拌。如拌合后的灰土遇雨，也应晾晒，达到最佳含水量时进行碾压。如灰土搁置时间过长，还要经过试验，如果石灰失效，还应再加灰掺拌后碾压。

三、石灰粉煤灰砂砾（碎石）基层

石灰粉煤灰砂砾（碎石），是在一定级配的破碎砂砾或碎石中，按一定比例掺加少量石灰和粉煤灰，加入适当水量，拌合均匀的混合料（以下简称混合料），混合料的结硬原理是靠石灰的活性，去激发粉煤灰中不活泼化学成分的活性，在适当水分下起化学反应，生成具有一定水硬性的化合物，使石灰、粉煤灰逐渐凝固，将砂砾固结成整体材料，但由于混合料的生产工艺不当和使用方法不当，在应用中产生诸多通病。

1. 含灰量少或石灰活性氧化物含量不达标

（1）现象　主要表现在混合料不固结，无侧限抗压强度不达标。

（2）原因分析　生产厂家追求利润，不顾质量，使用Ⅲ级以下劣质石灰，或有意少加灰，使混合料中活性氧化物含量极低。

1）生产工艺粗放，人工加灰量不均匀，甚至少加灰。

2）混合料在生产厂存放时间过长或到工地堆放时间超过限期，活性氧化物失效。

（3）预防措施

1）主管混合料生产质量的部门，要加强对生产厂拌合质量的管理。

2）要求厂家逐步改造粗放的生产工艺为强制搅拌工艺，并提高厂家自我控制能力。

3）要逐步实行优质优价政策。以激发厂家进行工艺改造。

4）工程施工单位要设法建立自己的混合料搅拌厂，以保证质量。

5）混合料在拌合厂的堆放时间不应超过4d。运至工地的堆放时间最多不超过3d，最好是随拌合随运往工地随摊铺碾压。

6）要求工地加做含灰量和活性氧化物含量的跟踪试验，如发现含量不够或活性氧化物含量不达标，要另加石灰掺拌，至达标为止。

2. 摊铺时粗细料分离

（1）现象　摊铺时粗细料离析，也像级配砂砾出现梅花（粗料集中）砂窝（细料集中）现象一样。

（2）原因分析　在装卸运输过程中造成离析，或用机械摊铺时使粗细料集中，未实行重新搅拌措施。

（3）预防措施

1）如果在装卸运输过程中出现离析现象，应在摊铺前进行重新搅拌，使粗细料混合均匀后摊铺。

2）如果在碾压过程中看出有粗细料集中现象，也要将其挖出分别掺入粗、细料搅拌均匀，再摊铺碾压。

3. 干碾压或过湿碾压

（1）现象　混合料失水过多已经干燥，不经补水即行碾压。或洒水过多，碾压时出现“弹软”现象。

（2）原因分析

1）混合料在装卸、运输、摊铺过程中，水分蒸发，碾压时未洒水或洒水不足，或洒水过量。

2）在搅拌场拌合时加水过少或过多。

（3）预防措施

1）混合料出厂时的含水量应控制在最佳含水量 -1% 和 +1.5% 之间。

2）碾压前需检验混合料的含水量，在整个压实期间，含水量必须保证在接近最佳状态，即在 -1% 和 +1.5% 之间。如含水量低需要补洒水，含水量过高需在路槽内晾晒，待接近最佳含水量时再行碾压。

4. 碾压成型后不养护

（1）现象　混合料压实成型后，任其在阳光下暴晒和风干，不保持在潮湿状态下养生。

（2）原因分析

1）施工人员不了解粉煤灰在加入石灰后必须要在适当水分下才能激发其活性，生成具有一定水硬性化合物，将砂砾固结成板体。

2）水源较困难，未采取积极措施予以保证。

3）忽视工程质量，图省工省事，违反技术规程。

（3）预防措施

1）加强技术教育，提高管理人员和操作人员对混合料养生重要性的认识。

2）严肃技术纪律，严格管理，必须执行混合料压实成型后在潮湿状态下养生的规定。

3）养生时间一般不少于7d，直至铺筑上面层时为止。有条件的也可洒布沥青乳液覆盖养生。

5. 超厚碾压

（1）现象　不按要求的压实厚度碾压，规程规定：每层最大压实厚度为20cm，而有的压实厚度25~35cm也一次摊铺碾压。

（2）原因分析　交底不清或管理不严，或图省工省碾或无端抢工有意违反操作规程。

(3) 预防措施　交底清楚，严格控制。凡结构总厚度超过一次碾压限厚的，都要分层摊铺碾压，如结构总厚度为30cm，可分成两层，每层15cm，其虚铺厚度为15×1.3（机械摊铺的压实系数）=19.5cm。

四、水泥稳定土质量通病及防治

水泥稳定土有三种类型，按照土中单个颗粒的粒径大小和组成，分为细粒土、中粒土和粗粒土。水泥稳定土中粒土和粗粒土做基层时，水泥剂量不宜超过6%。

水泥稳定土结构层施工时，应遵守下列规定：

1. 配料必须准确，搅拌必须均匀。

2. 严格控制基层的厚度和标高，其路拱横坡应与面层保持一致。

3. 在等于或大于最佳含水量（气候炎热干燥时，基层混合料可大1%～2%）时进行碾压，直到达到标准规定的压实度。

4. 严禁用薄层贴补法进行找平。

水泥稳定土在施工过程中也会产生一些质量通病，有关内容参照“三、石灰粉煤灰砂砾（碎石）基层”。

第三节　道路面层工程

路面工程是道路工程中主要组成部分，它的强度、刚度、稳定性、平整度、安全性、耐久性直接影响到路面的寿命，行车速度和舒适程度。提高行车速度，增强安全性和舒适性，降低运输成本，提高路面使用年限，才能最大限度发挥投资效益。

一、水泥混凝土路面质量通病防治

水泥混凝土路面，由于施工方面的种种原因，造成路面工程的质量通病，如路面胀缝处破损、拱胀、错台，混凝土板块裂缝，路面纵横缝不直顺，路面相邻两板间高度差过大，路面板面起沙、脱皮、露骨，路面平整度差和板面出现死坑等种种质量病害，影响着投资效益的发挥。

1. 胀缝处破损、拱胀、错台、填缝料失落

（1）现象　混凝土路面当运行一段时间，胀缝两侧的板面即出现裂缝、破损、出坑。严重时出现相邻两板错台或拱起。胀缝中填料被挤出路面被行车带走。

（2）原因分析

1）胀缝板歪斜，与上部填缝料不在一个垂直面内，通车后即发生裂缝，引起破坏。见图6-2。

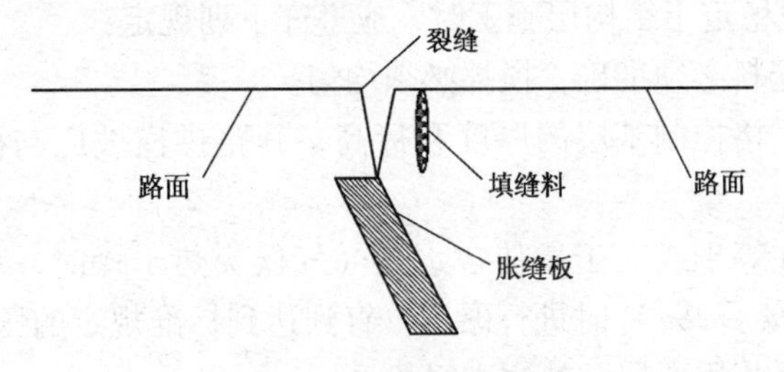

图6-2　胀缝板歪斜

2）缝板长度不够，使相邻两板混凝土联结，或胀缝填料脱落，缝内落入坚硬杂物，热胀时混凝土板上部产生集中压应力，当超过混凝土的抗压强度时板即发生挤碎。

3）胀缝间距较长，由于年复一年的热胀冷缩，使伸缩缝内掉入砂、石等物，导致伸缩缝宽度逐年加大，热胀时，混凝土板产生的压应力大于基层与混凝土板之间的摩擦力（但未超过混凝土的抗压强度时），以致将出现相邻两板拱起。见图6-3。

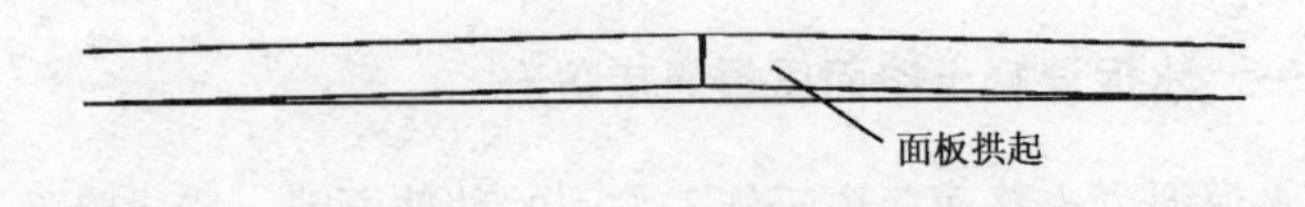

图6-3　相邻两板拱起

4）胀缝下部接缝板与上部缝隙未对齐，或胀缝不垂直，则缝旁两板在伸胀挤压过程中，会上下错动形成错台；由于水的渗入使板的基层软化；或传力杆放置不合理，降低传力效果；或交通量、基层承载力在横向各幅分布不均，形成各幅运营中沉陷量不一致；或路基填方土质不均，地下水位高、碾压不密实，冬期产生不均匀冻胀。上述四种情况均会产生错台现象。

5）由于板的胀缝填缝料材质不良或填灌工艺不当，在板的胀缩和车辆行使振动作用下被挤出，被带走而脱落、散失。

（3）预防措施

1）胀缝板要放正，应在两条胀缝间做一个浇筑段，将胀缝缝板外加模板，以控制缝板的正确位置；缝板的长度要贯通全缝长，严格控制使胀缝中的混凝土不能连接。认真细致做好胀缝的清缝和灌缝操作。

清缝作业要点：

a. 对缝内遗留的石子、灰浆、尘土等杂物，应仔细剔除刷洗干净，胀缝要求全部贯通看得见下部缝板，混凝土板的侧面不得有连浆现象。

b. 将缝修成等宽、等深、直顺贯通的状况。

c. 用空压机的高压气流吹净胀缝、并晾干。

2）伸缩缝填料，不是一次一劳永逸的，而是要做定期养护，一般是在冬期伸缩缝间距最大时，将失效的填料和缝中的杂物剔除，重新填入新料，保持伸缩缝经常有效。

2. 混凝土板块裂缝

（1）现象　板块裂缝主要有以下几种现象：

1）发状裂纹，只是浅表层细小裂纹。

2）局部性裂缝：如板块不规则断裂和角隅处折裂。

3）全面性贯通穿裂缝：如工作缝（即两次浇筑的混凝土接缝）处断裂，或板块横向裂缝。

（2）原因分析

1）浅表层发状裂纹主要是养生不够，表层风干收缩所致。

2）角隅处的裂缝，是由于角隅处于基层接触面积较小，单位面积所承受的压力大，基层相对沉降就大，造成板下脱空，失去支承，角隅处便易断裂。角隅处震捣不实也是一个原因。

3）板块横向裂缝可能有两种情况，一种是切缝时间过迟，造成了收缩裂缝；一种是开放交通后，路面基层有下沉，造成板块折裂（包括纵向和不规则裂缝）。

4）土基强度不够或不均匀，或春秋两季施工的混凝土路面白天与晚上的温差大，因温差影响产生较大的翘曲应力而产生板体开裂。

5）由于施工操作失误或原材料问题产生的裂缝：

a. 小窑水泥的使用，由于其技术指标不稳定而造成的开裂。

b. 板块混凝土的振动，如在某个断面振动过多，造成该断面混凝土产生分层离析，致使下沉骨料集中，浆体含量少，收缩值小，上层浆体骨料少，收缩值大，该断面很容易出现裂缝。

c. 施工中两车料相接处振动时，没有特别注意，使振动不密实，蜂窝较多，形成一个强度薄弱的横断面。

d. 真空吸水的搭接处，处理不合理，造成混凝土板含水量分布不均匀，中部已经达到塑性强度，边部仍呈弹软状态，这样搭接处也容易出现裂缝。

e. 因施工时不中断交通，半幅路施工，混凝土在塑性强度时浇筑，由于旁边重型车辆行驶产生的振动，造成板体有可能出现裂缝。

（3）预防措施

1）混凝土板成活后，按规范规定时间（终凝），及时覆盖养生，养生期间必须经常保持湿润，绝不能暴晒和风干，养生时间一般不应少于14d。

2）混凝土的工作缝，不应赶在板块中间，应赶在胀缝处。

3）切缝时间：当混凝土达到设计强度25%～30%时（一般不超过24h）。从观感看，以切缝锯片两侧边不出现超过5mm毛茬为宜。

4）水泥混凝土路面对路基各种沉降是敏感的，即使很小的变形也会使板块断裂，因此对路基和基层的密实度、稳定性、均匀性更应严格要求。

5）角隅处要注意对混凝土的振动，必要时加设钢筋，软路基地段，可作加固设计，作成钢筋混凝土路面。

6）控制拌制混凝土所用原材料，特别是水泥的技术指标，要符合相应标准要求。

7）混凝土振动时，注意那些易产生不密实的部位的振动；防止发生过振产生的混凝土分层。

8）处理好真空吸水搭接处，半幅路施工浇筑中防止混凝土震动开裂等特殊问题。

3. 纵横缝不顺直

（1）现象　表现在板块与板块之间纵横缝不直顺，曲弯程度严重者超标（20m 小线 ±10mm）达几倍。

（2）原因分析

纵缝：

1）主要是模板固定不牢固，混凝土浇筑过程中跑模。

2）模板直顺度控制不严。

3）成活过程中，没有用“L”形抹子修饰，砂浆毛刺互相搭接，影响直顺度。

横缝：

1）胀缝，主要是分缝板移动、倾斜、歪倒造成不直顺。

2）缩缝，主要是切缝操作不细要求不严，造成弯曲。

（3）预防措施

纵缝：

1）模板的刚度要符合要求，板块与板块之间要联结紧密，整体性好，不变位。模板固定在基层上要牢固，要具有抵抗混凝土侧压力和施工干扰的足够强度。

2）应严格控制模板的直顺度，应用经纬仪控制安装，同时在浇筑中还要随时用经纬仪检查，如有变位要及时调整。

3）在成活过程中，对板缝边缘要用“L”形抹子抹直、压实。

横缝：

1）要保证胀缝缝板的正确位置，必须要采取胀缝板外加模板，以固定胀缝板不致移动。

2）砂轮机切缝，要事先在路面上打好直线，沿直线仔细操作，严防歪斜。

4. 相邻板间高差过大

（1）现象　在纵、横直缝两侧的混凝土板面间有明显高差（错台），有的达1～2cm。

（2）原因分析

1）主要是对模板高程控制不严，在摊铺、振动过程中，模板浮起或下降，或者混凝土板面高程未用模板顶高控制，都可能是造成混凝土板顶偏离的原因。

2）在已完成的仓间浇筑时不照顾相邻已完成板面的高度，造成与相邻板的高差。

3）由于相邻两板下的基础一侧不实，通车后造成一侧沉降。

（3）预防措施

1）按规范要求要用模板顶高程控制路面板高程。

2）在摊铺、振动过程中要随时检查模板高程的变化，如有变化应及时调整。

3）在摊铺、振动、成活全过程中，应时刻注意与相邻已完板面高度相匹配。

4）对土基、基层的密实度、强度与柔性路面一样也应严格要求，对薄弱土基同样应做认真处理。

5. 板面起砂、脱皮、露骨或有孔洞。

（1）现象　混凝土硬化后，板面表层粗麻，砂粒裸露，或出现水泥浆皮脱落，或经车辆走轧细料脱落，骨料外露。

（2）原因分析

1）混凝土板养护撒水时间过早或在浇筑中或刚刚成活后遇雨，还未终凝的表层受过量水分的浸泡，水泥浆被稀释，不能硬化，变成松散状态，水泥浆失效，析出砂粒，开放交通后表层易磨耗，便露出骨料。

2）混凝土的水灰比过大，板面出现严重泌水现象，成活过早、或撒干灰面，也是使表层剥落的一个原因。

3）冬期用盐水除雪，也易使板面剥落。

4）振动后混凝土板厚度不够，拌砂浆找平或用推擀法找平，从而形成一层砂浆层，造成路表面水灰比不均匀，出现网状裂缝，在车轮反复作用下甚至出现脱皮、露骨、麻面等现象。

5）混凝土板因施工质量差，或混凝土材料中夹有木屑、纸、泥块和树叶等杂物，或春季施工，骨料或水中有冰块，造成混凝土板面有孔洞。

（3）预防措施

1）要严格控制混凝土的水灰比和加水量，水灰比不能大于0.5。

2）养护开始洒水时间，要视气温情况，气温较低时，不能过早洒水，必须当混凝土终凝后再开始覆盖洒水养护。

3）雨期施工应有防雨措施，如运混凝土车应加防雨罩。铺筑过程中遇雨应及时架好防雨罩棚。

4）防止混凝土浇筑时，混入木屑、碎纸和冰块；砂、石材料要检测泥块含量，并加以去除；混凝土应振动密实。

5）对于孔洞、局部脱落产生的露骨、麻面，轻微者，可用稀水泥浆进行封闭处理。如特别严重时，可先把混凝土路面凿去2～3cm厚一层，孔洞处凿成形状规矩的直壁坑槽，应注意防止产生新的裂缝，然后吹扫干净，涂刷一层沥青，用沥青砂或细粒式沥青混凝土填补夯平。对于新建的水泥混凝土路面，出现此现象，要将两缩缝间的整块板凿除，重新浇筑混凝土。

6. 板面平整度差

（1）现象

1）在单位板块范围内有鼓包、缓坑、浅搓板状波浪。

2）在混凝土板面上留下了脚印、草袋印等影响平整度和外观质量的问题。

（2）原因分析

1）没有使用行夯和滚杠刮、压平整，或虽使用，但振动工艺粗糙，局部未震实，找平层产生不均匀沉降，或虽振实，但找平工作不细。

2）找平时，低洼处填补砂浆过厚，硬化收缩大，较骨料多的部位低。或因混凝土离析，成活硬化后，骨料多和骨料少的部位产生了不均匀收缩。

3）混凝土板在刚刚成活后，尚未达到终凝，即直接覆盖草帘、草袋或上脚踩踏，或在养护初期放置重物，在混凝土板面上压出印痕。

（3）预防措施

1）混凝土在运输、摊铺过程中，要防止离析。对离析的混凝土要重新搅拌均匀。

2）摊铺后，应用插入式震捣器沿边角按顺序先行震捣，再用平板震捣器全面纵横震捣，每次重迭10～20cm，然后用行夯和滚杠震捣、整平板面。对低洼处要填补带细骨料的混凝土，严禁用纯砂浆填补。

3）当混凝土板成活后，未结硬前，暂不能急于覆盖，要在板面成活2h后（混凝土终凝后）当用手指轻压不现痕迹时，方可覆盖并洒水养生。

4）在强度达到40%（一般5d）后方可上脚踩踏，放置轻物，必须达到设计强度时，方可开放交通。

二、沥青混合料路面的质量通病及防治

沥青混合料路面在北方使用极为广泛，因为它较水泥混凝土路面施工周期短，铺筑速度快，但是也存在一些质量缺陷。

1. 路面平整度差

（1）现象　沥青混合料人工摊铺、搂平、碾压后表面尚较平整，当开放交通后路面出现波浪或出现“碟子坑”、“疙瘩”坑。

（2）原因分析

1）底层平整度差，因为各类沥青混合料都有它一定的压实系数，摊铺后，表面搂平了，由于底层高低不平，而虚铺厚度有薄有厚，碾压后，薄处沉降少，则较高，厚处沉降多，则较低，表面平整度则差。

2）摊铺方法不当，在等厚的虚铺层中，由于摊铺时用铁锹高抛，或运输卸料时的冲击力将沥青混合料砸实，或人、车在虚铺混合料上乱踩乱轧，而后又搂平，致使虚实不一致，虚处则较低，实处则较高，平整度差。

3）料底清除不净，沥青混合料直接倾卸在底层上，粘接在底层上的料底清除不净，或把当天的剩料胡乱摊在底层上，充当一部分摊铺料，但它已经压实，冷凝，大大缩小了压实系数，当新料补充搂平后，形成局部高突，疙疙瘩瘩，不平整。

（3）预防措施

1）首先要解决底层平整度问题，这里所指的底层是泛指。如果沥青混合料面层分三层铺，那么表面层的底层是中面层（黑色碎石或粗级配沥青混凝土），中面层的底层是底面层（沥青碎石），底面层的底层是道路基层，基层的底层是道路路基（土路床），每一层的平整度都对上一层平整度至关重要。所以要按照质量检验评定标准中对路面各层要求严格控制，认真检验。特别是在保证各层密实度和纵横高程的基础上，把平整度提高标准进行控制，最后才能保证表面层的高质量。

2）面层的摊铺应使用摊铺机，并放准两侧高程基准线，操作手控制好熨平板预留高的稳定性；小面积或无条件使用摊铺机时，要严格按照操作规程规定的方法摊铺，即采用扣锹法，不准扬锹，要锹锹重迭，扣锹时要求用锹头略向后挂一下，以使厚度均匀一致。使用手推车和装载机运料时，应用热锹将料底砸实，以求各处虚实一致。搂平工序，不能踩踏未经压实的虚铺层，要倒退搂平一次成活。如再发现有不平处，可备专用长把刮板找补搂平。

2. 路拱不正，路面出现波浪形

（1）现象　路拱不饱满，局部高点偏离中心线，或在路面纵向出现波浪，特别是靠近立缘石的偏沟部位出现较多，使立缘石外露不一致。

（2）原因分析　主要使路面各结构层的纵横断高程控制不力，或在两相邻控制点距离偏大，在两点之间的高程出现较大偏差，形成控制点处高于或低于两控制点的路面高程。

（3）预防措施

1）路床和路面基层都应用五点五线法检查控制纵、横断面高程。

2）要控制好沥青混合料面层各层的虚铺厚度。人工摊铺要采用放平砖的方法。

3）特别应该加细控制两雨水口之间的路边高程，切勿低于下游雨水口附近高程。

3. 路面非沉陷型早期裂缝

（1）现象

1）路面碾压过程中出现的横向微裂纹，往往是某区域的多道平行微裂纹，裂纹长度较短。

2）采用半刚性基层材料做基层的沥青路面，通车后半年以上时间出现的近似等间距的横向反射裂缝。

3）路面在纵、横向接茬处产生不规则纵、横裂缝；或冬期发生的冻胀纵、横裂缝。

4）路面出现的凸起开花和不规则的短裂缝。

（2）原因分析

1）碾压当中出现微小裂缝

a. 碾压当中出现微小裂缝的原因是，由于碾压前沥青混合了摊铺时间过长，其表面变冷，形成僵皮，其内部较热，可塑性好，形成压路机串皮碾压，或过早使用重碾，均会造成沥青混合料在压路机碾轮前出现波浪；或由于底层与面层粘结不好，（如下层表面脏污，或没有喷洒沥青结合料），或过碾产生推移横裂纹。

b. 压路机加速或减速太猛，尤其是转向时过猛产生路面横纹。

c. 沥青混合料过细，其结合料太少，（即油石比过低）；上碾过早，沥青混合料温度过高；沥青混合料中骨料级配太差，石料偏少；由于刮风下雨或喷水防粘时碾轮喷水过量等，造成沥青混合料温度过低，产生的横向微裂纹。

d. 整平找补料层过薄；或在坡道上摊铺沥青混合料过厚；或对薄沥青混合料层过量碾压等产生的横向微裂纹。

2）在路面上出现半刚性基层开裂反射的或自身产生的较规律的横向裂缝产生的原因是：

a. 石灰土、水泥土或其他无机结合料的基层、垫层，由于碾压后未能潮湿养生，造成较大的干缩反射上来的横裂。

b. 寒冷地区，沥青面层或半刚性基层或沥青混合料粘结力低，造成路面早期开裂。

c. 由于道路发生冻胀，产生的路面拱起开裂。

d. 由于沥青原材料低温延性差或沥青混合料粘结力低，造成路面早期开裂。

e. 由于石灰土、石灰粉煤灰砂砾中有未消解灰块，当压实后消解膨胀，造成其上沥青路面膨胀开裂（开花）。

f. 当沥青混合料分幅碾压或纵向接茬时，由于接茬处理不符合操作规程要求而造成接茬开裂。

（3）预防措施

1）在沥青混合料摊铺碾压中做好以下工作，防止产生横向裂纹。

a. 严把沥青混合料进厂摊铺的质量关，骨料过细，油石比过低，炒制过火，油大时，必须退货并通知生产厂家，严重时可向监理或监督报告。

b. 严格控制摊铺和上碾，大风和降雨时停止摊铺和碾压。

c. 严格按碾压操作规程作业。平地碾压时，要使压路机驱动轮总接近摊铺机上；压路机驱动轮在后面，使前轮对沥青混合料预压，下坡碾压时，驱动轮应在后面，用来抵消压路机自重产生的向下冲力。碾压前，应用轻碾预压。压路机启动、换向尽量在压好的路段上。

d. 双层式沥青混合料面层的上下两层铺筑，宜在当天内完成。如间隔时间较长，下层受到污染，铺筑上层前应对下层进行清扫，并应浇洒适量粘层沥青。

e. 沥青混合料的松铺系数宜通过试铺碾压确定。应掌握好沥青混合料的摊铺厚度，使其等于沥青混合料层设计厚度乘以松铺系数。

f. 宜采用全路宽多机制摊铺，以减少纵向分幅接茬。

2）按 GB50092—96《沥青路面施工及验收规范》做好纵横向接缝。

纵缝要尽量采取直茬热接的方法，摊铺段不宜太长，一般在 60～100m 之间，于当日衔接，第一幅与第二幅搭接 2.5～5cm，然后再推回碾压。不是当日衔接的纵横缝上冷接茬，要刨直茬，可用热沥青混合料预热，即将热沥青混合料敷于冷茬上厚 10～15cm，待冷茬混合料融化后（5～10min）再清除敷料，进行搂平碾压。或用喷灯烘烤冷茬后即用热沥青混合料接茬压实。

3）在设计和施工中采用下列措施，防止石灰土等半刚性基层的收缩裂缝。

a. 控制基层施工中，压实时的含水量为最佳含水量时，可降低其干缩系数。

b. 设计中，在半刚性基层上，加层厚≥10cm 的沥青碎石，或厂拌碎石联结层，可减低裂缝向沥青混合料面层的反射程度。

c. 在半刚性基层材料层中，掺入 30%～50% 的 2～4cm 粒径的碎石，可减少收缩裂缝，并提高碾压中抗拥推的能力。

d. 对半刚性基层碾压后潮湿养护，随气候湿度不同，至少5～14d为宜。

4）控制沥青混合料所用沥青的延度，或进行低温冷脆改性。

4. 路面沉陷性“疲劳性裂缝”

（1）现象

1）路面产生非接茬部位不规则纵向裂缝，有时伴有路面沉陷变形。

2）在雨水支管部位出现不规则顺管走向的裂缝；在检查井周围出现不规则裂缝。

3）成片状的网状裂缝（裂块面积直径大于30cm）和龟背状的裂缝（裂块面积直径小于30cm）。

（2）原因分析

1）出现不规则的纵向裂缝和成片的网状裂缝，多属于路基或基层结构强度不足，或因路基局部下沉路面掰裂。

2）雨水支管多数处于路面底层或基层中，支管沟槽回填由于不易夯实，造成局部路面强度削弱发生沉陷和开裂，是路面最早出现的裂缝之一。

3）龟背状裂缝多属于路面基层结构强度不足，支承不住繁重的交通负荷，或沥青面层老化而形成，在车行道，长条状网裂（网眼宽20cm左右，长50～60cm的网裂）多数属于路面结构在重复行车荷载作用下，发生疲劳破裂的裂缝。

4）路面结构层中有软夹层，如石料质软、含泥量大，尽管其他结构层强度足够，仍会发生功能沉陷、网裂和龟裂。

5）碾压中，由于沥青混合料表面过凉，里面过热，当摊铺层较厚时，用重型压路机碾压会引起路面表层切断，在第一遍碾压中出现贯穿的纵向裂缝。

（3）预防措施

1）对雨水支管肥槽，采用水泥稳定砂砾或低标号混凝土处理，防止路面下沉开裂。

2）提高路面基层材料的均匀性和强度，如使用的石灰粉煤灰砂砾基层，既要保证其级配的均匀性和设计强度（无侧限抗压强度 R7≥0.7MPa）及所需的石灰含量和石灰活性氧化物含量，避免强度裂缝，减少温度裂缝。

3）按照第二章第一节的要求治理好路基的质量通病，防止路基下沉所造成的裂缝。

4）要注意对沥青混合料外观质量的检查，矿料拌合粗细要均匀一致，粗骨料的表面应被沥青和细矿料均匀涂复，不应有花白料或油少、干枯现象。

5）检查井周围，在路面底层铺筑后再将检查井升至路面高所留下的肥槽，用低标号混凝土补强处理。

6）对于出现的网裂、龟裂等采用如下方法处理：

a. 由于土基、基层破坏所引起的裂缝，分析原因后，先消除土基或基层的不足之处，然后再修复面层。

b. 龟裂采用挖补方法，连同基层一同处治。

c. 轻微龟裂，可采用刷油法处理，或进行小面积面层喷油封面，防止渗水扩大裂缝。

5. 路面边部压实不足

（1）现象　路面边缘部位，局部未碾压密实，表层呈松散状态，或“睁着眼”，一经车辆碾压就有掉渣现象。

（2）原因分析

1）在路面边缘部位，基层碾压不到位，碾压面层时，基层跟着下沉，面层得不到基层足够的反作用力，面层便压不实。

2）安装立缘石的肥槽未夯实，同样产生上述情况。

3）未控制基层边缘出现“疙瘩坑”或“碟子坑”，坑洼部分分层不实，呈“睁眼”现象，或出现局部长度上低洼，碾轮压不着，出现松散掉渣。

4）逢有障碍物，碾子靠不了边，也未用小型夯实工具（如墩锤、烙铁、震动夯等）夯实。

（3）预防措施

1）碾压基层时要标出准确的路边边线，一般应超宽碾压每侧不小于15cm。碾压密实度不能低于路中部位的密实度。

2）安装立缘石的废槽，要加用小型夯具特别夯实。

3）边缘，特别是路边缘以内50cm范围内的底层平整度，不能低于路中间部位的平整度。

4）对边角及有障碍物碾子压不到的部位，要使用热墩锤、热烙铁或平板震动夯夯实。

6. 路面松散掉渣

（1）现象　路面成活后，局部或大部表层未能碾压密实，呈“睁眼”或松散状态，开放交通后，有掉渣现象，严重时出现坑洞。

（2）原因分析

1）常温季节由于沥青混合料在运输途中时间过长，未加保温，或到工地后堆放时间过长。北方冬期施工，油温低于摊铺和碾压温度，或找补过晚，找补的沥青混合料粘结不牢。

2）沥青混合料炒制过火（烧焦），沥青结合料失去粘结力。

3）沥青混合料的骨料潮湿，或含泥量大，使矿料与沥青粘结不牢，或冒雨摊铺，沥青粘结力下降造成松散。

4）沥青混合料油石比偏低，细料少，人工摊铺搂平时粗料集中，表面不均匀，呈“睁眼”状；或跟碾刷油滴洒路面，破坏沥青粘聚矿料作用而掉渣、脱落。

5）低温季节施工，路面成型较慢或成型不好，在行车作用下，嵌缝料脱落，轻则掉渣，重则松散、脱落。

（3）预防措施

1）要掌握和控制好四个阶段（出厂、摊铺、碾压、碾压终了）的温度，并应有测温记录，见表6-2。

沥青类路面施工中，沥青混合料温度要求表　　　表 6-2

沥青混合料类别	作业工序	常温（℃）	冬期（℃）
沥青混凝土及黑色碎石	到工地	110~130	120~140
	摊　铺	100~120	110~130
	碾　压	80~100	≥90
	碾压终了	≥60	≥60
密级配中粒式沥青混凝土	到工地	130~150	130~150
	摊　铺	100~120	110~130
	碾　压	80~100	≥90
	碾压终了	60~70	≥60
黑色石屑沥青砂	到工地	130~150	130~150
	摊　铺	100~120	90~120
	碾　压	60~80	≥90
	碾压终了	≥50	≥60
各种材料	找　补	≥70	≥70

2）沥青混合料是热操作材料，应做到（特别是冬期尤应做到）快卸、快铺、快碾压的“三快”方法，当测定地表温度低于5℃时，停止摊铺。

3）要注意对来料进行检查，如发现有加温过度材料，则不应该摊铺。

4）因气温低施工的沥青混合料面层有松散，在不扩大化的情况时，可在气温上升后，将松散脱落部分重新摊铺压实；如细矿料有散失，则应采用喷油封面处治；气温较低季节需治理时，可用乳化沥青封面。

5）松散程度较重，主骨料或面层的下层仍属于稳定时，可采用封面法将松散部分封住。

6）对小面积掉渣麻面，可局部薄喷一层沥青，撒料压实；大面积掉渣麻面路段，可在气温升至10℃以上时，清扫干净，做局部喷油封面（沥青0.8~1.0kg/m^2）后，撒布3~5mm（或5~8mm）石屑或粗砂（每1000m^2用2~8m^3），并扫匀压实。

7. 路面啃边

（1）现象　多数发生在安砌立缘石的路边缘，车轮经常靠边的路段在平缘石以里30cm以内路面纵向掰裂下沉。

（2）原因分析

1）路基或路面基层碾压不到位。路面铺筑在未经压实的底层上，一经车轮碾压便发生局部下沉掰裂。

2）路肩部分未经碾压，路肩下陷，引起立缘石外倾，路边掰裂。

3）路边积水下渗，使土基和基层降低稳定性，造成路边下沉掰裂。

4）安装立缘石的内外废槽未夯实，经车轮碾压路边下陷或立缘石向外倾倒，引起路边掰裂。

（3）预防措施

1）对填土路基，包括路面基层以外的路肩应做到分层超宽碾压，最后削坡，以保证包括路肩在内的全幅路达到要求密实度。

2）路面完工后，要修整压实路肩，路肩横坡不小于2%，利于排水。如果采用路肩纵向排水，通过水簸其排向路外的，路肩纵坡要顺畅，不能积水。

3）安装立缘石的内外废槽要用小型夯具作充分夯实。

（4）治理方法

1）挖出破损边缘，切成纵、横向正规的断面，并适当挖深，采取局部加厚边部面层的办法修复。

2）改善路肩，使路肩平整、坚实，与路面边缘衔接平顺，并保持路肩应有的横坡度，以利排水。

3）用砂石料加固路肩，或在路面边缘加设较重型立缘石，使其表面与面层齐平，防止啃边。

8. 路面接茬不平、松散、路面有轮迹。

（1）现象

1）使用摊铺机摊铺或人工摊铺，两幅之间纵向接茬不平，出现高差，或在接茬处出现松散掉渣现象。

2）两次摊铺的横向接茬不平，有跳车。

3）路面与立缘石或其他构筑物接茬部位留有轮迹。

（2）原因分析

1）纵向接茬不平，一是由于两幅虚铺厚度不一致，造成高差；二是两幅之间皆属每幅边缘，油层较虚，经碾压后，不实，出现松散出沟现象。

2）不论是热接还是冷接的横向接茬，也是由于虚铺厚度的偏差和碾轮在铺筑端头的推挤作用都很难接平。

3）油路面与立缘石或与其他构筑物接茬部位，碾轮未贴边碾压，又未能用墩锤烙铁夯实，亏油部分又未及时找补，造成边缘部位坑洼不平松散掉渣，或留下轮迹。

（3）防治措施

1）纵横向接茬均需力求使两次摊铺虚实厚度一致，如在碾压一遍发现不平或有涨油或亏油现象，应即刻用人工来补充或修整，冷接茬仍需刨立茬，刷边油，使用热烙铁将接茬熨烫平整后再压实。

2）对立缘石和构筑物接茬，碾轮碾压不到的部位，要有专人进行找平，用热墩锤和热烙铁，夯烙密实，并同时消除轮迹。

9. 路面泛油、光面

（1）现象　路面的沥青上泛至表面，形成局部油层，或由于行车作用，矿料磨光，路面形成磨阻值小的光面。

（2）原因分析

1）层铺法施工，沥青用量过大或矿料不足，或矿料过细，不耐磨耗。

2）层铺法在低温季节施工，路面未成型，嵌缝料散失，面层沥青量相对变大。

3）采用下封层时沥青用量过大。

4）拌合法表面处治的油石比过大或沥青稠度过低。

（3）防治措施

1）用适当粒径的矿料进行罩面，提高路面粗糙度。

2）根据泛油程度不同，在高温季节撒铺不同规格和数量的矿料，撒料时应掌握先粗后细，少撒，勤撒的原则，然后用重碾强行将矿料压入光面。

10. 检查井与路面衔接不顺

（1）现象　路面上的各类检查井较路面高或低洼，或井周路面下沉、碎裂。

（2）原因分析

1）检查井周围土基回填不实，路面基层密实度不够，造成井周下沉。

2）升降检查井时，检查井圈未与路面高度和路纵横坡吻合。

3）检查井圈缺乏足够的水泥砂浆和水泥混凝土固结牢固，经车辆创压后活动，致使井周路面结构碎裂。

（3）预防措施

1）检查井周的回填土，应从检查井废槽底开始用动力夯转圈分层夯实，遇土质不好时，井周要回填石灰土。松散材料的路面基层，凡不易夯打密实部分，可填筑低标号混凝土。

2）为了使井周围路面基层松散材料能够压实和检查井与路面衔接平顺，可在路床顶面或在石灰土基层顶面将检查井用钢板盖死，将井位用拴点法拴牢，将路面中面层以下结构同其他部位一起摊铺碾压成活后，再将检查井挖出，这样可免于后补井圈。

3）不论是新铺路面还是旧路加铺路面，在升降检查井时，检查井圈的升降高度要用小线仔细校核保证井圈、高度和纵、横坡完全吻合。

11. 雨水口较路面高突或过低

（1）现象

1）雨水口口圈安砌高于路面或低于路面过多。

2）雨水口本身高程适宜，但附近路面未接顺，多数表现为雨水口上游路面高起。

（2）原因分析

1）设计失误，施工单位未提出变更，或因纵坡有变更，雨水口位置未随之变更，把雨水口砌在高点。

2）雨水口安砌井圈未认真按雨水口所在的位置控制高程，或雨水口高程准确而路边高程失控，造成雨水口与路面相互不协调的高差。

3）雨水口周围路面未按标准图要求的做法接顺。

（3）预防措施

1）施工者必须注意到雨水口的位置，不能设在路面的最高点，应随着路面坡度的变更而变到最低点。

2）雨水口底座的安放，都应以该雨水口所处位置的高程做依据，同时雨水口上下游路面高程也应同步控制，不应有任何随意性。

3）雨水口周围路面，应按标准图和质量标准的要求，高于雨水口顶面1～2cm（2cm较合适），雨水口上下游接顺长度不小于1m，侧面不小于50cm。

12. 雨水口井周及雨水口支管槽线下沉

（1）现象

1）在不设路边平石（缘石）的路面上，当碾压路边时，雨水口上下游废槽处下沉，出现两个深浅不等的洼坑。

2）经雨期雨水口侧边废槽下沉。

3）雨水口支管槽线上面的路面下沉。

（2）原因分析

1）为了方便路面基层碾压，雨水口大多在路面基层成活以后，才挖槽砌筑，因怕雨水口压坏，雨水口上面避免上碾，故雨水口废槽压不着，基层松散材料又不好夯实，当碾压面层时会发生雨水口废槽处上下游下沉。

2）即便雨水口废槽已经夯实，但在碾压面层时，碾轮自雨水口上滚下时，是由刚性进入柔性，有个冲击力，也易砸坑。

3）雨水口侧边废槽一般比较窄，不好下夯，又未采取特殊夯实措施。

4）因雨水口深度受限，支管埋深较浅，为便于碾压常在基层成活后再挖槽安支管，回填土未认真夯实，基层松散材料用小型夯具又难以夯实。

（3）预防措施

1）雨水口废槽宽度一般较窄，应每砌 30cm 即将井墙外废槽用小型夯具分薄层夯实。如路面基层属于松散材料，可在松散材料中掺拌少量水泥后予以夯实或用低标号混凝土填实。

2）也可在未安砌井圈前，将雨水口盖上木板，用碾子压实废槽回填的松散材料；如松散材料超厚，下层仍须用小型夯具夯实，否则不易压实，也会挤坏井墙。

3）雨水口支管槽线回填应分层仔细夯实，如胸腔和下层夯实有困难，可用低标号混凝土填筑，表层松散材料仍须用压路机压实。

4）如果碾压面层材料时，雨水口上下游有少量下沉，应注意用沥青混合料进行找补与夯实。

13. 路面与平缘石、立缘石衔接不顺

（1）现象：立缘石的偏沟处设平缘石的路面。路面与平缘石之间出现高差，严重者达 2～3cm。

（2）原因分析

1）忽视对沥青混合料路面底层边缘部位高程和平整度的严格控制，高低不平，预留沥青混合料的厚度薄厚不一致，当按一定高度摊铺，经压实后必然出现有的比平缘石高，有的比平缘石低。

2）平缘石高程失控，铺筑沥青混合料面层时，不能依据平缘石高程找平，避免出现路面与平缘石的错台。

3）摊铺机所定层厚失控，发生忽厚忽薄的现象。

4）摊铺机过后，对于平缘石与路面之间的小偏差，未采取人工找平找补措施。

(3) 预防措施

1) 各层结构路边的高程也应视同中线高程一样严格控制。

2) 严格控制平、立缘石高程，以平缘石和立缘石高程来控制路边高程。

3) 严格控制虚铺厚度，当成活后出现高差时及时调整虚铺厚度。

第四节　道路附属构筑物工程

道路附属构筑物工程，包括立缘石、平缘石、人行道、雨水口及支管、涵洞、护坡、挡土墙等。附属构筑物虽不是道路工程的主体，然而，它是关系到道路整体质量，完善使用功能，保证道路主体稳定，不可忽视的因素。长期以来重主体、轻附属的倾向一直存在，致使附属构筑物在质量上出现诸多通病。

一、立缘石安装的质量通病及防治

1. 立缘石基础和背后回填不实

(1) 现象　基础不实和背后回填废料

虚土不夯实或夯实达不到要求的密实度，竣工交付使用后即出现变形和下沉，出现曲曲弯弯，高低不平。

(2) 原因分析

1) 未按设计要求做立缘石基础和认真夯实。

2) 未按设计要求和质量标准做好背后回填石灰土的工作。

(3) 预防措施

1) 立缘石基础应与路面基层以同样结构摊铺，同步碾压；槽底超挖应夯实。

2) 安装立缘石要按设计要求，砂浆卧底，并将立缘石夯打使其基底密实。

3) 按设计和标准要求后背要回填宽 50cm 厚 15cm 石灰土，

夯实密度达 90% 以上。

4）立缘石体积偏大一点，立缘石块长偏长些，容易安装稳定直顺。

2. 立缘石前倾后仰

（1）现象　立缘石安装成活并铺筑路面后，局部或大部分有前倾后仰而多数为前倾即向路面倾，且顶面不平。

（2）原因分析

1）安装时只顾及立缘石内侧上角的直顺度，未顾及里面垂直度和顶面水平度。

2）立缘石安装后填土夯实时，下半部内外不实，当背后上半部填土夯实时，受土压力向内倾，立缘石外侧不设人行道时，经车轮等外力在内侧的挤撞，立缘石便向外仰。

（3）预防措施

1）立缘石的安装既要控制内上棱角的直顺度，又要注意立面的垂直度，顶面水平度的检查控制。

2）立面调直后，根部的填实不能草率从事；外侧的废槽应换填易夯实的好土或石灰土；内侧如属不易夯实的松散材料，可掺加少量水泥将废槽填实（或适当高于基层面），当固结后再进行外侧上部的分薄层夯实。

3. 平缘石顶面不平不直

（1）现象　平缘石是指缘石埋入地面，使其顶面与路面边缘平齐，而许多情况是：

1）平缘石顶面高于或低于路面边缘。

2）平缘石向内向外倾斜，平缘石被压碎或被推挤出弯。

（2）原因分析　平缘石一般是水泥混凝土平缘石，造成平缘石不平不直的原因：

水泥混凝土平缘石在碾压面层时一般是不能进行碾压的，由于安装时高程控制不准，或因路边缘底层高低不平，造成油路边缘与平缘石出现高低差。

（3）预防措施

水泥混凝土平缘石顶面和路边缘底层都要严格控制高程和平整度。在摊铺沥青混合料时，要按照压实系数、虚高出平缘石顶面，当碾压油面时，要跟人使用热墩锤和热烙铁修整夯实边缘，使油路边与平缘石顺接密实。

4. 立缘石外露尺寸不一致

（1）现象

1）立缘石顶面与路面边缘相对高差不一致。以设计外露高度15cm为例，在实际工程上有8～9cm的，有18～20cm的。

2）立缘石顶面纵向呈波浪状。

（2）原因分析

1）立缘石顶面高程控制较好而忽视路面边缘高程的控制，造成路边波浪。

2）路面边缘高程控制较好，而忽视了立缘石顶面高程的控制，造成立缘石顶面波浪。

3）两种情况兼而有之，必然都会造成立缘石顶面与路面边缘相对高差不一致。

（3）预防措施

1）立缘石顶面高程与路面中心高程要同时使用一个系列水准点。在安装过程中要随时检查校正高程桩的变化，并应随时抽查已安装好的顶面高程。不应放一次高程桩便一劳永逸。这样可以检验和复核已放高程桩是否准确，同时也检验操作者在使用高程桩时是否正确。

2）依靠准确的立缘石高程，在立缘石面上弹出路面边线高程，依据此线，应事先找补修整一次路边底层平整度和密实度。摊铺面层时，严格按弹线控制高程。

5. 弯道、八字不圆顺

（1）现象　主要表现在：

1）路线大半径弯道，局部不圆顺，有折点，路口小半径八字不符合圆半径要求，出现折角，或出现多个弧度。

2）立缘石高程与路面边缘相对高差悬殊，出现较切点以外明显高突，多数出现在路口小半径八字和隔离带断口圆头处。

(2) 原因分析

1) 路线大半径曲线立缘石安装后，局部弯曲直顺度未调顺，即还土固定。

2) 小半径圆弧，未放出圆心，未按设计半径控制弧度。

3) 隔离带断口未按断口纵横断面高程或设计所给等高线控制立缘石高程。对顶面高程随意性较强。

(3) 预防措施

1) 路线大半径曲线，除严格依照已控制的道路中线量出立缘石位置控制线安装，还要做好宏观调顺后，再回填固定。

2) 小半径圆曲线要使用圆半径控制圆弧，要按路口或断口的纵横断或等高线高程控制立缘石顶高。

3) 过小半径圆弧曲线，为了防止长缘石的折角和短缘石的不稳定及勾缝的困难，应按照圆半径预制圆弧缘石。

6. 平缘石不平

(1) 现象

1) 平缘石局部有下沉或相邻板差过大。

2) 平缘石顶面纵向有明显波浪。

3) 平缘石材质差，表面不平整，有掉皮、起砂、裂缝等现象。

(2) 原因分析

1) 平缘石基底超挖部分或因高程不够找补部分未进行夯实。

2) 板差大与砌筑工艺粗糙和平缘石本身表面不平或扭曲有关。

3) 平缘石波浪，主要是纵断面高程失控造成的。

4) 未按质量标准把住材料进场质量关。

(3) 预防措施

1) 对平缘石的材质应该按其质量标准严格把住进场关。

2) 要保证每块平缘石基底的密实度。对超挖和找补填垫或其他废槽，必须作补充夯实。

3）对平缘石的内侧和外侧高程，应加密点予以控制。在砌筑中应随时用水准仪检查，并最后作好高程验收。

4）对平缘石的卧底砂浆不能太干。每块都应夯实至要求标高。留缝均匀，勾缝密实。

二、道路人行道、广场质量通病及防治

人行道广场铺装主要有两种，水泥混凝土方砖铺装和沥青面层铺装。

1. 人行道不做路床工序

（1）现象

以石灰土为例，在整平的人行道土层上胡乱撒一层石灰，人工用铁锹掘下半锹深（约10cm左右），稍加翻动一下，土、灰根本未掺拌均匀，在许多情况下变成了“夹馅”饼，灰、土层次分明。

（2）原因分析

1）近年来，在重点工程上工期越来越短，施工者留给人行道的施工时间很短促，可以借口工期紧张，粗制滥造。这就形成了一种惯例，一种恶习。

2）管理者认识不足，习以为常。

（3）预防措施

1）促使企业内部加强管理，必须按照标准要求，控制土路床和人行道基层的平整度、宽度、高程、密实度，基层厚度的质量指标。

2）尽量采取石灰土厂拌措施。

2. 铺砌砖与立缘石顶面衔接不顺

（1）现象　铺砌砖与立缘石顶面出现相对高差，有的局部高于立缘石顶，有的局部低于立缘石顶，一般在0.5～1.0cm之间。

（2）原因分析

1）多数是由于立缘石顶面高程和直顺度没有控制好，铺砌人行道砖时，为了人道砖的平整度不能追随立缘石顶高。

2）有的先铺砌人行道砖，其高程和横坡控制不准，安装立缘石时，顶面高程无法追随人行道砖高程，而形成相对高差。

（3）预防措施

1）如果先安装立缘石，要严格控制立缘石顶面高程和平顺度，当砌人行道砖时，其顶面高程即以立缘石顶面高程为准向上推坡。

2）如果先铺人行道砖，也应先将立缘石轴线位置和高程控制准确，人行道低点仍以这个位置的立缘石顶面高程为准，在安装立缘石时，其顶面高程即与已铺砌人行道接顺。

3. 铺砌人行道塌边

（1）现象　靠近立缘石背的人行道砖下沉，特别是人行道端头，在路口立缘石背出现下沉现象，砂浆补抹部分下沉、碎裂，出坑。

（2）原因分析　立缘石背处的人行道砖下沉，多数是先碾压人行道的土路床、基层，后安立缘石，立缘石背后未进行夯实，特别是人行道端头，为了方便碾压，大都是碾压完毕后安砌立缘石，背后不进行夯实便砌人行道砖。

（3）预防措施　凡后安砌立缘石部分，其前、后均应用小型夯具在接近最佳含水量下进行夯实。

4. 砌砖砂浆过干、搅拌不匀

（1）现象

1）砂浆含水量小，过干砂浆，人行道砖夯打后，砂浆中仍有空隙。

2）砂、灰分离，未搅拌均匀。

（2）原因分析

1）本来砂浆拌合时，加水量不足或砂浆拌合后，因水分蒸发，又怕运水麻烦，使用干砂浆砌筑。

2）没有按操作规程所要求的程序搅拌砂浆。

(3）预防措施

1）人工搅拌砂浆，应首先将水泥（或石灰）和砂在干燥状态下按比例掺拌均匀后再加水搅拌。

2）水泥（或石灰）砂浆的工作度，应以砌砖时能刚刚震出灰浆的稠度为好，这样能将砂浆震实，同时也能起到与基层和砖底面粘结的作用，增加整体强度和稳定性。

5. 人行道纵横缝不直顺，砖缝过大

(1）现象

1）在纵横缝上出现10mm以上的错缝和明显弯曲。

2）在弯道部分，也依曲线铺砌，形成过宽的放射形横缝。

(2）原因分析

1）施工管理者不重视人行道砖的铺砌工艺，没有认真设计铺砌方案，随意性较强。

2）虽有方案，但交底不清，控制不严。

(3）预防措施

1）水泥混凝土方砖人行道，要根据路的线形和设计宽度，应事先做出铺砌方案，做好技术交底，做好测量放线，为了纵横缝的直顺，应用经纬仪做好纵向基线的测设，依据基线冲筋，筋与筋之间尺寸要准确，对角线要相等。

2）单位工程的全段铺砌方法要按同一方案施作，不应各自为政。

3）弯道部分也应该直砌，再补边。

6. 人行道砖材质不合格

(1）现象

1）人行道砖混凝土不密实，强度不足，在运输过程中缺棱掉角较多。

2）人行道砖砂浆强度不足，耐磨性差，放行后出麻面。

3）外露面不平整，呈鼓肚现象。

4）几何尺寸大小不一，致使砖缝宽窄不一，厚度薄厚不均。

（2）原因分析

1）人行道砖生产厂，为了赚钱，使用劣质材料，如使用含泥量较大的混杂碎石做骨料，使用劣质水泥，同时因技术素质低，管理差，达不到规定的质量指标。

2）施工单位材料采购者，不是选购质量好的而是选择价格低的。

（3）预防措施　施工单位的材料采购人员应该选购质量好的，质量管理员们应负责事先检验外观、几何尺寸，根据抽样检测，不合格的不能进场。

三、雨水口（收水口）及支管质量通病及防治

雨水口有三种类型，平箅式、偏沟式、联合式。其用途：平箅式用于平缘石的道路，广场；偏沟式用于有立缘石，径流量不太大的地段；联合式用于路面较宽，径流量较大的地段。近年来道路工程设计中采用偏沟式、平箅式居多，特别是偏沟式更为普遍。较少采用联合式。

1. 雨水口位置与路边线不平行或偏离立缘石

（1）现象

1）雨水口位置歪斜，外边线与路边线有夹角，见图6-4。

2）雨水口外井墙吃进立缘石底或远离立缘石，见图6-5。

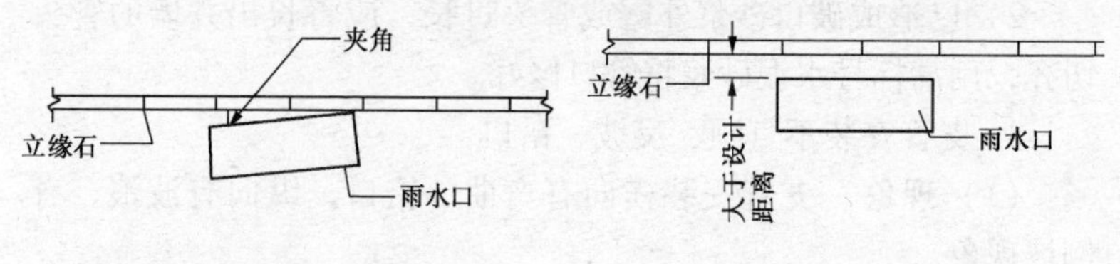

图6-4　雨水口位置歪斜　　图6-5　雨水口位置不对

（2）原因分析

1）在道路测量放线中，雨水口的外边线与立缘石的内边线未能协调一致，即两边线应平行而不平行；两边线的间距应是一

个定数，否则会出现远离或吃进立缘石底现象。

2）在操作人员砌筑中，偏离测量所给定的位置，而测量校验工作又未能跟上。

（3）预防措施

1）凡是设有雨水口的道路边线，应该使用经纬仪定出基准线，完全以此基准线控制。

2）在砌筑撂底时，应校核井口外边线与基准线是否平行，是否符合距立缘石内边线的距离。

3）在雨水口砌筑过程中，测量人员应随时校核位置桩的准确性。

4）立缘石位置也应按测设的基准线安栽。

2. 雨水口内支管管头外露过多或破口朝外

（1）现象

1）雨水口内支管管头外露少则 2～3cm 多则 10cm。

2）支管被截断的破口外露在雨水口内。

（2）原因分析　管理人员和操作人员不了解管头过长和破管口外露的害处，或因管理上的疏漏，交底不清，检查不严。

（3）预防措施

1）砌筑雨水口时，应将支管截断的破口朝向雨水口以外，用抹带砂浆做好接口，完整的管头与井墙齐平。

2）已造成破口砂浆外露或管头过长，应将长出井墙的管头切齐，用高标号水泥砂浆将管口修好。

3. 支管安装不直顺、反坡、错口

（1）现象　支管安装横向有弯曲、错口，纵向有波浪、有倒坡现象。

（2）原因分析

1）轻视对雨水口支管的施工质量，施工操作草率。

2）一条支管分两次或三次施工，在第二或三次安装时，没有与已埋管中线对准，与纵坡取其一致，造成折弯或反坡或错口。

(3) 预防措施

1）对雨水口支管的施工，要和小管径管道施工一样，用四合一稳管方法，对管道纵坡、支管直顺度、管内底高程、管内底错口等质量指标也要进行控制。

2）如属于二次以上接长，要预先测设好整段管线的中线、高程、坡度，当第二次或三次延续接长时，应从已埋管内校核中线位置、高程、纵坡，就可以避免倒坡、曲弯现象的发生。

四、道路砌体构筑物质量通病及防治

道路工程的附属构筑物中，涵台、翼墙、挡土墙、护坡、水簸萁，均为砌体结构。

道路工程的附属构筑物中，涵台、翼墙、挡土墙、护坡、水簸萁等砖石砌体，往往在重主体轻附属的思想指导下，质量粗糙，存在种种质量通病。

1. 砌体砂浆不饱满

(1) 现象　主要表现在浆砌块、片石上，块、片石块体之间有空隙和孔洞。

(2) 原因分析　卧浆不饱满或干砌灌浆，在石块之间缝隙小或相互贴紧的地方便灌不进砂浆。

(3) 预防措施　浆砌块、片石应座浆砌筑，立缝和石块间的空隙应用沙浆填捣密实，石块应完全被密实的砂浆包裹。同时砂浆应具有一定稠度（用稠度仪测定 3 ~5cm），便于与石面胶结。严禁干砌灌浆。

2. 砌体平整度差，有通缝

(1) 现象　砌体外露面高低不平，超出平整度标准要求。有两层以上的通缝。

(2) 原因分析

1）不注意选择外露面平整的石料。

2）砌筑石料小面朝下不稳定，当砌上层时，下层移动。

3）外面侧立石块，中间填心，未按丁顺相间和压缝砌筑，有通缝，侧立石块易受挤压。

4）当日砌筑高度过高，下层尚未凝固，承受不住上层的压力，局部石块外移。

5）放线不当，线位不在一个平面上，多反映在护坡和锥坡上。

（3）预防措施

1）应注意选择一侧有平面的石料，片石的中部厚度最小边长不应小于15cm，块石宽厚不应小于20cm，以保证砌筑稳定。

2）应丁顺相间压缝砌筑，一层丁石，一层顺石，至少两顺一丁。丁石长于顺石的1.5倍以上，上下层交叉错缝不小于8cm。

3）当日砌筑厚度不得大于1.2m。

4）测量放线人员，应随时检查砌筑面（立面、坡面、扭面）线位的准确度。

3. 砌体凸缝和顶帽抹面空裂脱落

（1）现象　砌石工程所勾抹的凸缝和砖石砌体的顶帽抹面出现裂缝、空鼓，甚至脱落。

（2）原因分析

1）砌石工程所勾抹的凸缝和砖石顶面的水泥砂浆抹面，没有进行洒水养生，或勾缝抹面的基底干燥，原砂浆中的水分很快被蒸发或被干燥的基底吸干，水泥砂浆中的水泥来不及完成水化热硬化，便干燥、收缩—裂缝—空鼓。

2）勾缝的基底上未搂出凹进的缝隙，等于一薄层沙浆浮贴在平整的墙面上，使底基结合不牢。

（3）预防措施

1）在砂浆勾缝和抹面的底基上应该洒水浸湿，砖面要有足够的水分浸透。

2）顶帽抹面，墙面或勾缝，在大气干燥和阳光曝晒下应洒水养生，以保证其硬化所需的水分。

3）砌石工程在砌筑过程中应随时将灰缝搂出一定深度，便于勾缝沙浆与墙面紧密结合。

4. 护坡下沉、下滑

（1）现象　浆砌或干砌片石护坡，局部下沉或下部下滑裂缝。

（2）原因分析

1）护坡下沉主要是护砌基底不实。

2）下部下滑主要是坡角基础下沉或未做基础。

（3）预防措施

1）护坡基础应该是经分层碾压密实削出的坡基。如属于培土或砂砾填筑的坡基，应在接近最佳含水量下震压密实，不应在松土边上砌筑护坡。

2）护坡坡脚应该按设计所给定的基础型式和要求做基础。

5. 安装预制挡墙帽石松动脱落

（1）现象　砖石和预制混凝土蘑菇石挡墙的预制安装帽石稍有外力碰撞，即易松动脱落。

（2）原因分析　安装预制挡墙帽石都是水泥砂浆卧底，易松动脱落的原因：

1）砂浆不饱满或砂浆标号过低，粘结力小。

2）帽石底面及底层过干，砂浆水分被吸掉，达不到要求强度，不能使上下面拉结紧密。

（3）治理方法

1）根据地段的需要，应尽可能取用标号较高的砂浆，且应搅拌均匀，做到砂浆饱满。

2）预制帽石砌块和底基都应用水洇湿洇透，以保证砂浆有足够的水化热所需要的水分，并能发挥水泥浆的粘结作用。

3）如在易撞击的部分，诸如路口，挡墙端头，应采取现浇混凝土的办法，如加设锚筋更好。

第七章　桥梁工程质量通病及防治

本章着重介绍在桥梁工程施工阶段，由于施工工艺或施工管理失误所引起的桥梁工程质量通病，包括质量缺陷、质量事故和未遂质量事故。

桥梁工程质量通病由于其多发性和普遍性，以及其固有的特点，对桥梁工程危害极大。这些质量通病多数会造成桥梁工程永久性缺陷。质量问题一旦出现，由于大多数质量通病具有不可逆性，故往往造成经济效益、社会效益和环境效益等方面极大的损失。

从经济效益方面来看，处理桥梁质量缺陷的技术措施较为复杂，费用也大。某些质量缺陷只能采用局部补强的措施处理，若处理结果不能满足设计要求的话，甚至会导致桥梁降等级使用。此外，由于无法将桥梁工程肢解来加固补强，故处理后还可能留有隐患，从而影响工程的使用功能和使用寿命。

从社会效益和环境效益来看，进行桥梁质量缺陷处理的施工，往往需要封闭交通，由此产生的社会影响是较大的。

综上所述，对桥梁工程的质量控制应着重加强事前预防，采取一系列工程技术措施、质量保证措施和强化管理措施，避免质量通病的产生。对已发生的质量缺陷，必须采取技术上可靠的、实施上可行的、经济上合理的补救措施，防止质量问题进一步发展。

通过防治质量通病，可以强化工程施工的质量管理，提高施工管理人员和操作人员的质量意识和技术素质，使施工管理人员和质量检查监督人员提高对发生质量缺陷的预见性。有效地防治质量通病，不仅可以使施工企业大大减少处理质量问题而耗费人力、财力和物力等方面的经济损失，同时亦有益于施工企业社会效益的提高。

为有效预防施工阶段的质量通病，要求施工企业质量保证体系全面地正常运作，这就要求施工企业的技术、材料、设备、劳动、计划、现场管理等各部门和各级各类人员在施工全过程中认真贯彻并实施以“预防为主，防治结合，全方位全过程覆盖”为原则的全面质量管理，依据 GBIT19001—2000，制定自己的企业标准，进行标准化管理。

第一节　地基与基础工程

地基与基础是桥梁的根基，属于地下隐蔽工程，它的施工质量直接关系着桥梁结构物的安危，因此，桥梁工程的质量控制要十分注重地基基础工程的施工质量。

一、土石方工程

桥梁基坑开挖及回填的土方工程施工，由于各种因素造成的质量通病甚至事故危害很大。当桥梁结构建成后，这些质量通病很难处治，将引起结构某些部位下陷、开裂、倾斜，或产生轴线位移而影响安装上部结构，有时甚至会造成人员伤亡事故。因此，土方工程施工中必须认真按有关规范、规程施工。应将其作为关键部位，严格管理，重在预防。除第一章第一节“道路路基土方”的有关内容以外，还应特别注意防止以下质量通病。

1. 基坑超挖

（1）原因分析

采用机械开挖，现场未复测基底标高或标高测量有误，造成基底超挖。

（2）预防措施

1）机械开挖的控制标高应高于设计标高 20～30cm，机械挖完后，再用人工清槽。

2）改进机械挖土铲斗，减小斗齿扰动土的厚度，再配合专人随挖随按设计标高进行人工清槽。

3）参见第八章第二节之3“基坑超挖”的预防措施及治理方法（2）、（3）和（4）。

2. 基坑浸水

（1）现象

基坑开挖中或开挖后，被地下水或地面水淹没基坑槽底。

（2）原因分析

基坑开挖时，防水、排水措施没有或考虑不周；或开挖前，不进行人工降水，以及人工降水失效，造成基坑浸水。

（3）预防措施

1）开挖基坑前，在基坑周围的场地上，设置排水系统，截留地面水，防止地面水流入基坑。

2）在地下水位较高地区，需在地下水位以下挖土，可采用明排水和三级挖土法挖基坑。即挖土深度和排水沟、集水井。始终保持三级深差，每级深差一般为0.2～0.5m。开挖时，先从标高最低处开始，并在最低处设置集水井，如图7-1所示。除明排水外，也可采用各种井点降水法，将地下水降至基坑最低标高以下0.5m再开挖。

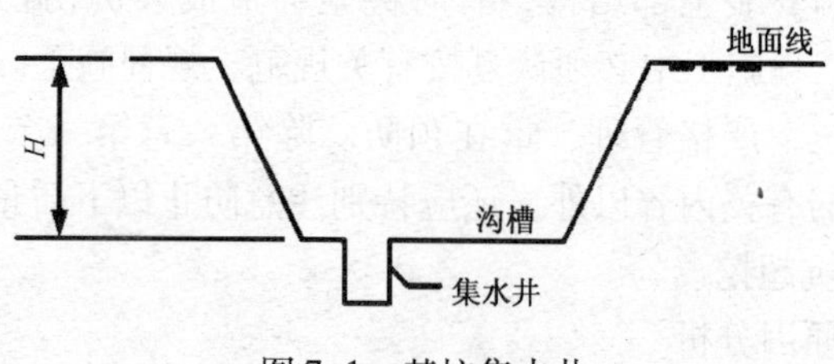

图7-1 基坑集水井

3）如果基坑开挖后，不能立即进行下一道工序施工时，可在基坑设计标高之上，预留0.15～0.3m厚的一层土不挖，待下一道工序开始前，再人工开挖至槽底的设计标高。

（4）治理方法：已浸水的基坑，要立即查找造成水浸的原因，并针对原因，采取有效措施消除故障，将水排净。未排净前，不得用任何设施扰动基底土，待晾晒后再用地基处理方法处理。非黏质土，晾晒后地基土无扰动，可不进行处理。

3. 基底扰动

(1) 现象

开挖中发生超挖，仅虚土掩盖，未做地基处理，或浸水后人下去挖排水沟，清淤泥，基底原状土受践踏由固体变为流体，这两种情况均称为基底扰动。

(2) 原因分析

同1和2的原因分析

(3) 预防措施

1) 采取1的措施，避免超挖；采取2的措施，避免水浸。

2) 发生水浸后，避免在晾晒干以前，人为扰动基底原状土。

(4) 治理方法

同2的治理方法。

4. 流砂

(1) 现象

开挖基坑时，遇粉砂、细砂层，由于排水方法不当，粉土粒、细砂粒随抽水而发生"浮扬"状态，头天挖至设计标高，第二天从坑底冒出的粉土细砂堆积到设计标高以上，造成坑底土层上涌，基坑周围塌陷，如图7-2所示。这种现象称为流砂或涌砂。

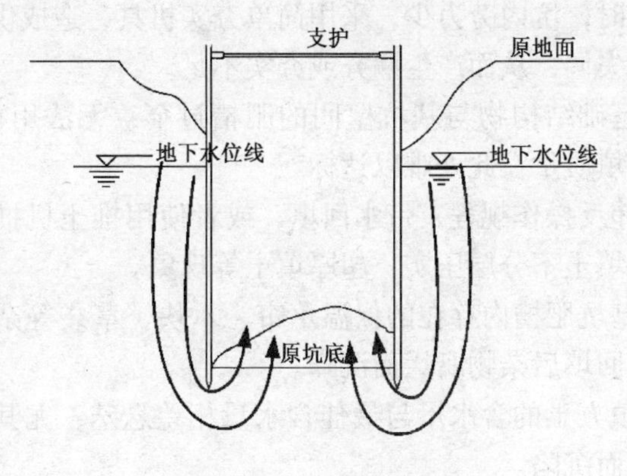

图7-2 基坑发生流沙

（2）原因分析

由于地质资料不详，未估计到有粉砂、细砂夹层，而采取集水井排水法。在排水的过程中。基坑外的水流经钢板桩底端从下向上流进集水井，水对土粒施加的向上渗透压力超过了基坑底下地基土在水中的浮容重，土粒被向上的水流“冲”起来，使坑底土回涌，基坑周围由于其深层土粒流失产生空隙并沉陷。

（3）预防措施

开挖基坑前，通过熟悉设计资料及实地踏勘、调查访问，尽量详细摸清该处工程地质条件和水文地质状况，然后采用恰当排水方式，如井点降水，或改排水施工为地下施工。

（4）治理方法

发生流砂现象后，马上停止集水井抽水，然后改排水方法为井点法降水。

5. 基坑回填土沉陷

（1）现象

桥梁基础等部位的基坑，回填土填筑后发生下沉，产生地面凹陷、开裂现象。

（2）原因分析

1）基坑溜土坡脚清理不彻底。尤其用机械或汽车往坑内送土或倒土时，坑内劳力少，采用简单夯实机具，造成供土与夯实进度比例失调，从而产生漏夯或夯实不足。

2）基础结构物与基坑壁间的肥槽过窄，无法用机械夯实，使土体回填质量在此处难以达标。

3）违反操作规程，带水回填，或者使用推土机推土进入基坑，造成填土不分层压实，超厚填土等现象。

4）基坑肥槽内存在的保温草帘、木块、草袋等杂物清理不彻底，土回填后杂物腐烂而沉降。

5）填方土的含水量与最佳含水量相差悬殊，尤其土壤过湿难于压实而沉陷。

（3）预防措施

1）严格执行市政工程施工技术规程的有关条款，加强施工人员质量意识。认真做好土方回填的防水、排水工作，杜绝带水回填。严格掌握填土摊铺的分层厚度，确保充分压实。在施工方案中，预先安排好回填工作计划，调配好与填筑工程量相适应的人力和机械设备，协调好填筑与压实的进度。

2）填土前，必须首先检查填土土源的土质及含水量情况。根据土的含水量，在施工方案和技术交底中，明确相应采取的措施，进行处理的方法，并在施工中从严掌握。如填土含水量过大，可根据进度缓急，采用晾晒或掺石灰粉处理等不同方法。如填土含水量过小，可在摊铺后洒水，待含水量接近最佳含水量（约相差 ±2%）时，再压实。

3）必须认真按操作规程把填土范围内的各种杂物及淤泥等清理干净。

4）严禁带水回填。

6. 引道路面沉陷

（1）现象

桥梁、立交及高架桥的引道，因回填料的压实度差引起路面不均匀沉陷或出现裂缝。

（2）原因分析

1）新填土与原土或两次填土的接茬未留成台阶状，使接茬处超厚，压实不足。

2）填土通道漏夯实。机械推填土不分层，造成填土超厚，压实度不足。

3）结构物周围，由于碾压困难，压实不足。

4）冬期填土中有冻土块或填土中有废构件、砖渣、破管道等大块坚硬物件，使压实密度严重不匀。

5）最大干密度取值不准，或几种回填土仅对其中一种土进行击实试验，且试验值偏低。

（3）预防措施

1）在技术交底中明确新、旧填土接茬台阶的长度，机械压实时应不小于3m，人工用动力打夯机时不小于1m，且每层虚厚不超过0.3m。填土时严格按操作规程控制。

2）对填土通道，应在事前安排处治措施，防止漏夯，严禁超厚填土。

3）根据压实机具的性能，预先在机械碾压不到之处用小型夯实机具分层夯实，且保证夯实部位与碾压部位层次协调，共同达到要求的密实度。

4）预先在土源处做好防冻措施，使土在未受冻情况下回填及压实。严禁将桥头引道填土作为施工渣土的消纳场。并随时注意从填土中将大块物体、构件清出。

5）必须按填土的类别分别做击实试验，击实试验的操作必须符合相应规定，否则不能做填土压实的标准。

7. 填土冻胀

（1）现象

回填土含水量过大，冬期冻胀，化冻后回填土下沉。

（2）原因分析

1）填土含水量过大或带水填筑，冬期产生土壤冻胀。

2）桥台在伸缩缝处排水系统不畅。水渗入桥头填土，使桥头填土在冬期发生冻胀。

（3）预防措施

1）严格控制填土的含水量，使其接近该类土的最佳含水量。桥头填土时，做好排水设施，防止带水填土。

2）桥台背后可填充有一定透水性的级配粒料，不仅可做为透水层，还可减小桥头不均匀下沉。

8. 桥台或引道挡土墙位移

（1）现象

桥台或引道挡土墙回填过程中或回填后，发生向外移动，超过标准要求。

（2）原因分析

1）桥台台背填土只用推土机堆填，没有分层压实。由于填土不密实，下雨后雨水渗入填土，增大了填土压力。填土压力超过土压力的设计值时，桥台或挡土墙将发生水平位移或产生裂缝。

2）修建在软土地基上的桥梁，软土地基处理措施不当或尚未达到技术间歇时间，因赶进度而回填引道土方，由于基础承载后不均匀沉降，使桥台或挡土墙发生位移。

（3）预防措施

1）桥台台背填土是结构的薄弱环节，又是极重要的质量控制部位，因此要严格控制回填施工中各工序的操作，认真按技术规程执行，对违章作业要从严处罚。

2）如不能尽早修建路面结构时，应将分层压实的填土表面留设横坡，纵坡坡向桥台相反方向，使雨水及时排除，避免浸入台后。

3）软土地基上的桥台及挡土墙，必须慎重选择地基及基础处理的设计方案和施工技术措施，并合理确定其技术间歇时间。

4）软土地基处理后，必须加强沉降观测，当达到设计控制的地基沉降速度后方能回填。

二、桥梁浅基础质量通病

浅基础是指设置在天然地基或人工加固地基上的刚性基础、独立基础、条形基础、筏板基础和埋置深度在4～5m以内的箱型基础。天然地基上的浅基础往往由于埋置深度不符合要求而发生冻胀、冲刷；或由于浅基础地基不符合要求而发生沉降、倾斜以及基础断裂。因此，浅基础施工前必须首先弄清桥位处水文地质情况，并做好地基的钎探和基坑隐蔽验收，保证基础下是一个稳定、均匀、承载力符合设计要求的地基。同时，要进行测量复核，不仅要保证基础轴线位置的准确，还要保证基础底面标高符合设计标高，以确保基础埋置位置和深度符合设计要求。

1. 轴线位移过大

（1）现象

浅基础浇筑或砌筑后，基础纵、横轴线偏离设计位置的偏差超过15mm，或发生扭转。

（2）原因分析

1）勘测设计单位所提交的测量控制基点（坐标点，水准点）或轴线桩的误差超过允许值，施工单位没有布设控制三角网，或控制网，控制导线精度不足。

2）错将施工中线当作道路永久中线，而使桥位轴线出错。

3）测量仪器存在问题未校正，或测设中出错，造成轴线偏移过大。

（3）预防措施

1）施工前必须布设桥轴线的三角控制网，加设整个施工路段的施工控制导线，控制测量应达到要求的精度。

2）交接桥轴线桩时，要严格执行有关规定进行复核并加设拴桩控制。

3）健全和强化各项测量工作管理制度，如仪器使用、校验制度，各种测量复核制度和交接制度，保证在基础施工全过程，不发生因测设失误造成的基础轴线偏移。

2. 基础顶面标高失控

（1）现象

基础顶面标高偏差较大，影响其上部构筑物施工。

（2）原因分析

1）引错水准点或水准点已变化但未发现，造成全部测点标高不对。

2）基础支模前基底标高检测点不够，不合格点没有被检查发现，造成部分部位标高偏差大。

3）在浇筑混凝土中基础厚度失控，造成基础顶面标高失控。

（3）预防措施

1）水准点要定期进行闭合复核检查。

2）施工中要做好水准点的交底，防止测量人员用错。

3）基底标高检测，每块基础至少检测四角及中央五点的标高，特别是基础面积较大时，要适当加点控制。

4）严格按质量验收标准控制基础厚度，避免过大的偏差。

3. 基础断裂

（1）现象

基础砌筑或浇筑后，某些部分或边角断裂，甚至拦腰断裂。

（2）原因分析

1）基础在验槽时没有钎探，地基的异常状况（如古井，古墓、防空洞等）未能发现，基础修建后，因局部承载力不足造成基础断裂。或地基某个部位土质差（软黏土、垃圾土、淤泥等），基础下地基软硬不同而断裂。

2）冬期施工，地基土被冻结，又未进行处理。在冻土上浇筑基础混凝土，由于土的冻胀，使基础开裂。

3）春季施工，地基已挖至设计标高，但其下面仍有一定厚度的冻土层被误认为是坚硬土。在这种情况下浇筑基础混凝土，当冻土层融化时或融化后某段时间内，由于地基融沉和压缩变形过大使基础开裂。此类问题在条形基础施工中易发生。

（3）预防措施

1）基础施工前，要查清桥位处有无地质异常情况。地基隐检时，要进行钎探。应认真分析地基土的实际情况是否与设计资料相符。基础砌筑（或浇筑）前的隐蔽检验必须认真进行，以避免漏掉地质异常部位。

2）冬期施工中，地基要用草帘等保温材料覆盖，不允许地基土被冻结。如发生冻结，应将冻土挖掉，在保温维护措施可靠的情况下，才能浇筑基础混凝土。

3）融期进行基础施工，要注意检查地基表层下有无残留冻土层。如有，要使其融化并进行处理后，才可进行基础施工。

4）必须保证基础下的地基软硬均匀，否则要进行地基处理。

4. 基础钢筋错位

（1）现象

条形基础的弯起钢筋及方形基础的钢筋网未按受力要求放置，造成钢筋错位，产生基础开裂（受拉处未配钢筋）。

（2）原因分析

施工人员不清楚基础的受力状态，凭经验放置钢筋造成钢筋错位。

（3）预防措施

1）技术交底中要向施工人员交待清楚基础的受拉部位，并说明受力钢筋或钢筋网要配置于受拉部位。

2）加强混凝土浇筑前的钢筋隐验工作，预防基础钢筋的错位。

三、深基础工程质量通病及防治

深基础包括钻孔灌注桩、挖孔灌注桩、沉井、沉入桩基础和地下连续墙等，均属于地下隐蔽工程。在施工中，必须抓住关键工序，预防可能发生的质量通病，做好深基础的质量控制。本节重点介绍泥浆护壁成孔灌注桩和人工挖孔灌注桩。

（一）泥浆护壁成孔灌注桩

泥浆护壁成孔灌注桩（以下简称“灌注桩”）目前广泛使用在工业民用建筑、铁路桥梁、公路桥梁、城市立交桥梁中。因为这种施工方法可以变水下作业为水上施工，从而大大简化施工、缩短工期、降低工程造价，而且所需设备简单、操作方便。

1. 成孔时坍孔

（1）现象

在成孔过程中，如果孔内水位突然下降，孔口冒细水泡，则显示已坍孔。此时出渣量显著加大而不见钻杆进尺，但钻机负荷显著增加，泥浆泵压力突然上升，造成憋泵；或成孔后，孔壁坍落。

（2）原因分析

1）泥浆相对密度不够或泥浆性能指标如黏度、胶体率等不符合要求，在孔壁不能形成坚实可靠的护壁；没有随地质条件变化调整泥浆相对密度，造成孔壁不稳。

2）未及时向孔内补充泥浆或水，造成孔内水头不够。河水、潮水上涨，或孔内出现承压水，或钻孔通过砂砾等强透水层，或孔壁遇到流砂层均会造成孔内水位低于孔外的水位，使压紧孔壁的水压力减小，造成坍孔。

3）护筒埋置太浅，或孔口附近地面受水浸变软，或护筒周围未用黏土填封紧密，孔口坍塌，护筒漏水形成坍孔。

4）冲孔、掏渣或吊入钢筋骨架时碰撞孔壁，产生坍孔。

5）在流砂、淤泥、破碎地层、松散砂层中钻进时，回转速度太快或停在一处空转时间太长，转速太快。

6）孔内爆破孤石、探头石，用炸药量过大而造成振动较大。

7）钻（冲）孔紧靠交通繁忙、车辆重载的道路，由于动荷载产生较大的附加土压力或振动过大，诱发坍孔。

（3）预防措施

1）如地下水位变化大，或遇淤泥层、流砂层等不利地质条件，或汛期、潮汐地区水位变化过大时，应升高护筒，增大孔内水头。

2）护筒周围应用土填封紧密。

3）在松散粉砂土或流砂中钻孔时，应选用较大密度、黏度和胶体率的优质泥浆，也可投入黏土、掺片石或卵石，低锤冲击，将黏土膏、片石卵石挤入孔壁以稳定孔壁，桩机不能进尺过快或较长时间空转。

4）根据孔内的不同地质情况及时调整泥浆密度并及时补充新鲜泥浆。确保泥浆具有足够的稠度并保持孔内外水位差，以维持孔壁稳定。

5）清孔时应指定专人负责补充水，保证钻孔内必要的水头高度。

6）提升下落冲锤、掏渣筒和吊放钢筋骨架时，应对准孔中心，保持竖直插入或提升。

7）严格控制冲程高度及炸药用量。

（4）治理方法

1）发生孔口坍塌时，立即拆除护筒并将钻孔回填，重新埋设护筒再钻。

2）轻度坍孔，可加大泥浆密度和提高孔内泥浆水位，使孔壁恢复稳定，必要时可采取深埋护筒法，将护筒周围的土夯实再重新钻孔。

3）发生孔内坍塌时，探明坍塌位置，将砂和黏土（或砂砾和黄土）混合物回填到坍孔处以上1~2m。如坍孔严重时应将钻孔全部回填，待回填物沉降密实并重新埋设护筒后再行钻进。

2. 桩孔偏移倾斜

（1）现象

成孔不直，出现较大的垂直度偏差。

（2）原因分析

1）钻孔中遇有较大孤石或探头石。

2）在有倾斜度的软硬地层交界处或岩面倾斜处钻进，或在粒径大小悬殊的砂卵石层中钻进，钻头受力不均。

3）扩孔较大处，钻头摆动或偏向一方。

4）钻机底座未安置水平或产生不均匀沉陷。

5）钻杆弯曲，接头不正；钻机磨损，部件松动。

（3）预防措施

1）安装钻机时要使转盘、底座水平，起重滑轮缘、固定钻杆的卡孔和护筒三者中心应在一条竖直线上，并经常检查校正。

2）由于主动钻杆较长，转动时上部摆动过大。必须在钻架上增设导向架，通过导向架使钻杆沿桩孔中心线向下钻进。

3）钻杆、接头应逐个检查，及时调整。主动钻杆弯曲，要用千斤顶及时调直或更换钻杆。

4）在有倾斜的软、硬地层钻进时，应吊着钻杆控制进尺，低速钻进；或回填片石、卵石冲平后再钻进。

5）如有孤石、探头石，宜用钻机钻透，用冲孔机时则低锤密击把石打碎。

（4）治理方法

1）在偏斜处吊住钻头上下反复扫孔，使孔校正校直。

2）偏斜严重时应回填黏性土到偏斜处，待回填料沉积密实后再继续钻进；也可以在开始偏斜处设置少量炸药（少于1kg）爆破，然后用砂土和砂砾石回填到该位置以上1m左右，重新冲钻。

3）冲击钻进时，应回填砂砾石和黄土，待其沉积密实后再钻进。

4）倾斜基岩钻孔可投入块石或用素混凝土使孔底面略平。

3. 缩孔

（1）现象

缩孔部位孔径小于设计桩径。

（2）原因分析

1）钻具磨损过多、焊补不及时，严重磨损的钻锥往往钻出较设计桩径稍小的孔。

2）地层中有软塑土、黏土泥岩，孔壁土层遇水膨胀后使孔径缩小。

（3）预防措施

1）及时补钻锥，使之正常工作。

2）采用失水率小的优质泥浆，并采用上下反复扫孔的方法扩大孔径。

3）遇有扩孔时，采取防止钻杆摆动过大的措施。

4. 卡钻、埋钻和掉钻

（1）现象

钻头被卡住称卡钻，钻头脱开钻杆掉入孔内称掉钻。掉钻后打捞造成坍孔称埋钻。

（2）原因分析

1）冲击钻孔时钻头旋转不匀或冲锤磨损过甚，产生梅花形孔，提锤时锤的大径被孔的小径卡住；孔内有探头石等，均能发生卡钻。

2）石块落入孔内，夹在冲锤或钻头之间，亦能产生卡钻。

3）钻杆、钢丝绳或联结装置磨损未及时更换，往往造成掉钻事故。

4）打捞掉入孔中钻头时，碰撞孔壁产生坍孔，造成埋钻事故。

（3）预防措施

1）经常检查转向装置保证其灵活。经常检查钻杆、钢丝绳及联结装置的磨损情况，及时更换磨损件，防止卡钻或掉钻。

2）用低冲程时，隔一段时间要更换高一些的冲程，使冲锥有足够的转动时间，避免形成梅花孔而卡钻。

（4）治理方法

1）卡钻不宜强提，只宜轻提钻头。如轻提不动时，可用小冲击钻冲击几下，使钻头或冲锤脱落卡点；或用冲、吸的方法将钻头周围的钻渣松动后再提出。下卡时，可用小钢轨焊成 T 形钩，将锤（钻）一侧拉紧后吊起。

2）对于埋钻，较轻的糊钻时应对泥浆稠度、钻渣进出量、钻杆内径大小及排渣设备进行检查计算，并控制适当的进尺。若已严重糊钻应停钻提出钻头，清除钻渣。冲击钻糊钻时，应减小冲程，降低泥浆稠度，并在黏土层上回填部分砂、砾石。如是坍孔或其他原因造成的埋钻，应使用空气吸泥机吸走埋钻的泥砂，提出钻头；或放入高压风管，用压缩空气吹开埋住钻头的钻渣后提出钻头。

3）掉钻宜迅速用打捞叉、钩、绳套等工具打捞。若掉落物已被泥砂埋住可按上述办法清除泥砂，使打捞工具接触落物后再打捞。

5. 钻孔漏浆

（1）现象

护筒或护壁外壁冒水或泥浆流失，严重时引起地基下沉、护筒倾斜和位移。

（2）原因分析

1）护筒埋设太浅。护筒周围回填土不密实；护筒接缝不严密，在护筒刃脚或接缝处漏水。

2）钻头起落时碰撞护壁造成漏水。

3）遇到透水性强或地下水流动的土层，或遇到溶洞。

（3）预防措施

1）埋设护筒时四周填土应分层夯实，土质应选择含水量适当的黏土。护筒埋设太浅时，应增加其埋设深度。

2）起落钻头时注意对中，避免碰撞护筒。

3）适当加稠泥浆或倒入黏土，慢速转动；在回填土内掺片石、卵石，反复冲击，增加孔壁的坚实性和厚度。

4）适当控制孔内水头高度，不要使孔内压力过大。

5）遇强透水层或溶洞时，宜采用钢护筒穿过这些不利地层，以保证钻孔稳定。

（4）治理方法

1）初发现护筒冒水，可用黏土在其四周填实加固。如属护筒接缝漏水，可由潜水员用棉絮堵塞，封闭接缝。

2）如护筒已严重下沉或位移，则应返工重埋护筒。

6. 流砂

（1）现象

桩孔内大量冒砂将孔堵塞。

（2）原因分析

1）孔外水压比孔内水压大，孔壁松散，使大量流砂涌塞桩孔底部。

2）遇到粉砂层，泥浆密度不够，孔壁未形成泥皮。

（3）预防措施

1）孔内水位保持高于孔外水位0.5m以上，适当加大泥浆密度。

2）流砂严重时，可抛入碎砖、石块、黏土，用锤冲入流砂层，做成泥浆结块，使其形成坚厚孔壁，阻止流砂涌入。护壁泥浆浓度应提高到1.5以上。

3）如上述措施的效果不佳，应改用钢护筒护壁，将钢护筒插入至弱透水层或强风化岩层顶面。

7. 钢筋笼偏位、变形

（1）现象

钢筋笼吊运中变形。钢筋笼保护层不够。钢筋笼底面标高与设计不符。

（2）原因分析

1）钢筋笼在堆放、运输、吊装时没有严格按规程施工，支承点或吊点数量不够或位置不当，造成变形。

2）钢筋笼上没有绑设足够的混凝土垫块或耳环焊接数量不足，无法准确控制保护层的厚度。钢筋笼吊入孔时不够垂直，产生保护层过大或过小。

3）清孔后由于准备时间过长，孔内泥浆所含泥砂、钻渣逐渐又沉落孔底，灌注混凝土前没有按规定再清除干净，造成实际孔深与设计不符，钢筋笼底面标高有误。

4）钢筋笼过长，未设加强箍，刚度不够。钢筋之间焊接不良，吊装用的吊环太少。

5）桩孔本身偏移或倾斜。

（3）预防措施

1）钢筋笼应根据运输和吊装能力及吊装条件分段制作、分段运输、分段吊装，吊入钻孔内再焊接连接。

2）钢筋笼在运输及吊装时，除每隔2m左右焊一道加强箍筋外，还应在钢筋笼内每隔3.0~4.0m装一个可拆卸的十字形临时加强架，待钢筋笼吊入钻孔时逐一拆除。

3）钢筋笼主筋每隔一定间距设混凝土垫块或焊耳环，混凝土垫块厚度或耳环高度应符合设计保护层厚度要求。

4）最好用导向钢管固定钢筋笼位置，钢筋笼顺导向钢管吊入孔中，这样不仅可以保证钢筋的保护层厚度符合设计要求，还可保证钢筋笼在灌注混凝土时不会发生偏离。

8. 导管进水

（1）现象

灌注混凝土时导管焊缝、接头法兰处、导管底口渗入或进入泥浆，造成断桩及桩身混凝土夹泥。

（2）原因分析

1）首灌混凝土储量下足，或导管底口至孔底的间隙过大，使导管内的混凝土全部冲出导管以外而不能埋没导管底口，造成导管底口进水事故。

2）连续灌注混凝土时，由于聚集大量混凝土拌合物一次灌注。在导管内造成高压气囊，将两节导管间的橡皮垫冲开，而使导管漏水。

3）导管接头不严或焊缝破裂，水从接口或焊缝漏入导管。

4）测深错误或导管提升过多，致使导管底口超出孔内混凝土面，泥浆从导管底口进入管内。

（3）预防措施

1）首批灌注混凝土数量必须能满足导管底口初次埋置深底不小于 1m 和填充导管底部间隙的需要，一般宜备足三辆混凝土运输车的混凝土数量后，方开始灌注。导管底口至孔底间隙不得超过 0. 4m。

2）在提升导管前，用标准测深锤测量混凝土表面标高，始终保持导管底口埋于混凝土中不小于 2m 且不大于 6m。控制导管提升高度。

3）下导管前，应进行试拼并进行水密性、承压和接头抗拉的试验，检查导管拼装后的轴线。试拼后，各节导管应从下至上编号，标上累计长度。吊入孔内拼装时，各节导管号和圆周方向应与试拼时相同，不得错乱。

4）混凝土后，要确保混凝土连续灌注，避免集中灌注造成高压气囊。

（4）治理方法

1）首灌混凝土不足引起导管进水时可利用导管，作吸泥管或将导管提出用空气吸泥法，将散落在孔底的混凝土拌合物全部吸出或用抓斗等机具清理孔底。并准备足够的首灌混凝土，重新下管灌注混凝土。

2）后两种原因引起的导管进水，视具体情况决定拔除导管重下新管或用原导管插入继续灌注混凝土，但灌注混凝土前均必须将进入导管内的水和沉淀物用吸泥和抽水的方法吸出。为防止抽水后导管内翻水，导管插入混凝土内应有足够的深度，用潜水泵将导管内水抽干后，再续灌增加水泥用量、提高稠度的混凝土入导管内，待灌注恢复正常后再使用正常配合比的混凝土。

9. 导管堵管（卡管）

（1）现象

导管已提升很高或导管底口填入混凝土接近1m，灌注在导管中的混凝土仍不能翻涌出来。

（2）原因分析

1）由于各种原因使混凝土离析、粗骨料集中或混凝土和易性差，而造成导管堵管。

2）由于机械故障或停电等外界原因，混凝土在导管内停留时间过久，灌注时间持续过长。最初灌注的混凝土已初凝，增大了管内混凝土下落的阻力，使混凝土堵在管内。

3）初灌时隔水栓卡住导管。

（3）预防措施

1）灌注水下混凝土的坍落度宜为18~22cm，使混凝土具有良好和易性。混凝土的含砂率宜为40%~50%，水灰比宜采用0.5~0.6，并宜掺用外加剂、粉煤灰等材料。在运输和灌注过程中混凝土应不发生显著离析和泌水。

2）配制水下混凝土的原材料，除符合混凝土对原材料的规定要求外还应符合以下要求：

a. 宜优先选用矿渣水泥，水泥强度不宜低于32.5号，按标准方法测定的初凝时间不宜小于2. 5h。

b. 采用级配良好的中砂。

c. 粗骨料最大粒径不得大于导管内径的1/6 ~ 1/8 和钢筋最小净距的1/4，且不得大于4 cm。

d. 水泥用量不宜小于350kg/m^3。

e. 混凝土的实际初凝时间应满足灌注时间的要求，即首灌混凝土的初凝时间不得早于灌注桩全部混凝土灌注完成的时间。必要时可在首灌混凝土中及全部灌注的混凝土中掺缓凝剂，以延长混凝土的初凝时间。

3）保证混凝土的连续灌注，中断灌注不应超过30min。

（4）治理方法

1）灌注开始不久发生堵管时，可用长杆冲捣、用吊绳抖动导管或用附着式振动器振动导管等方法迫使隔水栓或混凝土下落。若无效果，需将导管连同管内混凝土拔出，用空气吸泥机或抓斗将已灌入孔底的混凝土、泥浆及渣土等吸出、清除，换新导管，准备足够储量混凝土重新灌注。提拔导管时应注意导管上重下轻，避免翻倒伤人。

2）因混凝土已初凝造成的堵管，按上述处理灌注混凝土后，该桩作为断桩，应予以补强处理。

10. 灌注混凝土时钢筋笼上浮

（1）现象

钢筋笼入孔后，虽已加压固定，但在灌注孔内混凝土时，钢筋笼向上浮移。

（2）原因分析

混凝土由漏斗顺导管向下灌注，混凝土位能产生一种顶托力，这种顶托力随灌注时混凝土位能的大小、灌注速度的快慢、首灌混凝土的流动性及首灌混凝土的表面标高而变化，当顶托力大于钢筋笼的重量时，钢筋笼会被浮推上升。

（3）预防措施

1）摩擦桩应将钢筋骨架的几根主筋延伸至孔底。钢筋骨架上端在孔口处必须有足够的加压固定设施。

2）灌注中，当混凝土表面接近钢筋笼底时应放慢混凝土灌注速度，使导管保持较大埋深，并使导管底口与钢筋笼底端保持较大的距离，以便减小对钢筋笼的冲击。

3）混凝土面进入钢筋笼一定深度后，应适当提升导管，使钢筋笼底端至导管底口有一定的深度。但应注意导管埋入混凝土表面不得小于2m。

11. 灌注混凝土过程坍孔

（1）现象

灌注水下混凝土过程中，护筒内水（泥浆）位忽然上升溢出护筒，随即骤降并冒出气泡，为坍孔的征兆。如用测深锤探测混凝土面，与原来深度相差很多时，即可确定为坍孔。

（2）原因分析

1）灌注混凝土过程中，孔内外水位未能保持一定的高差，特别在潮汐地区更易发生孔内外水头差变动频繁的现象。涨潮时，孔内外水位差减小，不能维持原有的静水压力；或因护筒底部周围漏水，孔内水位降低。

2）导管卡挂钢筋笼或堵管时，易同时发生坍孔。

3）护筒周围堆放材料及机具重量过大或护筒受施工荷载作用产生振动。

（3）治理方法

1）用保持或加大水头、吸泥机吸出坍入孔内的泥土、移开孔旁重物和排除施工振动等有效措施防止继续坍孔。如不再坍孔，可继续灌注混凝土。但灌注结束后，该桩应作问题桩处理。

2）用上法处理坍孔仍未停止，或坍孔部位又较深时，宜将导管及钢筋笼拔出，回填黏土后重新钻孔。

12. 浇短桩头

（1）现象

混凝土灌注完成的顶面标高过低，未能满足设计要求的凿桩头高度。

（2）原因分析

1）混凝土灌注后期，由于桩顶浆渣过稠，测深时难以判断是浆渣面还是混凝土面，误认为已灌注到桩头标高，而拔出导管中止灌注。

2）测深锤不标准、太轻，沉不到混凝土表面，发生误测，造成过早拔出导管中止灌注。

（3）预防措施

1）测深锤应适当加重。

2）灌注混凝土接近结束时，加注清水稀释泥浆并掏出部分沉淀土，或用分节接长的钢管，底端附有带盖的铁盒插入混凝土中取样，鉴定混凝土表面的位置。

（4）治理方法

1）无地下水时，可开挖后做接桩处理。

2）有地下水时，接长护筒，将护筒压至已灌注的混凝土面以下，然后抽水、清渣，按接桩处理。

13. 夹泥、断桩

（1）现象

桩身中部没有混凝土，或夹有泥土。

（2）原因分析

1）混凝土较干，骨料太大，或导管进水。混凝土发生离析形成桩身混凝土中断。

2）未及时提升导管造成埋管，堵管未能及时处理，灌注中坍孔处理不良，形成桩身中断，夹有泥土。

3）导管卡挂住钢筋笼，提升导管时没有扶正，以及钢丝绳受力不均。

4）混凝土供应不连续均衡，不能保证连续灌注；或混凝土灌注时间过长，首灌混凝土已接近初凝，流动性降低，而续灌混凝土顶破顶层而上升，在混凝土中混入泥浆渣土，甚至整根桩都夹有泥浆渣土。

5）清孔不彻底或本节上述条目中所述及的其他原因。

(3) 预防措施

1) 混凝土坍落度严格按设计或规范要求控制；尽量延长混凝土初凝时间（如用初凝慢的水泥，加缓凝剂），尽量用卵石，加大砂率，并控制石料最大粒径等。

2) 灌注混凝土前，检查导管、混凝土罐车、搅拌机等设备是否正常，并有备用设备和导管，确保混凝土连续供应和连续灌注。

3) 随灌混凝土随提升导管，做到连灌、勤测、勤拔管，随时掌握导管埋入深度，避免导管埋入过深或过浅。

4) 采取措施，避免导管卡挂钢筋笼。

(4) 治理方法

已发生断桩、夹泥事故时，应用地质钻机钻芯取样检查。在查明情况的基础上，对断桩、夹泥或局部混凝土松散的桩，可采用压浆补强或另行补桩的方法处理。

（二）人工挖孔灌注桩

人工挖孔桩（挖孔灌注桩）所需的机具设备简单，可以多桩同时作业。在地质条件允许的情况下，采用挖孔灌注桩既可缩短工期，又降低工程造价。人工挖孔桩施工的关键在于确保安全，除防止路人、物体下坠和施工用电安全外，还要注意孔内的通风、有无有毒气体及因挖孔使地下水位改变对周围建筑物的影响。

1. 坍孔

(1) 原因分析

1) 护壁材料设计不当或护壁混凝土强度不足。如淤泥层、出现流沙的部位没有用钢护筒，或混凝土护壁厚度不足、或钢筋不足。

2) 施工工序配合不当，挖孔与护壁互相配合不紧凑。

3) 护壁设计对附加荷载考虑不周，桩孔附近行车（重型汽车或火车）引起的孔壁附加侧压力以及振动影响，未在护壁设计中考虑。

（2）预防措施

1）根据桩孔附近的环境条件及桩孔地质情况合理设计护壁(包括材质、厚度、混凝土护壁的钢筋布置及混凝土强度等)。

2）一般土层中，每挖深1m即支护一次（埋钢护筒或浇混凝土护壁)。地质条件差的部位，应加密至每50cm左右支护一次。

3）扩孔桩（孔底扩大）施工扩孔段前必须对孔底四周加以支护，再从孔中向四周扩散开挖，扩孔断面挖好后立即用混凝土封堵防止坍土。

2. 桩身质量差（空洞、混凝土强度低甚至断桩）

（1）原因分析

1）灌注方法选择不当，孔内地下水较多或暴雨期间大量地表水灌入桩孔内仍用混凝土干孔灌注法施工。

2）灌注混凝土时没有按规范采用串筒或导管，使混凝土入孔过程中离析。

3）预拌混凝土卸料时就有离析现象或坍落度损失太大。

4）孔底沉渣及残存地下水处理不当。

（2）预防措施

1）雨期施工时桩孔附近设截水、排水设施，防止地表水、其他客水灌入孔内。

2）桩孔内水位上升速度超过6mm/min，应用水下灌注法灌水下混凝土。

3）桩孔及钢筋验收后，立即进行混凝土灌注。若孔内存水无法弄干，可在灌混凝土前撒同品种、同标号的干水泥吸水。

4）特别注意混凝土搅拌站每班生产的第一车及第一批混凝土。因机械原因，这些混凝土往往水灰比过大、离析严重，一旦这种情况发生可向混凝土运输车的料斗投入适当的素水泥或水泥砂浆，用车搅拌使混凝土离析现象减小。

5）用缓凝外加剂“后加法”改善混凝土坍落度。

6）混凝土卸落高度超过2m时，应采用滑槽、导管或串筒；

当卸落高度超过 10m 时，导管、串筒内要安装减速装置，防止混凝土离析。导管或导管出料口距混凝土面应在 1m 以内。

第二节　模板支架

模板的制作与安装质量，对于保证混凝土、钢筋混凝土结构与构件的外观质量、几何尺寸的准确以及结构的强度和刚度等将起到重要的作用。由于模板尺寸错误或缺陷，支架位移、变形不牢固甚至倒塌等引起的工程质量问题时有发生。模板、支架的质量是工程质量控制的重要环节，必须引起高度重视。

目前模板种类繁多，有钢模板、定型组合模板、钢框竹（木）胶合板等。

支架系统除竹木结构外，还有钢质门式脚手架、钢管矩阵、组合杆件构架、贝雷架系统等多种形式。本节着重介绍模板和支架的质量通病及防治方法。

模板支架的设计和施工必须符合以下要求：

1. 具有必需的强度、刚度和稳定性，能可靠地承受施工过程中可能产生的各种荷载，保证结构物各部形状、尺寸和相互位置的准确；

2. 尽量采用组合钢模板或钢框架胶合板、竹塑板类大模板以及新型高效模板体系，以节约木材，提高模板的适应性和周转率，提高构筑物的外观质量；

3. 模板板面平整，接缝严密不漏浆，模内必须洁净；

4. 构造简单，装拆容易，施工操作方便，确保施工安全。

一、模板加工与拼装质量通病

模板制作前应根据设计图纸和模板的材质，绘制模板加工图和模板组装图，核对工程结构或构件的各细部尺寸。复杂的结构及钢筋密集且纵横交错的部位，应由模板工、钢筋工通过放大样和现场实测，共同商定正确、合理的模板配制、组装及安装方案，减小和避免模板安装就位后钢筋骨架或钢筋难以安放的情况发生。

1. 模板拼装的质量缺陷

（1）现象

墩柱、桥梁防撞栏钢模板及定型组合钢模板拼装时，出现模板间拼缝超宽。模板制作必然存在误差，拼装模板容易出现纵向及横向错台、轮廓线不吻合、板间平整度较差等现象。拼装累积误差较大时，将导致模板组成的空间长宽高误差超过规定要求、对角线不等长（对矩形断面而言）或与理论计算值的偏差超过规定要求以及板件不规整等缺陷。

（2）原因分析

1）钢模板纵、横肋变形或扭曲。造成拼装缝超宽，对角线不等长。

2）钢模板配件不符合设计要求。如 U 形卡的夹紧力不足，无法夹紧两肋；又如螺栓孔位置偏差大，无法正常拼装等使模板错位。

3）模板纵、横肋高度或插销孔、螺栓孔、U 形卡孔与板面的间距偏差过大，致使模板错台及表面平整度不好。

4）紧固配件松紧不一致，支承楞弯曲，使模板拼装后的顺直度或垂直度不满足规定要求。

（3）预防措施

1）钢模板拼装前按质量标准检查，对因周转次数较多而产生误差过大的构件、零部件进行修理，应始终保持模板表面平整光洁，形状正确，不漏浆，并有足够的强度和刚度。

2）钢模板配件、钢楞使用前按质量标准检查，不合格者不得使用。

3）拼装方法及质量要求事前要进行技术交底。如拼装柱、梁模板时，应从一端挤紧。从一端装 U 形卡，U 形卡应正反交替放置。挡土墙墙身钢模板拼装时，宜由中间向外对称拼装。

4）为保证拼装质量，应设计模板装配图，并预留调整装配累积误差的位置。条件允许时，采用整体拼装、整体安装。

5）紧固配件的松紧程度要一致，所有内外钢楞交接处均应挂牢。

6）整体吊装模板和大模板，应保证有足够的强度和刚度，保证吊装时不变形。

2. 脱模剂（隔离剂）引起的缺陷

（1）现象

混凝土表面出现锈斑，色泽不匀、外观粗糙，甚至拆模时将混凝土表层粘掉，造成粘皮现象。

（2）原因分析

1）脱模剂选用不当或脱模剂涂抹方法不当。

2）脱模剂未完全干燥就浇混凝土，使脱模剂被混凝土粘掉而失效。

3）脱模剂涂抹后待浇混凝土的时间太长，脱模剂因下雨或暴晒而脱落。

4）拆模时间过早，混凝土表层因强度不足被粘掉。

（3）预防措施

1）根据模板材质、模板暴露时间因地制宜选用脱模剂。目前脱模剂的品种不断增加，施工单位应根据具体情况，进行技术及经济比较，并在现场作适当的试验，切实掌握与脱模剂相适应的施工工艺后，再推广使用。清水混凝土的模板宜使用同一品种的脱模剂，且不得使用沾污混凝土表面的油脂类脱模剂。

2）脱模剂完全干燥后才能浇筑混凝土。

3）根据脱模剂的类型及模板材质，采用适当的涂抹方法，保证涂抹均匀。

4）控制好拆模时间。

二、现浇混凝土结构的模板

现浇混凝土结构模板安装前，应根据设计图纸、结构要求和施工现场情况，妥善解决模板安装、钢筋安放及混凝土浇筑等工序需要交错进行时的合理施工顺序及模板钢筋的安装顺序。

1. 条形模板包括条形基础侧模，刚性扩大基础侧模，盖梁及台帽侧模等。

（1）现象

沿模板通长方向，模板上口不直，宽度不准；下口陷入混凝土内；拆模时上段混凝土缺损；底部上模不牢混凝土表面错台。

（2）原因分析

1）模板安装时，挂线垂直度有偏差，模板上口不在同一直线上，横向拉线检查点数过少。

2）模板上口固定设施刚度不足。浇筑混凝土时，混凝土侧压力使模板下端向外推移，以致模板上口受向内的推力而内倾，使上口减小。

3）模板上口未吊牢、撑好，在自重作用下模板下垂。浇捣混凝土时，部分混凝土由模板下口翻上来，未在初凝时将混凝土铲平，造成侧模下部陷入混凝土内。

4）底部侧模横向支撑不牢，模板长向接缝处断开，造成混凝土错台。

5）临时支撑直接撑在土坑边，接触处土壤松动掉落。振动混凝土时，斜撑底部嵌入土中。

（3）预防措施

1）模板应有足够的强度和刚度。支模时，垂直度要准确。支撑系统应牢固稳定。

2）模板上口应采用钉木带，设横向可拆卸的内撑木或其他固定设施，以控制条形模板上口宽度，并通长拉线，保证上口平直。

3）隔一定间距，将上段下口支承在钢筋支架上；也可用临时木撑，以便侧模高度保持一致。

4）发现混凝土由模板下部翻出来，应在混凝土初凝时轻轻铲平至模板下口，使模板下口不至于被混凝土卡牢。

5）混凝土呈塑性状态时切忌用铁锹在模板外侧用力拍打，以免引起上段混凝土下滑，形成根部缺损。

6）支撑直接在土坑边时，下面应垫以木板，以扩大其接触面。两块模板长向接头处应加拼条及横向支撑，使板面平整，连接牢固。

2. 墩柱模板缺陷

（1）现象

1）炸模。造成断面尺寸鼓出，表面平整度差、漏浆、混凝土不密实，或蜂窝麻面。

2）偏斜。同一排墩柱不在同一轴线上。

3）柱身扭曲。

（2）原因分析

1）柱箍不牢。钢模板的加劲肋与模板焊接质量差。钢模对接口螺栓抗剪强度不足或螺栓数量不足。

2）板缝不严密。钢模板对接长度不足或空隙过大。

3）成排柱子支模未通线，钢筋偏移未扳正就套柱模。

4）柱模未保护好，支模前已歪扭，未整修好就使用。钢模板刚度不足（板厚不足或板肋太疏）。

5）模板斜支撑受力不均匀，使模板支撑松紧不等。

6）模板上有混凝土残渣，未很好清理，脱模剂不匀，或拆模时间过早。

（3）预防措施

1）墩柱支模前，应先在底部弹出通线，墩柱上下口的直径或对角线均应检查。

2）墩柱支模板前必须先校正钢筋位置。

3）底部应作限位设施，保证底部位置准确，同时留清扫口，以便清理柱内垃圾和杂物。

4）成排柱模支撑时，应先立两端柱模，校直与复核位置无误后，顶部拉通长线，再立中间各根柱模。柱距不大时，相互间应用剪刀撑及水平撑搭牢。柱距较大时，各柱单独拉四面斜撑，保证柱子位置准确。

5）根据墩柱断面的大小及高度，进行模板设计，保证模板能承受混凝土侧压力及浇筑混凝土时的侧向冲击力。柱模外面每隔 50 ~ 100cm 应加设牢固的柱箍，认真检查螺栓等联结件及柱箍的紧固程度。

6）模板如定型模板拼装，拼缝应拼严，确保混凝土浇筑过程中不漏浆，不炸模，不产生外鼓。

7）较高的柱子可在模板中部一侧留临时浇筑孔，以便浇筑混凝土、插入振动棒。当混凝土浇筑到临时洞口时，即应封闭牢固。

8）钢模板的对接口及拼装合缝段必须精心设计、精心制作，并按拆卸顺序小心拆模。

3. 板模板缺陷

（1）现象

板中部下挠；板底混凝土面不平；梁板相接处，模板嵌入梁内不易拆除。

（2）原因分析

1）模板的支承楞或钢模板的纵、横肋过稀疏或用料较小，板底支承过疏，造成挠度过大。

2）模板支撑或支撑基础不牢，混凝土浇筑过程中荷载不断增加，基础下沉，板模变形、下挠。

3）板底模板不平，混凝土接触面平整度超过允许偏差。

4）将板模板铺钉在梁侧模上面，甚至略伸入梁模内，浇筑混凝土后，板模板吸水膨胀，梁模也略有外胀，造成边缘一块模板嵌牢在混凝土内（图 7-3）。

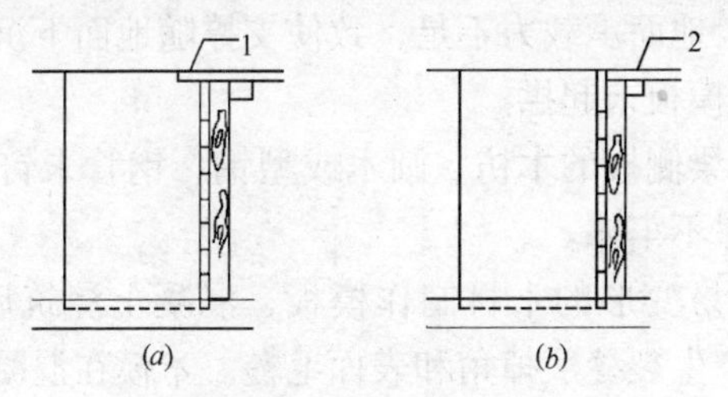

图 7-3　板模板做法

（a）错误做法；（b）正确做法

（3）预防措施

1）板模板的厚度要一致，并应有足够强度和刚度。模板的支承面要平整。

2）支撑材料应有足够强度，前后左右相互搭牢。支撑如撑在软土地基上，必须将地面预先夯实，并铺设通长垫木，必要时垫木下再加垫横板或钢板桩以增加支撑在地面上的接触面，保证在混凝土重量及施工荷载作用下不发生下沉（要采取措施消除地基受潮后可能发生的下沉）。

3）板模与梁模连接处，板模应拼铺到梁侧模外口齐平，避免模板嵌入梁休混凝土内，以便于拆除。

4）板模应按规定起拱。实际起拱度是设计预拱度与施工预拱度之和。

5）模板的各种支承（枋木或型钢）必须进行强度、刚度计算，以确定支承件的间距和几何尺寸。

4. 梁模板的缺陷

（1）现象

梁身不平直，梁底不平，梁中部下挠；梁侧模炸模（模板崩坍），拆模后发现梁身侧面有水平裂缝、掉角、表面毛糙；局部模板嵌入柱梁间，拆除困难。

（2）原因分析

1）模板支设未校直撑牢。

2）模板没有支撑在坚硬的地面上。混凝土浇捣过程中，由于荷重增加，地面承载力不足，致使支撑随地面下沉变形。

3）梁底模板未起拱。

4）固定梁侧模的木枋、圆木或型钢、钢管未钉牢或未固定稳固，或支撑不牢靠。

5）采用易变形的木材制作模板，混凝土浇筑后变形较大，易使混凝土产生裂缝、掉角和表面毛糙。木模在混凝土浇筑后吸水膨胀，事先未留空隙使模板变形翘曲。

6）底模支承梁或侧模支撑的纵向、竖向楞强度、刚度不足。

（3）预防措施

1）支梁模时应遵守边模包底模的原则。梁模与柱模连接处，应考虑梁模板吸湿后长向膨胀的影响，下料尺寸一般应略为缩短，使混凝土浇筑后不致嵌入柱内。

2）梁底模板的支承楞及支撑立柱间距应能保证在混凝土重量和施工荷载作用下不产生超过施工预拱度的变形，支撑底部如为泥土地面，应先认真夯实，铺放通长垫木或钢板，以确保支撑不沉陷或减少不均匀沉陷。

3）梁侧模及底模用料厚度，应根据梁的高度与宽度及模板的通用尺寸进行配制，必须有足够的拼条、横档与夹条。

4）梁侧模下口必须设地梁或压脚板，并固定在支架上，以保证混凝土浇筑过程中，侧模下口不致炸模。

5）根据梁的高度、宽度及形状，核算混凝土浇捣时的重量及侧压力（包括施工荷载），合理布置竖楞、纵楞及支撑系统。采用对拉螺栓增加模板的横向刚度。模内对拉螺栓可穿上钢管或硬塑料套管撑头，以保证梁宽并便于回收螺栓。

6）梁侧模上口模横挡应用斜撑双面支撑。若施工场地所限，只能用单面斜撑时，必须认真按模板及支撑设计的要求施工。

7）在混凝土浇筑前充分用水浇透模板，以利于拆模及保证混凝土表面的外观质量。

8）根据梁的跨度、高度、支架的布置形式、地基基础承载力及施工经验选取适当的施工预拱度。模板实际预拱度等于设计预拱度加施工预拱度。

5. 混凝土墙、桥台模板缺陷

（1）现象

1）炸模、倾斜或变形。

2）墙体厚薄不一，墙面高低不平。

3）墙根跑浆、露筋及蜂窝麻面，模板底部被混凝土及砂浆裹住，拆模困难。

4）墙角模板拆不出。

5）墙体分层浇筑出现接茬不平、错台。

6）变形缝处橡胶止水带未被混凝土包裹住或被挤偏。

（2）原因分析

1）模板制作不平整，厚度不一致，相邻两块墙模板拼接不严、不平。支撑不牢，没有采用对拉螺栓来承受混凝土对模板的侧压力，以致混凝土浇捣时炸模（或因选用的对拉螺栓直径太小，不能承受混凝土侧压力而被拉断）。

2）模板间支撑方法不当。如图 7-4*a* 只有水平支撑，属不稳定结构。当①墙振动混凝土时，墙模受混凝土侧压力作用向两侧挤出，①墙外侧有斜支撑顶住，模板不易外倾；而①墙与②墙同只有水平支撑，侧压力使①墙模板鼓凸，水平支撑推向②墙模板，使模板内凹，墙体失去平直；当②墙浇捣混凝土时，其侧压力推向③墙，使③墙位置偏移更大。

3）混凝土浇筑分层过厚，振动不密实，模板受侧压力过大，支撑变形。

4）角模与墙模板拼装不严，水泥浆漏出，包裹模板下口。拆模时间太迟，模板与混凝土粘结力过大。

（3）预防措施

1）墙面模板应拼装平整，符合质量检验评定标准。

2）有几道混凝土墙时，除顶部设通长连接钢管或木方定位外，相互间均应用剪刀撑撑牢（图 7-4*b*、*c*）。

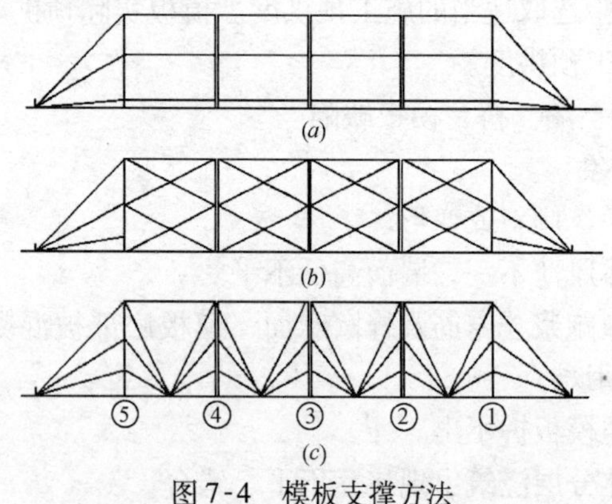

图 7-4　模板支撑方法

（*a*）错误支撑方法；（*b*）、（*c*）正确的支撑方法

3）墙身中间应用穿墙对拉螺栓拉紧，以承担混凝土的侧压力，确保不炸模（一般采用 $\phi12 \sim \phi16$mm 螺栓）。两片模板之间，应根据墙的厚度用钢管或硬塑料套管撑住，以保证墙体厚度一致。有防水要求时，应采用设有止水设施的螺栓。

4）每层混凝土的浇筑厚度，应控制在施工规范允许范围内。

5）不采用对拉螺栓工艺时，两侧墙体的支撑必须在施工方案中进行复核计算并严格按施工方案施工，通过认真的检查后方能浇捣混凝土。

三、预制场预制混凝土构件的模板

预制场预制混凝土构件多为大型构件和数量较多的构件，且多采用钢模板，组成钢模板的基本部件有底盘、侧模、端模及紧固件等。检验钢模板的质量，除模板及模内空间的长宽厚等尺寸外，还应包括扭翘、弯曲、窜角等项目。这里主要介绍预制构件钢模板的质量控制。

1. 侧模缺陷

（1）现象

1）侧向弯曲过大，构件成型后两头窄中间宽。采用模外张拉工艺时，由于预应力的反作用力需由侧模承受，更易产生侧向弯曲。

2）垂直方向产生弯曲，组装后与底盘缝隙大，引起跑浆，严重者使构件产生麻面。

3）扭曲变形，引起组装困难。

4）组装后侧模不垂直，上口大下口小。

5）旋转后侧模的合页板启闭不灵活。

6）表面局部硬伤变形。

（2）原因分析

1）设计截面本身垂直轴（Y 轴）惯性扭距小，在混凝土侧压力作用下，向外变形或扭曲。

2）旋转侧模使用次数多，合页板孔径变大或销轴磨细，也会引起构件尺寸误差。

3）由于清模不仔细，混凝土渣和水泥浆未清除干净，侧模受挤垫，造成垂直弯曲或上口大下口小，不垂直。

4）合页板与焊在底盘上的耳板位置不正确，或侧模本身纵向移动产生摩擦，因而启闭费力。

5）侧模在浇筑混凝土前未涂隔离剂或涂得不匀，脱模后粘结在侧模上，清理时锤击振动，使表面凹凸不平。

6）操作过程紧固件松动，使侧模变形。支拆或搬动时摔碰或支承不平而变形。

7）焊接变形或焊缝不足，不能起组合截面的功能，以致一经使用即产生变形。

（3）预防措施

1）侧模刚度要进行力学计算，尽量采用刚度较大的截面形式，如槽形、箱形等。

2）合页板焊接位置要正确。为减少旋转时的摩擦，可在合页板两边焊上6mm厚环形垫圈，如图7-5所示。

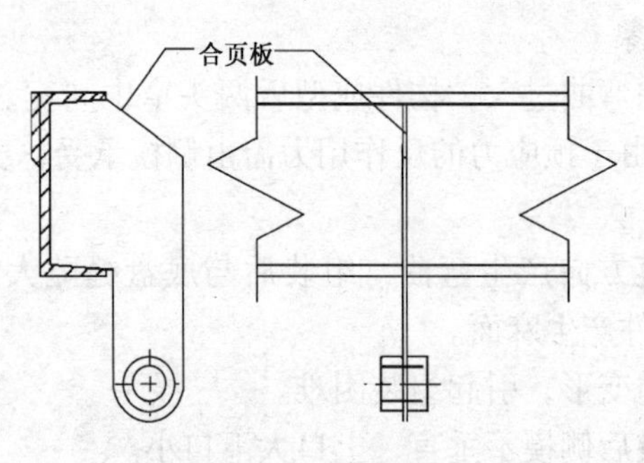

图7-5　合页板焊接

3）及时检查合页板旋转孔径，过大则更换。销轴磨细也要及时更换。紧固件如有掉落或变形要及时换备件。

4）制造过程焊接工艺要合理，焊缝尺寸应按设计要求。

2. 端模缺陷

（1）现象

一般钢模板的端模，有的是一块钢板，有的是带孔的“ ┏ ”形截面。如刚度不好，固定困难，造成质量问题较多。

1）平面变形或硬伤。

2）构件成型过程中端模上窜，引起构件超高。

3）构件端头外倾或内倒，不垂直。

4）构件端头预埋件位移。

（2）原因分析

1）模板设计时紧固构造考虑不周，在振动混凝土过程中引起端模活动。

2）用料刚度较差，经受不住混凝土的侧压力而引起变形。

3）操作过程中锤击、摔碰等，引起变形及硬伤。

4）混凝土渣未清理干净，硬性支模引起变形。

（3）预防措施

1）设计端模时不应只考虑自重轻和省料，要以力学计算为依据，必要时可用加劲肋提高其刚度。

2）设计的紧固工艺要可靠，位置易固定，易装拆。

3）按操作规程操作，不用或少用锤击。

4）有变形应及时修理，不能凑合使用。

5）预埋件应采取可靠固定措施，防止位移。

3. 预应力圆孔板钢模板缺陷

（1）现象

因构件带圆孔和配置预应力钢材，在采用模外张拉和机械流水工艺中，有其特殊性，其质量问题除上述各条外，还表现为：

1）预埋管和端模槽口不在一条直线上，造成穿筋困难和张拉力不准。

2）两端模圆孔中心不平行，引起穿圆管芯子困难。

3）张拉端U形承力板变形。

4）张拉板上挠变形，导致预应力钢材保护层偏大。

5）张拉板螺栓断裂。

（2）原因分析

1）钢模板加工不合格，未经验收或验收粗糙，投入使用即造成各种问题。

2）U形承力板多次重复承受张拉力，引起疲劳和剩余变形。

3）张拉板本身受力状态复杂，会引起变形。多次重复施力以及焊接等因素，可能引起螺栓开裂。

（3）预防措施

1）钢模板及其各种配套零部件的设计要明确提出加工误差，要按机械制图的规定标注尺寸，特别是圆孔中心线和槽口中心线应分别从板中心线计算，避免累计误差。

2）U形承力板的应力分析应从最不利条件考虑，如力的作用点可能上移或两个承力板受力不匀等，构造加固及焊接要可靠。

3）张拉板受力大且偏心，为了避免张拉板上挠变形和螺栓断裂等，对于较宽且受力较大的张拉板可以改为两块，以保证质量和安全。

4）经常检查零配件，发现隐患及变形应及时更换或修理。

四、混凝土浇筑期间的模板

模板支架系统必须有足够的强度、刚度和稳定性，并必须验算支架系统的地基承载力，保证混凝土浇捣期间模板稳定、不变形。

1. 跑模

（1）现象

混凝土侧压力使模板整体移位，造成断面尺寸加大，梁侧面偏斜甚至侧模坍落。

（2）原因分析

1）固定柱模板的柱箍不牢，柱模固定不当。

2）固定侧模的带木未钉牢或带木断面尺寸过小或支撑刚度

较弱，不足以抵抗混凝土侧压力。

3）未采用对拉螺栓来承受混凝土对模板的侧压力；或因对拉螺栓直径小，被混凝土侧压力拉断。

4）斜撑、水平撑或底角支撑不牢，支撑失效或移动。

（3）预防措施

1）根据柱断面大小及高度，在柱模外面每隔 50～100cm 加设牢固柱箍，并以脚手架和木楔找正固定。必要时，可设对拉螺栓加固。

2）梁侧模下口必须有条带木（压脚板），钉紧在横担木或支架系统上；离梁底 30～40cm 处加 ϕ12～ϕ16mm 对拉螺栓（用双根纵楞，螺栓放在两根纵楞型钢或钢管之间，由垫板传递应力），并根据梁的高度适当加设纵楞。

3）对拉螺栓直径一般采用 ϕ12～ϕ16mm。墙身中间应用穿墙螺栓拉紧，以承担混凝土侧压力，确保不跑模，其间距根据侧压力大小确定，一般约 60～150cm。

4）浇筑混凝土时，派专人随时检查模板支架情况并进行加固。

2. 胀模

（1）现象

因混凝土侧压力作用模板局部偏离平面或局部截面尺寸变大。

（2）原因分析

1）模板面板厚度较小，在混凝土作用下发生挠曲变形。

2）定型组合钢模板接头处没有竖楞或钢楞尺寸规格小，模板在混凝土侧压力的作用下发生弯曲变形，或卡具未夹紧模板。

3）模板的水平撑或斜撑过稀，未被支撑处模板向外凸出，呈悬臂结构状态。

4）模板的拐角处与端头处由于支撑薄弱而移位。

（3）预防措施

1）木模板厚应不小于 25mm，每 50cm 左右加楞条。直接承受混凝土侧压力的模板杆件及纵楞、竖楞的截面尺寸应保证施工过程中所产生挠度不超过跨度的1/400，且具有足够刚度。

2）基础侧模可在模板外设支撑固定。墩、台、梁、墙的侧模可设对拉螺栓加固。

3）定型组合钢模应按模板长度方向错缝排列。当梁高在30cm以内时，按模板每块长间距加支撑。当梁高在30～60cm时，可用梁夹具代替纵横楞条支撑，其间距不大于100cm。当梁高在60～120cm时，竖楞条间距宜为90cm。梁高120～140cm时，竖楞间距宜为75cm。墙竖向、横向楞条间距根据墙高决定。

4）加强模板的端头及拐角处的支撑及连接。

5）采用钢管卡具组装模板时，发现钢管卡具滑扣应立即换掉。

3. 漏浆

（1）原因分析

1）因模板翘曲或损伤而使钢模板拼缝过宽。

2）钢模板与木模板间由于连接不好而漏浆。

3）模板接缝过宽、松动或模板制作不良；支撑不牢固，侧模与底模接缝处漏浆。

4）墙模板底口接缝处，梁、墩、台的端模和拐角接缝处，桥墩与盖梁梁底接缝处等处理不细，易漏浆。

（2）预防措施

1）同“模板拼装的质量缺陷”预防措施（1）、（2）。

2）木模板拼缝应刨光拼严，可在缝内镶嵌塑料管（线），在拼缝处钉薄钢板或拼缝内插板条，缝内压塑料薄膜或水泥纸袋等。

3）对于拼缝过宽的钢模板，侧模与底模或墩柱与盖梁底模相接处采用夹垫薄泡沫片或薄橡胶片，并用U形卡扣紧，防止接缝漏浆。

4）柱、墙模板安装前，模板支撑垫板底部先用1∶3的水泥砂浆沿模板内边线抹成条带，并通过水准仪校正水平。

5）当钢筋混凝土结构形状不规则时，可用钢模板和木模板进行组合拼装。钢、木模接缝处，用长木螺钉将钢模边肋与木模紧密相连，必要时可垫夹薄泡沫片。

6）端模及截面尺寸改变处，加设对拉螺栓拉紧，必要时加设支撑立柱、拉杆以加固，防止胀模跑浆。

五、拆模质量通病及防治措施

模板、拱架和支架的拆卸期限应根据结构特点、模板部位和混凝土所达到的强度及龄期来决定，拆卸过程必须执行拆卸方案中明确规定的拆卸程序及安全技术措施。

1. 结构物或构筑物缺棱、掉角、振出裂纹

（1）原因分析

1）混凝土强度未达到可以拆除相应部位模板数值时过早地拆除模板和支撑，使混凝土的棱、角因拆模而损坏。

2）拆模方法失当，不是采用转角法使模板某一边脱开混凝土，然后逐步使模板全部脱离，而是猛烈地敲打和强拉、强扭，使混凝土震出裂纹。

3）模板未涂隔离剂或隔离剂被冲掉、涂刷不匀；模板清理不净使模板与混凝土粘连。

（2）预防措施

1）严格按拆卸要求和程序规定的顺序拆卸模板或拱架、支架。如需提前拆模，必须具备受力验算及试件强度试验报告并经技术部门批准后，方可拆除。

2）拆除顺序采取先支的后拆，后支的先拆；自上而下；先拆不承重者、后拆承重者的原则。钢模板先拆钩头螺栓和内外钢楞，然后拆卸U形卡、L形插销，再用钢钎轻轻撬动钢模板，或用木锤或用带胶皮垫的铁锤轻击钢模，把第一块钢模拆下，然后逐块拆除。

3）用撬棍时，为不伤混凝土棱角，可在撬棍下垫角钢头或木垫块。

4）模板的表面浇混凝土前必须涂抹隔离剂，并保证其有效性。

5）大体积混凝土拆模注意防止产生温度裂缝。防止内外温差超过25℃。

2. 结构物或构筑物发生断裂、损坏甚至倒塌

（1）原因分析

1）同1“结构物或构筑物缺棱、掉角、振出裂纹”的原因分析（1）。

2）拱架或支架因拆除顺序不当，产生设计或施工中未验算过的过大作用力引起混凝土断裂，甚至结构物、构筑物倒塌。

（2）预防措施

同1的预防措施。

六、支架

模板和支架除必须符合上述各节规定要求外，应使模板支架在风荷载、泵送混凝土所产生的冲击荷载等作用下有有效的抗倾倒措施。

1. 支架设计不当

（1）现象

1）支架设计的强度、刚度及稳定性不能可靠地承受施工过程可能产生的各种荷载，致使支架立柱倾斜、压弯甚至折断。

2）模板支承梁（木枋、型钢、杉条、贝雷桁架及组合桁架等）中部下挠过大甚至折断。

3）模板支撑，尤其是斜撑间距过大，不能保证结构物各部位的形状、尺寸准确。

4）拆模后发现梁板侧面有裂缝、掉角或表面平整度差。

5）由于支架系统部分构件破坏（尤其是预留施工通道处未作加强加固设计）引起整个支架失稳倒塌。

（2）原因分析

1）支架设计荷载偏小、漏项或计算范围选取不当。

2）支架结构计算简图选取不当。

3）支架有关计算参数选值不当。如立柱的允许抗压强度，惯性矩、受力面积、细长比等选用值与立柱本身的物理力学性质或受力状况不相符。

4）设计中没有对支架材料的规格尺寸、材质作明确的规定。

5）纵横向剪刀撑、水平拉杆设计不合理。

6）没有对施工中要求预留的通道（维持交通的通道，施工通道）作结构计算。通道位置支架的断面被削弱并出现斜向受力杆件，形成支架的薄弱环节。

7）支架节点设计不合理。

8）施工预拱度选取不合理。

（3）预防措施

1）根据《公路桥涵施工技术规范》（JTJ041—2004）等施工规范和结构特点计算支架承受的荷载。

2）根据支架的结构形式合理选取其计算简图和计算参数。例如，钢管矩阵支架计算长度及两端支座计算模式的拟定；又如，钢质门式脚手架每根立柱的承载力应根据门式架搭设的层数选取。

3）支架立柱的间距设计时必须同时考虑立柱本身的受力状况和地基基础情况，确保在可能产生的各种荷载组合作用下支架的变形在允许范围之内。

4）支架设计要进行荷载不均匀分布的验算。考虑在各种可能产生的水平荷载作用下的稳定性。例如，纵坡超过3%时，垂直荷载水平分力的作用，泵送混凝土输送管道对支架的水平推力，混凝土入模时的冲击力等。

5）必须考虑作用在模板、支架上的风力。水中支架还要考虑水流压力、漂流物的冲击力、流冰压力等荷载。

验算倾复的稳定系数不得小于1.3。

6）模板-支架系统设计必须包括下列主要内容：

a. 模板-支架平面布置图，纵立面图，横剖面图，总装图，节点细部构造图，地基基础处理图（或说明），纵横向剪刀撑、水平拉杆的布置，结构物投影线外侧施工走道布置。

b. 在计算荷载作用下，对拱架和支架结构按受力程序分别验算其强度、刚度及稳定性。

c. 模板、拱架和支架的制作安装、使用、拆卸及保养等有关的施工程序、技术安全措施和注意事项。

d. 模板、拱架和支架各种材料的规格、尺寸及数量，材料的材质要求。

e. 模板、拱架和支架设计说明书及施工总说明。

f. 工程建设规范、规定。

g. 根据支架材质、地基条件及支架结构形式，参照同类工程的实际情况决定施工预拱度（纵向及横向）。验算模板、支架刚度时，其变形值不得超过下列数值：

（a）结构外露面的模板，挠度为模板构件跨度的1/400。

（b）结构隐蔽面的模板，挠度为模板构件跨度的1/250。

（c）拱架、支架受载后挠曲的杆件，其弹性挠度为相应结构自由跨度的1/400。

（d）钢模板面板变形为1.5mm。

（e）钢模板的钢棱（肋板）、柱箍变形为3mm。

2. 支架材质不当

（1）现象

钢竹混搭。材质差，如钢管锈蚀严重；竹材尾径小于6～7cm或开裂，木材外层腐烂削弱了有效截面，竹龄或木龄差别太大，零部件受损伤，组合钢桁架杆件与连接板间假焊、漏焊或焊缝长度不足，钢质门式脚手架变形扭曲，上下托或斜撑丢失，各类杆件弯曲，连接件强度不足，磨损后断面被削弱，螺栓直径太小等。

（2）原因分析

1）没有认真执行材料检验制度，没有按有关施工规范和支架设计要求认真选材，致使材质差或材料规格、尺寸不合乎要求。

2）备料数量不足或仅凭未经理论计算和科学论证的经验施工，不能适应构筑物结构形式变化大、对支架质量要求各异的实际情况。

（3）预防措施

1）严格按设计要求及有关规范进行材料验收。

2）材质较差的杆件（含竹、木杆件），经验算后降级使用（如从主要受力部位改至次要受力部位使用）。

3）对已使用过的质量不合格的杆件或更换或采用切实可靠的补强措施。

3. 支架施工不当

（1）现象

1）同本节“六、1. 支架设计不当”中所列各条。

2）支架构件间连接松散，剪刀撑间距过大或着地处固定不牢，整体稳定性差。

3）通道搭设不合理，如顶部未设对头顶传递水平推力，斜立柱顶部没有足够的抵抗位移措施。

4）立柱垂直度偏差过大，立柱底脚悬空或基础松散。立柱对接措施不当，形成附加偏心弯矩。

5）施工用脚手架、便桥与构造物的模板支架相连接，尤其是混凝土输送管道转弯的支撑系统与模板支撑相连，对支架产生附加垂直荷载及水平荷载。

6）钢竹混搭。超过 4m 高的竹木支架的立柱采用搭接或对接。

7）不同班组结合部位搭接不足，形成施工缝甚至通缝。

（2）原因分析

1）未按支架设计的各项要求及施工规范施工。

2）对接或搭接杆件或构件的接口配件制作误差过大或杆件、构件经反复使用已弯曲、破损。

3）节点施工不规范。如钢管立柱或钢质门式脚手架立柱与水平拉杆、纵横向剪刀撑相交处没有用生死扣锁定。竹、木支架构件间连接未按规定绑扎。

4）纵横剪刀撑、水平剪刀撑本身刚度不足或与立柱连接不牢。

5）施工中混凝土浇筑方法不合理，对支架产生附加的荷载。例如，某支架横剖面有部分落于河滩及河滩边坡上，另一部分落在岸边平整的山岗基础上。浇混凝土时，应从山岗基础部分逐步向河滩部分推进。

6）施工中附加荷载改变了支架的受力状况。如混凝土输送管道转弯处的附加荷载，后张预应力混凝土施加应力时引起反力点的转移等。

7）节点、立柱支垫层次过多，支垫物之间的间隙过大。

（3）预防措施

1）尽量减小杆件接头。两相邻立柱接头应尽量分设在不同的水平面上。如钢管矩阵支架，宜采用长度不同的钢管相间布置立柱。竹木支架的立柱高度不宜大于4m，高于4m的立柱不得有接头。

2）主要受压杆应使用对接法，用木夹板、铁夹板或对接套管夹紧，次要构件可用搭接法连接。

3）支架节点处的连接，应力求简单、受力状况清晰。

4）模板——支架系统所用的木楔必须选用木质坚硬的材料，安装时应背紧且位置要恰当，防止支架发生不符合设计要求的变位。

5）避免钢竹、钢木混搭支架。确实无法避免此种现象时，要确保两种不同结构的结合部连接措施的安全可靠性。

6）分班组搭设的支架，班组结合部各种连接构件对接或搭接情况必须严格检查。

7）高墩柱的模板——支架系统及风力较大的施工季节，支架应设置风缆绳固定。

8）支架应预留施工预拱度。施工预拱度应考虑下列因素来决定：

a. 结构自重及模板、拱架和支架承受施工荷载引起的弹性变形；

b. 超静定结构由于混凝土收缩、徐变及温度变化引起的挠度；

c. 承受推力的墩台因水平位移引起的挠度；

d. 杆件接头受载后的挤压和卸落设备压缩而产生的非弹性变形及支架基础受载后的非弹性沉陷。

9）把支架构件或杆件固定到桥墩柱或桥台处作横向固定连接，还可加设风缆绳，以提高其整体稳定性。

10）支架安装完毕后，应对其平面位置、顶面标高、立柱间距和材质、节点联结、纵横向稳定性、地基基础处理情况、通道搭设情况等逐项作全面检查。

11）有汽车通行时加设限高及隔离设施；水中支架应设置坚固的防冲撞围护设施，以免船只及漂流物冲撞。夜间或能见度低的白天应设警示灯和照明设施。

第三节 钢 筋

钢筋是钢筋混凝土结构（含预应力混凝土）的重要原材料。使用前除应检查其外观质量外，还必须按材料质量控制的要求进行检验及试验。本章着重介绍非预应力钢筋加工、安装及连接的质量通病和防治措施：

一、原料材质

钢筋必须有出厂质量保证资料（合格证或试验报告），其力学性能必须符合国家现行标准。钢筋应按种类、规格、等级、生产厂家分别验收和堆放，不得混杂，堆放时应避免钢筋受腐蚀和污染。

1. 表面锈蚀

(1) 现象

钢筋表面出现黄色浮锈，严重的转为红色，日久后变成暗褐色，甚至发生鱼鳞片状剥落现象。

(2) 原因分析

保管不良，受到雨、雪侵蚀；存放期过长；仓库环境潮湿，通风不良。

(3) 预防措施

1) 钢筋原料应存放在仓库或料棚内，保持地面干燥；钢筋不得直接堆置在地面上，必须用混凝土墩、砖或垫木垫起，离地面200mm以上。

2) 工地临时保管钢筋原料时，应选择地势较高、地面干燥的露天场地；根据天气情况，必要时加盖雨布；场地四周要有排水措施。

3) 尽量缩短堆放期和库存期，原则上先进场（库）的先使用。

(4) 治理方法

淡黄色轻微浮锈不必处理。红褐色锈斑的清除，可采用手工（用钢丝刷刷或麻袋布擦）或机械方法，并尽可能采用机械方法。盘条细钢筋可通过冷拉或调直过程除锈；粗钢筋采用专用除锈机除锈，如圆盘钢丝刷除锈机（在马达转动轴上安两个圆盘钢丝刷刷锈）。对于锈蚀严重，发生锈皮剥落现象的，因麻坑、斑点损伤截面的，应研究是否降级使用或另作处置。

2. 混料

(1) 现象

钢筋品种、等级混杂不清，直径大小不同的钢筋堆放在一起，有技术证明与无技术证明的非同批原材料垛在一堆，难以分辨，影响使用。

(2) 原因分析

原材料仓库管理不当，制度不严；钢筋出厂未按规定轧制螺纹或涂色；直径大小相近的，用目测有时分不清；技术证明未随钢筋实物同时送交仓库。

（3）预防措施

1）仓库应设专人验收入库钢筋；库内划分不同钢筋堆放区域，每堆钢筋应立标签或挂牌，表示其品种、等级、直径、技术证明编号及整批数量等。

2）验收时要核对钢筋螺纹外形和涂色标志，如钢厂未按规定做，要对照技术证明单内容进行鉴定；钢筋直径不易分清的，要用卡尺检查。

（4）治理方法

发现混料情况后应立即检查并进行清理，重新分类堆放；如果翻垛工作量大，不易清理，应将该堆钢筋做出记号，以备发料时提醒注意；已发出去的混料钢筋应立即追查，并采取防止事故的措施。

3. 钢筋弯曲变形

（1）现象

钢筋在运至仓库时发现有严重曲折形状。沿钢筋全长有一处或数处“慢弯”。

（2）原因分析

运输时装车不注意；运输车辆较短，条状钢筋弯折过度；用吊车卸车时，挂钩位置不合理或堆放不慎；压垛过重。

（3）预防措施

1）采用车架较长的运输车或用挂车接长运料。

2）对于较长的钢筋，尽可能采用吊架装卸车，避免用钢丝绳捆绑。

（4）治理方法

利用矫直台将弯折处矫直。对于曲折处圆弧半径较小的“硬弯”，矫直后应检查有无局部细裂纹。局部矫正不直或产生裂纹的，不得用作受力筋。对Ⅱ级和Ⅲ级钢筋的曲折后果应特别注意。直径为14mm以下（含14mm）钢筋可用钢筋调直机调直，粗钢筋则人工调直。

4. 试样强度不足或冷弯性能不良

（1）现象

1）在一组钢筋试样中，取一根试件作拉力试验，另一根试件作冷弯试验，其试验所得的指标不符合技术标准要求。

2）钢筋因冷弯性能不良，成型后弯曲处外侧产生横向裂缝。

（2）原因分析

1）钢筋出厂时检验疏忽，以致整批材质不合格，或材质不均匀。

2）钢筋含碳量过高，其他化学成分含量不合适，引起塑性性能偏低。

3）钢筋轧制有缺陷，如表面裂缝、结疤或折叠。

（3）预防措施

1）收到钢厂发来的钢筋原材料后，应首先仔细查看出厂证明书或试验报告单，发现可疑情况，如强度过高或波动较大等，应进行复查。

2）采购及使用前发现试件强度不足或冷弯性能不良，应通知生产厂家或供货部门注意并退换或降级处理。

（4）治理方法

另取双倍数量的试件作第二次试验，如仍有一根试件的屈服点、抗拉强度、伸长率及冷弯性能中任一项指标不合格，则该批钢筋不予验收，或作降级处理。

5. 钢筋纵向裂缝

（1）现象

螺纹钢筋沿“纵肋”发现纵向裂缝，或在“螺距”部分有断续的纵向裂缝。

（2）原因分析

轧制钢筋工艺缺陷所致。

（3）预防措施

剪取实物送钢筋生产厂家或供货单位，提醒今后生产时或购料时注意加强检查，不合格不得出厂。

（4）治理方法

作为直筋（不加弯曲）用于不重要构件，并且仅允许裂缝位于受力较小处；如裂缝较长，该钢筋应报废。

二、钢筋加工时的质量通病及防治

1. 剪断尺寸不准

（1）现象

剪断尺寸不准或被剪钢筋端头不平。

（2）原因分析

1）定尺卡板活动。

2）刀片间隙过大。

（3）预防措施

1）拧紧定尺卡板的紧固螺栓。

2）调整固定刀片与冲切刀片间的水平间隙，对冲切刀片作往复水平动作的剪断机，间隙以0.5~1mm为合适。

（4）治理方法

根据钢筋所在部位和剪断误差情况，确定是否可用或返工。

2. 箍筋不方正

（1）现象

矩形箍筋成型后拐角不成90°，或两对角线长度不相等。

（2）原因分析

箍筋边长成型尺寸与图纸要求误差过大；没有严格控制弯曲角度；一次弯曲多个箍筋时没有逐根对齐。

（3）预防措施

注意操作，使成型尺寸准确，当一次弯曲多个箍筋时，应在弯折处逐根对齐。

（4）治理方法

当箍筋外形误差超过质量标准允许值时，对于Ⅰ级钢筋，可以重新将弯折处调直，再进行弯曲调整（只可返工一次）；对于其他品种钢筋，不得重新弯曲。

3. 成型尺寸不准

（1）现象

钢筋长度和弯曲角度不符合图纸要求。

（2）原因分析

下料不准确；画线方法不对或误差大；用手工弯曲时，扳距选择不当；角度控制没有采取保证措施。

（3）预防措施

1）加强钢筋配料管理工作，根据本单位设备情况和传统操作经验，预先确定各种形状钢筋下料长度调整值，配料时考虑周到。

2）为了保证弯曲角度符合图纸要求，在设备和工具不能自行达到准确角度的情况下，可在成型案上画出角度准线或采取钉扒钉做标志的措施。

3）对于形状比较复杂的钢筋，如进行大批成型，最好先放出实样，并根据具体条件预先选择合适的操作参数（画线、板距等），以作为示范。

（4）治理方法

当成型钢筋各部分误差超过质量标准允许值时，应根据钢筋受力特征分别处理。如其所处位置对结构性能没有不良影响，应尽量用在工程上；如弯起钢筋起点位置略有偏差或弯曲角度稍有不准，应经过技术鉴定确定是否可用，但对结构性能有重大影响的，或钢筋无法安装（如钢筋长度或高度超出模板尺寸，则必须返工；返工时如需重新将弯折处直开，则仅限于Ⅰ级钢筋返工一次，并应在弯折处仔细检查表面状况（如是否变形过大或出现裂纹等）。

4. 成型钢筋变形

（1）现象

钢筋成型时外形准确，但在堆放过程中发现扭曲、角度偏差。

(2) 原因分析

成型后往地面摔得过重，或因地面不平，或与别的钢筋碰撞变形，堆放过高压弯，搬运频繁。

(3) 预防措施

1) 搬运、堆放要轻抬轻放，放置地点应平整。

2) 尽量按施工需要运去现场并按使用先后堆放，以避免不必要的翻垛。

(4) 治理方法

将变形的钢筋抬在成型台上矫正；如变形过大，应检查弯折处是否有碰伤或局部出现裂纹，并根据具体情况处理。

5. 圆型螺旋筋直径不准

(1) 现象

用手摇滚筒制作圆形螺旋筋，成型后直径不符合要求。

(2) 原因分析

圆型螺旋筋成型所得的直径与绑扎时拉开的螺距和钢筋原材料的弹性性能有关，制作成型时没有认真考虑这两个因素将使成型后直径产生偏差。

(3) 预防措施

根据钢筋原材料实际性能和构件要求的螺距大小，确定卷筒直径。盘缠在卷筒上的钢筋放松时，螺旋筋会往外弹出一些，拉开螺距后会使螺旋筋直径略微缩小，其间差值应由试验确定。

(4) 治理方法

成型螺旋筋直径超过允许偏差标准时，可用合适直径的卷筒再行盘缠，调整到符合质量要求为止。

6. 冷拉钢筋伸长率不合格或强度不足

(1) 现象

冷拉钢筋试件检验时，所得的伸长率或抗拉强度小于技术标准的要求数值。

(2) 原因分析

钢筋原材料质量不良。原材料抗拉强度不足，控制冷拉率过小或控制应力过小。或因钢筋原材料含碳量过高，使其强度过高，控制冷拉率过大或控制应力过大。

（3）预防措施

预先检验原材料材质，并根据材质情况，由试验结果确定合适的控制应力和冷拉率。

（4）治理方法

伸长率不足或强度不足的冷拉钢筋属于不合格产品，应降级使用。但是，冷拉钢筋作拉力试验应按规范规定，第一次结果中伸长率或强度不合格，则另取双倍数量的试件重做试验（包括拉力和冷弯试验），如果屈服点、抗拉强度、伸长率、冷弯各种指标中仍有一项不合格，才认为这批冷拉钢筋不合格。

7. 钢筋代换后根数不能均分

（1）现象

同一编号的钢筋分几处布置，因进行规格代换后根数变动，不能均分于几处。

（2）原因分析

在钢筋材料表中，钢筋根数往往只写总根数，在进行钢筋代换计算时忽略了钢筋分几处布置的情况。例如，原设计 8 根直径为 20mm 的Ⅱ级钢筋，根据强度计算用 9 根直径为 18mm 的Ⅲ级钢筋代换，可是施工图上这 8 根钢筋是按每 4 根布置于两处的，改为 9 根后就无法均分了。

（3）预防措施

进行钢筋代换参看施工图，弄清钢筋分几处布置。在钢筋加工用的材料表上应将总根数改用分根数累计的表示形式，然后按分根数考虑代换方案。例如，上例的 8 根钢筋分两处布置，则将根数改写为“2 ×4”，并按 4 根进行代换作业。

（4）治理方法

按分根数表示的材料表进行代换，或根据具体条件进行计算，补充不足部分。例如，上例 2 ×4 根 ϕ20mm Ⅱ级钢筋可用Ⅲ级钢筋代换如下：一处用 5 根 ϕ18mm 钢筋，另两处用 4 根

ϕ18mm 加 1 根 ϕ12mm 钢筋。

8. 不符合要求

（1）现象

用大规格钢筋代替小规格钢筋或用高强度钢筋代换低强度钢筋时引起不符合构造配筋要求。

（2）原因分析

利用等强度代换原则时没有考虑构件的受力要求和构造配筋要求。

1）用高强度等级钢筋替代低强度等级钢筋容易产生代换后钢筋直径小于最小直径规定，根数少于构造要求的最少根数或间距大于构造要求的最大钢筋间距。

2）用大规格钢筋替代小规格钢筋使受力筋间距加大或截面有效高度减小。

（3）预防措施

1）代换时要了解被代换钢筋的作用。对重要结构或部位的主筋代换，应征得设计人认可。

2）以粗代细时，应校核混凝土与钢筋的握裹力。

3）当代换后钢筋排数增加，截面有效高度将减小或要改变弯起钢筋位置时，应复核截面强度或斜截面的抗剪强度。

4）等强度代换时，钢筋直径相差宜不超过 4 ~ 5mm，变更后钢筋总截面积不得小于原来的 2% 或大于 5%。

5）钢筋强度等级变换不宜超过 1 级。以高强代低强时，宜改变钢筋直径，而不宜改变钢筋根数，必要时需作抗裂及挠度校核。

三、钢筋安装的质量通病

钢筋绑扎或焊接好的骨架必须具有足够的刚度和稳定性，以便在运送、吊装和浇筑混凝土时不发生松散、变形和移位，必要时可加斜筋加固或在钢筋骨架的某些连接点处，焊接加强。钢筋入模后，应在模板上垫好垫块，并在钢筋骨架侧面绑好垫块，以确保钢筋保护层厚度。

1. 骨架外形尺寸不准

（1）现象

在模板外绑扎的钢筋骨架，往模板内安放时发现放不进去，或划刮模板。

（2）原因分析

钢筋骨架外形不准，首先应检查各型号钢筋加工外形是否准确，如成型工序能确保各部尺寸合格，就应从安装质量上找原因。安装质量影响固素有两点：多根钢筋端部未对齐；绑扎时某号钢筋偏离规定位置。

（3）预防措施

1）绘制骨架及与骨架上下相连钢筋的组装图，根据组装图确定骨架及与之相连钢筋的下料长度及安装方法。弯道桥梁的钢筋骨架，应根据其安装位置准确计算理论长度后决定下料长度，严格按组装图的顺序制作和安装。

2）绑扎时将多根钢筋端部对齐；防止钢筋绑扎偏斜或骨架扭曲。

（4）治理方法

将导致骨架外形尺寸不准的个别钢筋松绑，重新安装绑扎。切忌用锤子敲击，以免骨架其他部位变形或松扣。

2. 绑扎网片斜扭

（1）现象

绑好的钢筋网片在搬移、运输或安装过程中发生歪斜、扭曲。

（2）原因分析

搬运过程中用力过猛，堆放地面不平；绑扣钢筋交点太少；绑一面顺扣时方向变换太少。

（3）预防措施

1）堆放地面要平整；搬运过程要轻抬轻放。

2）增加绑扎的钢筋交点；一般情况下，靠外围两行钢筋交点都应绑扣，网片中间部分至少隔一交点绑一扣；一面顺扣，要交错着变换方向绑。

3）网片面积较大时可用细一些的钢筋作斜向拉结。

（4）治理方法

将斜扭网片正直过来，并加强绑扎，紧固结扣，增加绑点或加斜拉筋。

3. 保护层不准

（1）现象

1）浇筑混凝土前发现保护层厚度没有达到规范要求。

2）浇筑混凝土、拆模后发现露筋或结构受拉区出现因保护层不准而引起的裂缝。

（2）原因分析

1）保护层砂浆垫块厚度不准，垫块垫得太少，垫块因制作或养护原因引起强度不足。

2）当采用翻转模板生产平板时，如保护层处在混凝土浇捣位置上方由于没有采取可靠措施，钢筋网片向下移位。

3）桥面铺装层钢筋网片因没有可靠的定位措施，浇混凝土时操作人员在其上面踩踏而向下移位，使保护层过厚而引起铺装层裂缝。

（3）预防措施

1）检查砂浆垫块厚度是否准确，强度是否足够，并根据其支承的钢筋重量适当垫够。

2）钢筋网片有可能随混凝土浇捣而沉落时，应采取措施防止保护层偏差，例如用钢丝将网片绑吊在模板楞上，或用钢筋支承件承托钢筋网片。

（4）治理方法

浇捣混凝土前发现保护层不准，可以采取上述预防措施补救；如成型构件保护层不准，则应根据其受力状态和结构重要程度，采取加固措施，严重的则应报废。

4. 骨架或钢筋笼吊装变形

（1）现象

钢筋骨架或钢筋笼用吊车装入模时发生扭曲、弯折、歪斜等变形。

(2) 原因分析

骨架本身刚度不够；起吊后悠荡或碰撞；骨架钢筋交点绑扎欠牢；骨架吊点不足。

(3) 预防措施

1) 起吊操作力求平稳；钢筋骨架起吊点要预先根据骨架外形、重量和构造，选择其位置和数量，并牢固焊接在骨架上；刚度较差的骨架可绑木杆加固，或利用“扁担”起吊（即通过吊架或横杆起吊，使起吊力垂直作用于骨架)。

2) 骨架各钢筋交点都要绑扎牢固，必要时用电焊适当加焊几点。增加吊点和设置加强钢筋都可以增强钢筋骨架的稳定性，减小吊装变形。

(4) 治理方法

变形骨架应在模板内或附近修整平复。严重的应拆散、矫直后重新组装。

5. 外伸钢筋错位

(1) 现象

桩顶、柱下预制板和梁的外伸钢筋位置偏离设计要求过大，使它与相应的对接钢筋搭接不上。

(2) 原因分析

1) 钢筋安装后虽已自检合格，但由于固定钢筋措施不可靠，发生变位。

2) 浇捣混凝土时被振动器或其他操作机具碰歪撞斜，没有及时校正。

(3) 预防措施

1) 在外伸部分加一道临时箍筋，按图纸位置安好，然后用样板、铁卡或木方卡好固定；浇捣混凝土前再复查一遍，如发生移位，则应校正后再浇捣混凝土。

2) 注意浇捣操作，尽量不碰撞钢筋，浇捣过程中由专人随时检查，及时校正。

(4) 治理方法

在靠近搭接不可能时，仍应使上柱钢筋保持设计位置，并采取垫筋焊接联系。

6. 预埋插筋错位

(1) 现象

框架梁两端或预制梁外伸插筋、面板或横隔板间的连接钢筋错位，无法相互焊接。

(2) 原因分析

插筋固定措施不可靠，在浇捣混凝土过程中被碰撞，向上下或左右歪斜，偏离固定位置。

(3) 预防措施

1) 外伸插筋用箍筋套上，并利用模板进行固定。模板在外伸钢筋位置上留卡口或孔洞固牢外伸钢筋。

2) 浇捣混凝土过程中应随时注意检查，如固定处松脱应及时校正。

(4) 治理方法

梁、柱插筋如不能对顶施加坡口焊，只好采取垫筋焊接联系，但这样做会使接点钢筋承受偏心力，对结构工作很不利。因此，处理方案必须通过设计部门核实同意。

7. 同截面接头过多

(1) 现象

在绑孔或安装钢筋骨架时发现同一截面内受力钢筋接头过多，其截面面积占受力钢筋总截面面积的百分率超出规范规定数值。

(2) 原因分析

1) 钢筋配料时疏忽大意，没有认真考虑原材料长度。

2) 忽略了某些杆件不允许采用绑扎接头的规定。

3) 忽略了配置在构件同一截面中的受力钢筋接头，其中距不得小于搭接长度的规定（对于接触对焊接头，凡在 30d 区域内作为同一截面，但不得小于500mm，其中d为受力钢筋直径）。

4）分不清钢筋处在受拉区还是受压区。

（3）预防措施

1）配料时按下料单钢筋编号再划出几个分号，注明哪个分号与哪个分号搭配。对于同一组搭配而采用不同安装方法者（如同一组搭配而各分号一顺一倒安装的），要加文字说明。

2）轴心受拉和小偏心受拉杆件（如桁架下弦、拱拉杆等）中的钢筋接头，均应焊接，不得采用绑扎接头。

3）弄清楚规范中规定的同一截面含义。

4）如分不清受拉或受压区时，接头设置均应按受拉区的规定办理。如果在钢筋安装过程中安装人员与配料人员对受拉或受压区理解不同（表现在取料时，某分号有多有少），则应讨论解决。

（4）治理方法

在钢筋骨架未绑扎时，发现接头数量不符合规范要求，应立即通知配料人员重新考虑设置方案；如已绑扎或安装完钢筋骨架才发现，则根据具体情况处理，一般情况下应拆除骨架或抽出有问题的钢筋返工；如果返工影响工时或工期太大，则可采用加焊帮条或将绑扎搭接改为焊接搭接。

8. 钢筋或钢筋网主副筋位置放错

（1）现象

条型基础主筋位置放错，悬臂梁弯起钢筋方向放反，双层钢筋网的主筋和副筋上下位置放反，桥面铺装层钢筋网位置放错等往往容易发生。

（2）原因分析

1）没有对安装人员进行认真的技术交底，操作人员疏忽或操作错误。

2）钢筋或钢筋网片支撑措施不力，浇混凝土时钢筋或钢筋网向下移位。

（3）预防措施

1）技术交底时交待清楚钢筋的安装位置、安放方向及保护层的位置。

2）利用钢筋支架或套箍固定钢筋位置。

3）浇混凝土时人行走桥，混凝土入模装置不得直接压在钢筋骨架上。人行走桥及施工机具应采用必要的支撑，防止钢筋移位变形。

4）浇混凝土前及浇混凝土时进行认真的检查和监控，发现问题及时纠正。

（4）治理方法

浇混凝土前及时纠正错误。浇混凝土时发现错误或偏差，能纠正的纠正后继续浇混凝土；不能纠正的应将混凝土清出再纠正；实在无法纠正者，必须通过结构受力计算决定处理措施（补强加固或报废）。

9. 双层网片移位

（1）现象

配有双层网片的梁底板及面板、薄墩墩身和挡土墙墙身，在浇混凝土时常出现双层网片间距小于设计要求，尤其是上层网片向下沉落。只有当构件被碰损露筋时才能发现。

（2）原因分析

1）网片固定方法不当；振动碰撞。

2）预留插筋移位，迫使两层网片间距减小。

（3）预防措施

1）利用套箍或钢筋制成支承架，将上、下网片绑在一起。并固定其间距使之连成整体。

2）参照“钢筋或钢筋网主副筋位置放错”的预制措施（3）、（4）。

（4）治理方法

当发现双层网片移位情况时，构件已经制成，则应通过计算确定构件是否报废或降级使用。

10. 钢筋错漏、预埋件遗漏

（1）现象

在检查核对绑扎好的钢筋骨架时，发现某号钢筋错或漏、预埋件遗漏。

（2）原因分析

1）施工管理不当，没有事先熟悉图纸和研究各号钢筋安装顺序。

2）施工图交待不清楚或未将设计变更的情况及时在图纸上更改。

（3）预防措施

1）绑扎钢筋骨架之前要熟悉图纸，及时改正图纸中存在的问题。

2）按钢筋材料表核对配料单和料牌，完善加工场的技术管理办法，检查钢筋规格是否齐全准确，形状、数量是否与图纸相符。在熟悉图纸的基础上，仔细研究各号钢筋绑扎安装顺序和步骤。

3）整体钢筋骨架绑完后，应清理现场，检查有没有钢筋及预埋件遗漏未用。

（4）治理方法

漏掉钢筋及预埋件要全部补上。骨架构造简单者，将遗漏钢筋放进骨架，即可继续绑扎；复杂者要拆除骨架部分钢筋才能补上。对于已浇筑混凝土的结构物或构件，发现某号钢筋遗漏，则要通过结构性能分析来确定处理方案。

11. 露筋

（1）结构或构件拆模时发现混凝土表面有钢筋露出。

（2）原因分析

保护层砂浆垫块垫得太稀或脱落；由于钢筋成型尺寸不准确，或钢筋骨架绑扎不当造成骨架外形尺寸偏大，局部抵触模板；振动混凝土时，振动器撞击钢筋，使钢筋移位或引起绑扣松散。

(3) 预防措施

1) 砂浆垫块垫得适量可靠，竖立钢筋可采用埋有钢丝的垫块绑在钢筋骨架外侧；同时，为使保护层厚度准确，应用钢丝将钢筋骨架拉向模板，将垫块挤牢。

2) 严格检查钢筋的成型尺寸。模外绑扎钢筋骨架时，要控制好它的外形尺寸，不得超过允许偏差。

(4) 治理方法

范围不大的轻微露筋可用水泥浆或水泥砂浆堵抹；露筋部位附近混凝土出现麻点，应沿周围敲开或凿掉。直至看不到孔眼为止，然后用砂浆抹平。为保证修复水泥浆或砂浆与原混凝土接合可靠，原混凝土面要用水冲洗、用铁刷子刷净，使表面没有粉层、砂粒或残渣，并在表面保持湿润的情况下补修。重要受力部位的露筋应经过技术鉴定后，采取措施补救。

12. 吊环筋缺陷

(1) 现象

吊环直径太小，穿吊装钢丝绳困难。吊环钢筋直径太小或钢材选错。吊环位置不对。

(2) 原因分析

1) 吊孔设计时未考虑所用的钢丝绳的规格形状。

2) 操作人员马虎，未按吊环设计要求制作及安装。

(3) 预防措施

1) 预留吊孔前与吊机手及起重工联系，合理确定吊孔尺寸及位置。

2) 吊环不得用冷拉钢筋或螺纹钢筋制作，必须用未经冷拉的光面钢筋制作，吊环钢筋宜与构件钢筋焊接定位。

3) 根据构件重量求得吊环实际承载力后核算吊环钢筋直径。

四、钢筋闪光对焊的质量通病及防治

钢筋闪光对焊主要用 VN 系列对焊机，焊接参数包括闪光留量、闪光速度、顶锻留置、顶锻速度、顶锻压力、调伸长度及变压器级数等。采用预热闪光对焊时还有预热留量，钢筋闪光对焊包括连续闪光焊、预热闪光焊、闪光-预热-闪光焊及电热处理几种工艺，各种工艺有其操作方法和适用条件，应根据钢筋的级别、直径选择闪光对焊的工艺和焊接参数。

由于种种原因，钢筋焊接接头的形成条件往往偏离正常状态，使焊口或近焊缝区产生缺陷，影响接头的性能。

1. 未焊透或脆断

（1）现象

1）焊口局部区域未能相互结晶，焊缝不良，接头墩粗变形量很小，挤出的金属毛刺极不均匀，多集中于上口，并产生严重胀开现象为未焊透。

2）低应力状态下，接头处发生无预兆的突然断裂。脆断包括淬硬脆断、过热脆断和烧伤脆断。

（2）原因分析

1）焊接工艺方法不当，钢筋截面大小与对焊工艺不匹配。如断面较大的钢筋应用预热闪光焊工艺施焊，却采用了连续闪光焊工艺。又如焊接过程温度梯度陡降、冷却速度加快，产生淬硬缺陷。

2）焊接参数选择不合适，如烧化留量太小、烧化速度太快及变压器级数过高等，均会造成焊件端面加热不足、不均匀，未形成比较均匀的熔化金属层。

3）对于某些焊接性能较差的钢筋，焊后热处理效果不良，形成脆断。

（3）预防措施

1）适当限制连续闪光焊工艺的使用范围。例如对 VN1－100 型焊机，钢筋直径 Ⅰ 级在 20mm 以下、Ⅱ 级或 5 号钢在 18mm 以下、Ⅲ级在 16mm 以下，方能采用连续闪光焊工艺。其他直径则采用预热闪光焊工艺。

2）针对钢筋的焊接性能采用相应的焊接工艺。钢筋闪光对焊时碳含量与焊接性能有关系。

3）重视预热作用，掌握预热要领，力求扩大沿焊件纵向的加热区域，减小温度梯度。对焊接性“差”的钢筋，更应考虑预热的方式。

2．过热或烧伤

（1）现象

1）焊缝近缝区断口上可见粗晶状态称为过热。

2）钢筋与电极接触处在焊接时产生的熔化状态称为烧伤。对淬硬倾向较敏感的钢筋，这是不可忽视的危险缺陷。

（2）原因分析

1）预热过分，焊口及其近缝区金属强烈受热；预热时接触太轻、间歇时间太短，使热量过分集中于焊口；沿焊件纵向的加热区域过宽，顶锻留量偏小，顶锻过程不足以使近缝区产生适当的塑性变形并未能将过热金属排除于焊口之外；带电顶锻延续较长或顶锻不得法等使金属过热，均会造成过热。

2）电极外形不当或严重变形，导电面积不足，使局部区域电流密度过大；钢筋与电极接触处洁净程度不一致、夹紧力不足，局部区域电阻太大，产生了不允许的电阻热；热处理时电极太脏；变压器级数过高等造成烧伤。

（3）预防措施

1）根据钢筋级别、品种及规格确定其预热程度，在施焊时严加控制。宜采取预热留量与预热次数相结合的工艺措施。

2）采用低频预热方式，控制预热的接触时间、间歇时间和压紧力，使接头处既能获得较宽的低温加热区，改善接头性能，又不致产生大的过热区。

3）严格控制顶锻温度及留量。预热温度偏高时，可加快烧化过程的速度，必要时可重新夹持钢筋再次进行快速烧化过程，同时确保其顶锻留量，以便顶锻过程能够在有力的情况下完成，从而有效地排除过热金属。

4）严格控制带电顶锻过程，切忌采用延长带电顶锻过程的有害做法。

5）电极做成带三角形槽口的外形，长度不小于55mm。使用时经常整修，保证与钢筋有足够的接触面积。

6）钢筋端部130mm长度范围内，应仔细清除锈斑污物，电极表面保持干净，确保导电良好。焊接或热处理时，应夹紧钢筋，防止烧伤。

7）热处理时，变压器级数宜采用Ⅰ、Ⅱ级，并且电极表面经常保持良好状态。

3. 塑性不良

（1）现象

接头冷弯试验时，受拉区（即外侧）在横肋根部产生大于0.15 mm的裂纹。

（2）原因分析

1）调伸长度过小，焊接时向电极散热加剧。变压器级数过高，烧化过程过于强烈，温度沿焊件纵向扩散距离过小，形成温度梯度陡降，冷却速度加快，接头处产生硬化倾向而引起塑性不良。

2）烧化留量过小，接头处可能残存钢筋断料冷加工的压伤痕迹。在焊接热量影响下，超过再结晶温度（500℃左右）的区段产生晶粒长大，并在达到时效温度（300℃左右）的区段产生时效现象，使塑性降低。

3）顶锻留量过大，致使顶锻过分，接头区金属纤维弯曲。

（3）预防措施

1）在不致发生旁弯的前提下，尽量加大调伸长度，以消除钢筋断料产生的刀口压伤和不平整的影响，实现均匀加热。若在同一台班内需焊接几个级别或几种相近规格的钢筋时，按焊接性差的钢筋选择调伸长度。不同级别、不同直径钢筋对焊时，将电阻大的一端调伸长度调大一些，以便在烧化过程中引起较多的缩短能得到相应的补偿。

2）根据钢筋端部情况，采用相应的烧化留量，力求将刀口压伤区在烧化过程中予以彻底排除。

3）对Ⅱ级中限成分以上的钢筋，取用较弱的焊接规范和低频预热方式施焊，以利接合处获得较理想的温度分布。

4）在采取适当顶锻留量的前提下，快速有力完成顶锻过程，保证接头具有匀称的外形。

4. 接头弯折或偏心

（1）现象

接头处发生弯折，折角超过规定，或接头处偏心，轴线偏移大于 $0.1d$（d 为钢筋直径）或 2mm。

（2）原因分析

1）钢筋端头歪斜。

2）电极变形太大或安装不准确。

3）焊机夹具晃动太大。

4）操作不注意。

（3）预防措施

1）钢筋端头不良时，焊前应予以矫直或切除。

2）经常保持电极正常外形，变形较大时应及时修理或更换，安装时应力求位置准确。

3）夹具如因磨损晃动较大，应及时维修。

4）接头焊毕，稍冷却后再小心地移动钢筋。

五、钢筋电弧焊质量通病及防治

钢筋电弧焊接头中常见的焊接缺陷有两种：一种是外部缺陷，另一种是内部缺陷。有的缺陷既可能存在外部，也可能存在内部。如气孔，裂纹等。

1. 尺寸偏差

（1）现象

1）帮条及搭接接头、焊缝长度不足。

2）帮条沿接头中心线纵向偏移。

3）接头处钢筋轴线弯折和偏移。

4）焊缝尺寸不足或过大。

（2）原因分析

焊前准备工作没有做好，操作不认真；预埋件位置偏移过大；下料不准。

（3）预防措施

1）钢筋下料和组对应由专人进行，检查合格后方准焊接；焊接过程中精心操作。

2）预埋件钢筋的相对位置应严格控制。

2. 焊缝成型不良

（1）现象

焊缝表面凹凸不平、宽窄不匀。这种缺陷容易产生应力集中，对承受动荷载不利。

（2）原因分析

焊工操作不当；焊接参数选择不合适。

（3）预防措施

选择合适的焊接参数，如焊接电流、焊条直径等；要求焊工精心操作。

（4）治理方法

仔细清渣后精心补焊一层。

3. 焊瘤

（1）现象

焊瘤是指正常焊缝之外多余的焊着金属。焊瘤使焊缝的实际尺寸发生偏差，并在接头中形成应力集中区。

（2）原因分析

1）熔池温度过高，凝固较慢，铁水在自重作用下下坠形成焊瘤。

2）坡口焊、帮条焊或搭接立焊中，如焊接电流过大，焊条角度不对或操作手势不当也易产生这种缺陷。

（3）预防措施

1）熔池下部出现“小鼓肚”现象时，可用焊条左右摆动和挑弧动作加以控制。

2）在搭接或帮条接头立焊时，焊接电流应比平焊适当减少，焊条左右摆动时在中间部位走快些，两边稍慢些。

3）焊接坡口立焊接头加强焊缝时，应选用直径 3.2mm 焊条，并应适当调整焊接电流。

4. 咬边

（1）焊缝与钢筋交界处烧成缺口没有得到熔化金属的补充。特别是直径较小钢筋的焊接及坡口立焊中的上钢筋很容易发生这种缺陷。

（2）原因分析

焊接电流过大，电弧太长，或操作不熟练。

（3）预防措施

选用合适的电流，避免电流过大。操作时电弧不能拉得过长，并控制好焊条的角度和运弧的方法。

5. 电弧烧伤钢筋表面

（1）现象

钢筋表面局部有缺肉或凹坑。电弧烧伤钢筋表面对钢筋有严重的脆化作用，往往是发生脆性破坏的起源点。

（2）原因分析

由于操作不慎，使焊条、焊钳等与钢筋非焊接部位接触，短暂地引起电弧后将钢筋表面局部烧伤，形成缺肉或凹坑，或产生淬硬组织。

（3）预防措施

1）精心操作、避免带电金属与钢筋相碰引起电弧。

2）不得在非焊接部位随意引燃电弧。

3）地线与钢筋接触要良好紧固。

（4）治理方法

在外观检查中发现Ⅱ、Ⅲ级钢有烧伤缺陷时，应予以铲除磨平，视情况焊补加固，然后进行回火处理。回火温度一般以 500～600℃为宜。

6. 弧坑过大

（1）现象

收弧时弧未填满，在焊缝上有较明显的缺肉，甚至产生龟裂，在接头受力时成为薄弱环节。

（2）原因分析

这种缺陷主要是焊接过程中突然灭弧引起的。

（3）预防措施

焊条在收弧处多停留一会，或者采用几次断续灭弧补焊，填满凹坑。但碱性直流焊条不宜采用断续灭弧法，以防产生气孔。

7. 裂纹

（1）现象

按其产生的部位不同，可分为纵向裂纹、横向裂纹、熔合线裂纹、焊缝根部裂纹、弧坑裂纹以及热影响区裂纹等；按其产生的温度和时间的不同，可分为热裂纹和冷裂纹两种。

（2）原因分析

1）焊接碳、锰、硫、磷化学成分含量较高的钢筋时，在焊接热循环的作用下，近缝区易产生淬火组织。这种脆性组织加上较大的收缩应力，容易导致焊缝或近缝区产生裂纹。

2）焊条质量低劣，焊芯中碳、硫、磷含量超过规定。

3）焊接次序不合理，容易形成过大的内应力，引起接头裂纹。

4）焊接环境温度偏低或风速大，焊缝冷却速度过快。

5）焊接参数选择不合理，或焊接线能量控制不当。

（3）预防措施

1）为了防止裂纹产生，除选择质量符合要求的钢筋和焊条外，还应选择合理的焊接参数和焊接次序。如在装配式框架结构梁柱刚性节点钢筋焊接中，应该一头焊完之后再焊另一头，不能两头同时焊接，以免形成过大的内应力，造成拉裂。

2）在负温焊接时，环境温度不应低于－20°C，并应采取控温循环施焊，必要时应采取挡风、防雪、焊前预热、焊后缓冷或热处理等措施，刚焊完的接头防止碰到雨雪。在温度较低时，应尽量避免强行组对后进行定位焊（如装配式框架结构钢筋接头），定位焊缝长度应适当加大，必要时采用碱性低氢型焊条。定位焊后应尽快焊满整个接头，不得中途停顿和过夜。

（4）治理方法

焊后如发现有裂纹，应铲除重新焊接。

8. 未焊透

（1）现象

焊缝金属与钢筋之间有局部未熔合，便会形成没有焊透的现象。根据未焊透产生的部位不同，可分为根部未焊透、边缘未焊透和层间未焊透等几种情况。

（2）原因分析

1）在搭接焊及帮条焊中，电流不适当或操作不熟练，将会发生未焊透缺陷。

2）在坡口焊接头，尤其是坡口立焊接头中，如果焊接电流过小，焊接速度太快，钝边太大，间隙过小或者操作不当，焊条偏于坡口一边均会产生未焊透现象。

（3）预防措施

1）钢筋坡口加工应由专人负责进行，只许采用锯割或气割，不得采用电弧切割。

2）气割熔渣及氧化薄钢板焊前需清除干净，接头组对时应严格控制各部尺寸，合格后方准焊接。

3）焊接时应根据钢筋直径大小，合理选择焊条直径。

4）焊接电流不宜过小；应适当放慢焊接速度，以保证钢筋端面充分熔合。

9. 夹渣

（1）现象

焊缝金属中存在块状或弥散状非金属夹渣物。

（2）原因分析

产生夹渣的原因很多，基本上是由于准备工作未做好或操作技术不熟练引起。如运弧不当、焊接电流小、钝边大、坡口角度小、焊条直径较粗等。夹渣也可能来自钢筋表面的铁锈、氧化皮、水泥浆等污物，或焊条药皮渗入焊缝金属所致。在多层施焊时，熔渣没有清除干净，也会造成层间夹渣。

（3）预防措施

1）采用焊接工艺性能良好的焊条，正确选择焊接电流，在坡口焊中宜选用直径 3.2mm 的焊条。焊接时必须将焊接区域内的脏物清除干净；多层施焊时，应层层清除焊渣。

2）在搭接焊和帮条焊时，操作中应注意熔渣的流动方向，特别是采用酸性焊条对，必须使熔渣滞留在熔渣池后面；当熔池中的铁水和熔渣分离不清时，应适当将电弧拉长，利用电弧热量和吹力将熔渣吹到旁边或后边。

3）焊接过程中发现钢筋上有脏物或焊缝上有熔渣，焊到该处应将电弧适当拉长，并稍加停留，使该处熔化范围扩大，以把脏物或熔渣再次熔化吹走，直至形成清亮熔池为止。

10. 气孔

（1）现象

焊接熔池中的气体来不及逸出而停留在焊缝中所形成的孔眼，大半呈球状。根据其分布情况，可分为疏散气孔、密集气孔和连续气孔等。

（2）原因分析

1）碱性低氢型焊条受潮，药皮变质或剥落、钢芯生锈；酸性焊条烘焙温度过高，使药皮变质失效。

2）钢筋焊接区域内清理工作不彻底。

3）焊接电流过大，焊条发红造成保护失效，使空气侵入。

4）焊条药皮偏心或磁偏吹造成电弧强烈不稳定。

5）焊接速度过快，或空气湿度太高。

（3）预防措施

1）各种焊条均应按说明书规定的温度和时间进行烘焙。药皮开裂、剥落、偏心过大以及焊芯锈蚀的焊条不能使用。

2）钢筋焊接区域内的水、锈、油、熔渣及水泥浆等必须清除干净，雨雪天气不能焊接。

3）引燃电弧后，应将电弧拉长些，以便进行预热和逐渐形成熔池。在已焊缝端部上收弧时，应将电弧拉长些，使该处适当加热，然后缩短电弧，稍停一会再断弧。

4）焊接过程中，可适当加大焊接电流，降低焊接速度，使熔池中的气体完全逸出。

六、钢筋电渣压力焊

电渣压力焊焊接工艺过程包括引弧、稳弧、电渣和顶压；其焊接参数有焊接电流、渣池电压、焊接通电时间和顶压力等，有自动和手工电渣压力焊两种操作方法。电渣压力焊操作简单，用料省，工效高，接头质量优良，有良好的技术经济效果。但在焊接过程中如操作不当或焊接工艺参数选择不好，也会产生各种缺陷。

1. 接头偏心和倾斜

（1）现象

1）焊接接头其轴线偏移大于0.1d（d为钢筋直径）或超过2mm。

2）接头弯折角度大于4°。

（2）原因分析

1）钢筋端部歪扭不直，在夹具中夹持不正或倾斜。

2）夹具长期使用磨损，造成上下不同心。

3）顶压时用力过大，使上钢筋晃动和移位。

4）焊后夹具过早放松，接头未及冷却使上钢筋倾斜。

（3）预防措施

1）钢筋端部歪扭和不直部分焊前应采用气割切断或矫正，端部歪扭的钢筋不得焊接。

2）两钢筋夹持于夹具内，上、下应同心，焊接过程中上钢筋应保持垂直和稳定。

3）夹具的滑杆和导管之间如有较大间隙，造成夹具上下不同心时，应修理后再用。

4）钢筋下送加压时，顶压力应适当，不得过大。

5）焊接完成后，不能立即卸下夹具，应在停焊后约 2min 再卸夹具，以免钢筋倾斜。

2. 咬边

（1）现象

咬边的缺陷主要发生于上钢筋。

（2）原因分析

1）焊接时电流太大，钢筋熔化过快。

2）上钢筋端头没有压入熔池中，或压入深度不够。

3）停机太晚，通电时间过长。

（3）预防措施

1）焊接电流的大小是一个非常重要的参数，需根据被焊钢筋直径进行选择。如焊接电流过大，钢筋熔化快，上钢筋很容易发生咬边缺陷。因此应适当降低焊接电流。

2）钢筋端部熔化到一定程度后，上钢筋迅速下送，适当加大顶压量，以便使钢筋端头在熔池中压一定深度，保持上下钢筋在熔池中有良好的结合。

3）焊接通电时间与钢筋直径大小有关。如焊接直径 25mm 钢筋时，通电时间为 40～50s。焊接通电时间不能过长，应根据所需熔化量适当控制。

3. 未熔合

（1）现象

上下钢筋在接合面处没有很好地熔合在一起，即为未熔合。

（2）原因分析

1）焊接过程中上钢筋提升过大或下送速度过慢；钢筋端部熔化不良或形成断弧。

2）焊接电流小或通电时间不够，使钢筋端部未能得到适宜的熔化量。

3）焊接过程中设备发生故障，上钢筋卡住，未能及时压下。

（3）预防措施

1）在引弧过程中应精心操作，防止操纵杆提得太快和过高，以免间隙太大，发生断路灭弧；但也应防止操纵杆提得太慢，以免钢筋粘连短路。

2）适当增大焊接电流和延长焊接通电时间，使钢筋端部得到适宜的熔化量。

3）及时修理焊接设备。保证正常使用。

（4）治理方法

发现未熔合缺陷时，应切除重新焊接。

4. 焊包不匀

（1）现象

焊包不匀包括两种情况；一种是被挤出的熔化金属形成的，焊包很不均匀，大的一面熔化金属很多，小的一面高度不足2mm；另一种是钢筋端面形成的焊缝厚薄不匀。

（2）原因分析

1）钢筋端头倾斜过大而熔化量又不足，加压时熔化金属在接头四周分布不匀。

2）采用钢丝圈引弧时，钢丝圈安放不正偏到一边。

（3）预防措施

1）当钢筋端头倾斜过大时，应事先把倾斜部分切去才能焊接。

2）焊接时应适当加大熔化量，保证钢筋端面均匀熔化。

3）采用钢丝圈引弧时，钢丝圈应置于钢筋端面中心，不能偏移。

5. 气孔

（1）现象

在焊包外部或焊缝内部由于气体的作用形成小孔眼即为气孔。

（2）原因分析

1）焊剂受潮，焊接过程中产生大量气体渗入熔池。

2）钢筋锈蚀严重或表面不清洁。

（3）预防措施

1）焊剂在使用前必须烘干，否则不仅降低保护效果，且容易形成气孔。焊剂一般需经250℃烘干，时间不少于2h。

2）焊前应把钢筋端部铁锈及油污清除干净，避免在焊接过程中产生有害气体，影响接头质量。

6. 钢筋表面烧伤

（1）现象

钢筋夹持处产生许多烧伤斑点或小弧坑。Ⅱ、Ⅲ级钢筋表面烧伤后在受力时容易发生脆断。

（2）原因分析

1）钢筋端部锈蚀严重，焊前未除锈。

2）夹具电极不干净。

3）钢筋未夹紧，顶压时发生滑移。

（3）预防措施

1）焊前应将钢筋端部120mm范围内的铁锈和油污清除干净。

2）夹具电极上粘附的熔渣及氧化物应清除干净。

3）焊前应把钢筋夹紧。

7. 夹渣

（1）现象

焊缝中有非金属夹渣物。

（2）原因分析

1）通电时间短，上钢筋在熔化过程中还未形成凸面即行顶压，熔渣无法排出。

2）焊接电流过大或过小。

3）焊剂熔化后形成的熔渣黏度大，不易流动。

4）顶压力太小。

(3) 预防措施

1) 应根据钢筋直径大小选择合适的焊接电流和通电时间。

2) 更换焊剂或加入一定比例的萤石，以增加熔渣的流动性。

3) 适当增加顶压力。

8. 成型不良

(1) 现象

接头成型不良有焊包上翻和焊包下流两种形式。

(2) 原因分析

1) 焊接电流大，通电时间短，上钢筋熔化较多，如顶压时用力过大，上钢筋端头压入熔池较多，挤出的熔化金属容易上翻。

2) 焊接过程中焊剂泄漏，熔化铁水失去约束，随焊剂泄漏下流。

(3) 预防措施

1) 为了防止焊包上翻，应适当减小焊接电流或加长通电时间，加压时用力适当，不能过猛。

2) 焊剂盒的下口及其间隙用石棉垫封塞好，防止焊剂泄漏。

第四节 水泥混凝土和钢筋混凝土

水泥混凝土和钢筋混凝土（包括预应力钢筋混凝土）是各种工程项目施工中最关键的环节之一。混凝土质量对工程质量有直接且举足轻重的影响。

一、原材料质量

混凝土和钢筋混凝土工程的很多质量问题均因其原材料的质量不符合要求所致。因此首先必须把好原材料质量关，只准许合格的原材料进场使用。

1. 水泥过期、受潮结块

(1) 现象

水泥出厂日期超过三个月，或水泥中（不论是散装还是袋装水泥）有结块存在，说明水泥的质量起了变化，需进行强度检验。

(2) 原因分析

1) 水泥管理混乱，出厂日期不清，造成晚出厂的早用，早出厂的因迟用而过期。

2) 水泥入库手续不严格，使遭雨淋或受潮的水泥得以入库。

3) 水泥贮存条件太差，使水泥在库存时受潮或风化。

(3) 预防措施

1) 完善水泥管理，严格入库手续，保证做到各批水泥“三清”，即出厂日期清、入库时是否受潮清、存放地点清。

2) 散装水泥尽量贮存在水泥仓罐中。无条件时，也应将水泥库的地面、外墙内侧进行防潮处理，防止潮气侵入散装水泥。

3) 袋装水泥应按品种、标号、出厂日期、到货时间排列成垛，堆垛高度以8~10袋为宜。水泥库内保持干燥，水泥垛应离开四周墙壁20cm以上，各垛间应留宽70cm以上的通道，便于取用和通风。露天堆放时应将水泥袋放在距地面不小于30cm的垫板上，垫板下不得积水，其上必须用苫布覆盖严密，防止雨露侵入，造成水泥受潮。

4) 坚持先到先用的原则，避免存放三个月以上。

(4) 治理方法

水泥贮存期超过三个月的，需重新试验，确定强度。结块水泥视强度变化程度进行处理。过筛后强度降低少的，可降一级使用；强度降低多的，只能用作砂浆或地基处理。

2. 水泥混仓、混用

(1) 现象

同标号、同品种的不同厂牌、不同出厂日期的水泥混在一起。

（2）原因分析

管理不善，材料人员误认为这样做没有危害。实际上，不同厂牌的水泥特性，如细度、凝结时间、泌水程度均不同。

（3）预防措施

不同出厂日期、不同厂牌的水泥，和不同品种、标号的水泥一样，都应分别运输、装卸和贮存，并做好明显标志，严防混淆。

（4）治理方法

万一发生不同出厂日期同厂牌的水泥混仓，可按最早出厂时间使用。如不同厂牌水泥混仓要取样进行水泥品质检验，并进行拟配混凝土的试验，若试件检验合格则按试验结果使用，否则只能用于地基处理。

3. 水泥未做检验

（1）现象

水泥进场后，由于抢工期未做检验就投入使用，甚至误用不合格水泥。

（2）原因分析

主管领导或各级管理人员质量意识不强，存在糊涂观念。

（3）预防措施

严格规定水泥进场必须有质量证明书，并必须对其安定性、强度和凝结时间进行复验。检验结果合格者，才准许使用。

（4）治理方法

进场尚未使用时，视其不符合标准规定的情况确定处理方案。如已使用，应查清该批水泥使用日期、浇筑的结构部位或制品，由技术部门根据其试件质量情况确定处理方案。

4. 砂、石料含泥量超过标准或混有杂物

（1）现象

砂、碎石或卵石的含泥量超过规定的要求。

（2）原因分析

1）砂、石进场时含泥量已超过标准，未检查或控制不严。

2）堆料场为普通土地面，推土机推料时砂、石料混入泥土造成含泥量过大。

3）装运砂、石材料时，运输车辆未清扫，混入有害杂物。

（3）预防措施

1）堆放砂、石场地应平整、排水通畅、宜铺筑水泥混凝土地面或水泥石屑稳定地面。

2）堆放砂、石时不要抄底，留一部分砂、石作为场地材料铺于原地面上，防止泥土等杂物混入砂、石中。

3）加强进场材料的含泥量检验，防止不合格材料进场（集中拌合场，每 400m^3 为一批检验；分散生产时，每 200m^3 为一批检验）。

当运输车辆交替装运砂、石与其他物质时，应彻底清扫运输车辆。

（4）治理方法

砂过筛，筛出所含泥土和其他杂物；碎石、卵石用带水冲设施的转筛筛洗，直至满足要求标准为止，否则不得使用。

5. 砂、石级配不符合要求

（1）原因分析

1）天然砂、石料源级配变化大，造成砂偏细或偏粗，石料断续级配。

2）碎石、卵石进场时级配合格，由于推土机反复推堆或用装载机装运，使原级配遭到破坏。

（2）预防措施

1）对天然砂料源，应较多地采集各代表砂料场的料样检验其级配、状况，并在进料时有意识地依次安排较细和较粗级配的砂进场。

2）碎石或卵石最好按不同级配区段的料分别堆放。使用时，根据需要的级配进行掺配。当备料场地有限时，石料场应按级配要求加工、备料。备料不要过多，堆料不要过高，防止推土机堆料时多次重复碾压，破坏原有级配。

（3）治理方法

1）发现砂的级配不符合标准时，可根据级配偏细还是偏粗的情况，用相适宜的砂来掺配。不得已时，可筛除过粗或过细的颗粒，使其符合标准要求。

2）碎石或卵石级配不良时，可用相应所缺粒径级配的碎石或卵石进行掺配；使之具有良好的级配。

6. 石料软弱颗粒含量过高，压碎指标不符合要求

（1）原因分析

碎石或卵石加工场的石料质量不高，风化厉害，使加工的石料软弱颗粒含量超过标准，石料抗压强度低，使其压碎指标不符合要求。

（2）预防措施

严格进行碎、卵石生产场的审查和现场验收，杜绝不合格的石料进入施工现场。

（3）治理方法

发现碎石、卵石材料的压碎指标及软弱颗粒含量不符合要求时，其所代表的石料应立即停止进入施工现场。已进场的石料，不得用于搅拌混凝土，改用于运输便道、道路基层或处理地基。

7. 外加剂使用不当

（1）现象

1）抗冻外加剂超掺量造成混凝土后期强度不足。

2）误用工业副产品外加剂，造成钢筋腐蚀或产生毒物污染。

3）错用过期、失效或变质的外加剂，或由于外加剂掺量不足，使混凝土品质不好。

4）混凝土浇筑后，局部或大部分长时间不凝结硬化。

5）外加剂使已浇筑完的混凝土出现蜂窝、孔洞或表面“开花”。

（2）原因分析

1）使用外加剂前没有检验、试验，外加剂的性能及掺量不当。

2）抗冻剂与早强剂复合使用时，超掺量加入早强剂或抗冻剂，造成混凝土后期强度损失大并影响耐久性。

3）缓凝型减水剂（如木钙粉等）掺入量过多。

4）以干粉状掺入混凝土中的外加剂，含有未碾成粉状的颗粒（如硫酸钠颗粒等）。遇水膨胀，造成混凝土表面“开花”、蜂窝。

5）工业副产品外加剂常含有杂质（如氯离子、氯盐等），引起钢筋腐蚀或产生毒物污染。

（3）预防措施

1）应熟悉外加剂的品种与特性，合理选用，并制订外加剂检验、试验和使用管理规定。

2）不同品种、用途的外加剂应分别堆放。

3）粉状外加剂要保持干燥状态，防止受潮结块。已经结块的粉状外加剂，应烘干、碾碎、过0.6mm筛后使用。

4）不宜单独使用硫酸钠外加剂。含硝酸盐类的外加剂不得用于以高强钢丝配筋的预应力混凝土中。

5）外加剂应配制成水溶液投放，粉状外加剂不得直接投入水泥中。

（4）治理方法

1）因缓凝型减水剂使用过量造成混凝土长时间不凝块硬化时，在不影响施工进度的前提下可延长其养护时间，推迟拆模，后期混凝土强度一般不受影响。

2）已经“开花”的混凝土，应剔除因外加剂颗粒造成的鼓包后，再进行修补。

8. 搅拌时加水量控制不严

（1）现象

1）加水控制方法失当。如仅控制加水时间而不控制注水流量。

2）加水控制器失灵。

3）运输及浇筑前，尤其是罐车运输，片面追求混凝土的流动性，随意加水改变混凝土水灰比，此举对混凝土强度影响最大。

4）混凝土需二次重复搅拌时只加水。

（2）原因分析

操作人员违章作业，加水量控制的措施不严密。

（3）预防措施

1）同本节二、1“配合比掌握不严”的预防措施。

2）技术交底中讲清随意加水的危害，并提出相应的要求。

3）严格贯彻有关的施工操作规程和岗位责任制，尽量采用先进的控制加水量的设施及方法。

（4）治理方法

发现随意加水但未出盘或混凝土需二次搅拌时，要酌情加水泥以维持水灰比不变。若已出盘，浇筑前应测定坍落度，不合格者不得使用。

9. 水质不符合要求

（1）现象

水含泥量大且浑浊，pH 值过大或过小；水中漂浮杂物或微生物多；用污水配制混凝土。

（2）原因分析

操作人员图方便，就近取水而不顾水质不良对混凝土造成的危害。

（3）预防措施

1）施工前期准备工作时必须解决水源。

2）在缺乏自来水水源的工地，尽量取用清洁的河水，不得使用排水管内的污水。

3）对非自来水水源作相应的水质处理。如投明矾沉淀泥浆，加三氯粉杀菌等。

二、混凝土拌合物

混凝土配合比设计，应保证混凝土能达到规定的强度，满足施工使用要求（如和易性和可泵性合适），具有良好耐久性和可操作性，还必须符合对混凝土的特殊要求（如抗渗性、抗冻性等）。

1. 配合比掌握不严

（1）现象

未做混凝土配合比设计，仅凭经验确定配合比。没有按砂、石含水量变化调整施工配合比。没有试拌。砂、石料用量控制不严。

（2）原因分析

1）技术管理、质量控制制度不完善，岗位责任制不健全。

2）施工人员质量意识薄弱，直接领导者质量责任感不强。

3）上料不过秤。计量设备不灵、不准或操作不便，形同虚设。

（3）预防措施

1）完善各项管理及质量检验制度，健全质量保证体系。

2）推行全面质量管理，提高各级人员的质量意识。狠抓质量意识教育，并将质量责任与经济挂钩，重奖重罚。

3）各组分材料的计量设备应经常检查和维修，保持灵敏、可靠的工作状态。采用普通磅秤时，应完善秤量设施。派专人督促操作人员上料过秤。混凝土各组分材料的配比偏差满足规范要求。

（4）治理方法

发现上述问题，必须责令操作人员停止工作，直至按要求改正才能继续施工。

2. 和易性差

（1）现象

1）拌合物松散不易粘结。

2）拌合物粘聚力大、成团、不易浇筑。

3）拌合物中水泥砂浆填不满石子间的孔隙。

4）拌合物在运输、浇筑过程中离析。

（2）原因分析

1）水泥标号选用不当。当水泥标号与混凝土设计标号之比大于2.2时，水泥用量过少，混凝土拌合物松散；当水泥标号与混凝土设计标号之比小于1.0时，水泥用量过多，混凝土拌合物粘聚力大、成团、不易浇筑。

2）砂、石级配差，空隙率大。配合比的砂率过小，不易将混凝土振动密实。

3）施工坍落度过大，混凝土在运输、浇筑过程中难以控制其均匀性。

4）计量工具不精确，计量制度不严格或采用不正确的计量方法。

5）搅拌时间短，混凝土拌合物质地不均匀。

（3）预防措施

1）应合理选用水泥标号，使水泥标号与混凝土设计标号之比控制在1.3～2.0之间。客观情况做不到时，可采取在混凝土拌合物中掺加混合材料（如磨细粉煤灰等）或减水剂等技术措施，以改善混凝土拌合物和易性。

2）原材料计量应建立岗位责任制。计量方法力求简便易行和可靠。特别是水的计量，应制作标准计量水桶；外加剂应用小台秤计量。

3）在混凝土拌制和浇筑过程中，应按规定检查混凝土各种组成材料的质量和用量（每一工作班至少二次）。

4）在拌制地点及浇筑地点检查混凝土的坍落度（每一工作班至少二次）。

5）在一个工作班内，如混凝土配合比受到外界因素影响而有变动时，应及时检查。特别注意检测开拌后前几斗混凝土拌合物的和易性，如不符合要求，应分析原因及时整改。

6）随时检查混凝土搅拌时间。

（4）治理方法

因和易性不好而影响浇筑质量的混凝土拌合物，只能用于次要构件（如挡墙帽石等）。

三、混凝土浇筑及施工

混凝土浇筑前，应对模板支架、钢筋和预埋件进行检查，并检查混凝土的均匀性和坍落度，还必须结合现场的工作环境及结构特点，编制详细的施工方案。施工方案中应包括混凝土拌制、运输及提升机械的选型和配备数量，混凝土入模前后的质量控制标准，合理的浇筑方法和浇筑顺序，振动方法及振动机具配备，施工缝位置选择及施工缝处理工艺，浇筑混凝土期间场内及运输路线上的交通疏导方案，施工机械平面布置，施工用水、动力及照明用电设施，混凝土养护工艺，指挥系统及操作人员的分工和岗位责任，备用原材料贮备及备用设备、施工机械设备的检查试车，浇筑过程的防雨、抗风设施等。

1. 混凝土坍落度损失过大、离析

（1）现象

混凝土运输、泵送过程中受气温或混凝土施工间歇时间的影响，坍落度损失过大，混凝土和易性差甚至离析。

（2）原因分析

1）混凝土运输或泵送过程中水分蒸发散失或被运载工具吸附。

2）运载工具漏浆或吸水性强。

3）混凝土已超过初凝时间才入模浇筑。

4）混凝土自由倾落高度超过 2m 未设串筒、溜槽等设施，引起离析。

（3）预防措施

1）采用混凝土罐车运送时，必须在 1.5h 内（夏季为 1h 内）将混凝土运送到浇筑部位。运送过程中拌合料的坍落度受气温影响会降低。降低幅度，夏季可达4～6cm，一般为2～3cm。解决此类问题，一般采用掺入缓凝剂。

2）采用泵送混凝土时，进入泵车或混凝土输送泵装料斗的混凝土坍落度要大小适宜且稳定。由装料斗入口至喷出口之间，混凝土坍落度要降低1～2cm左右。施工过程中容易发生泵车或混凝土输送泵出现故障、输送管道堵塞或破裂等事故。泵送混凝土所使用的各种施工机械及配件要加以保养、检查。必须按工艺技术要求选择骨料、混凝土坍落度及布置输送管道。

3）现场短距离水平运输可采用手推车。垂直运输超过2m时，自由倾落易发生离析，此时应通过串筒、溜槽或振动溜管等设施下落；倾落高度超过10m时，还应加设减速装置。导管、串筒出料口距混凝土面应在1m以内，混凝土堆高不宜超过1m。

4）现场短距运输（不论水平还是垂直方向）使用无搅拌的运输工具时，最好采用不漏浆、不吸水、有顶盖且能直接将混凝土倾入浇筑位置的容器，如料斗。

5）用搅拌车运输混凝土时，应注意如下事项：

a. 搅拌车装第一车混凝土前应向滚筒内加水滚动，待滚筒、叶片湿润后再将水倾倒出滚筒，以免滚筒、叶片吸浆造成混凝土离析。

b. 运输途中应慢速滚运滚筒，混凝土出料前快速转动滚筒1min，以保持混凝土的和易性。

c. 每车应测定混凝土坍落度，发现坍落度损失过大时，不得直接加水来调整坍落度，而应用外加剂“后加法”进行处理。

d. 搅拌车到达混凝土浇筑地点时，应在初凝之前及时浇筑，不宜停留时间过长。

（4）治理方法

1）在拌制混凝土地点和浇筑地点坚持每台混凝土运输车都检测混凝土的坍落度或工作度。混凝土浇筑时的坍落度控制在目标坍落度±2.5cm范围内。

2）长距离运输混凝土时，拌制混凝土的缓凝剂掺量宜小于混凝土设计配合比的外加剂掺量。其余下部分在浇筑地点配制成外加剂溶液，采用“后加法”投入混凝土运输车中，在车内搅拌均匀后再卸料。

3）夏季长距离管道输送混凝土时，管道上可覆盖麻袋并浇水湿润，以防止因坍落度损失过多而堵塞管道。

4）超过初凝时间的混凝土不得浇入工作面内。

5）泵送混凝土前应用水、水泥浆或1:2水泥砂浆润滑混凝土输送泵和输送管道。混凝土泵送过程中如有间歇，应每隔几分钟开泵一次，以免堵泵堵管。输送管道布置宜直，转弯宜缓，接头应严密。

2. 浇筑顺序失误

(1) 现象

浇筑不按施工方案规定的顺序进行，造成模板变形，拱架或支架位移；浇筑分层过厚或分层倾斜，影响振动效果。

(2) 原因分析

浇筑措施不当，分工不明确，岗位责任制不落实。浇筑工作组织混乱，指挥失灵或失控。

(3) 预防措施

严格按施工组织设计（或施工方案）所规定的浇筑顺序进行浇筑。

1）预制梁浇筑顺序

预制梁一般从模板一端开始浇筑混凝土，按图7-6的顺序依次分层浇筑。梁高超过2.5m的T形梁，如果下翼缘、腹板与上翼缘同时浇筑混凝土，则要注意在上翼缘与腹板的接触处易产生水平裂缝，因此浇筑腹板和上翼缘混凝土最好间隔一定时间。

箱形截面梁首先浇筑底板及腹板，顶板混凝土通常第三次浇筑，如图7-6所示。因浇筑腹板时混凝土不能顺利地流到底板中或不易充分振动，极易产生质量缺陷，故施工时应特别注意。此外还要处理好腹板与顶板间的水平施工缝。

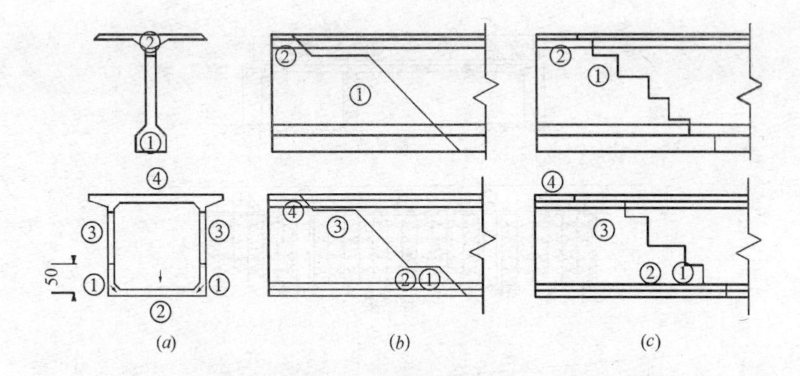

图7-6　混凝土浇筑顺序（单位：mm）

（*a*）横断面浇筑顺序；（*b*）斜面式施工缝；（*c*）阶梯式施工缝

2）支架上现浇混凝土

支架下沉会引起已浇筑混凝土外形规格偏差，甚至产生开裂等不良后果。所以确定浇筑顺序时要注意：

a. 避免采用使支架产生横向附加荷载或使模板一部分受力下沉而另一部分翘起的浇筑方法。

b. 在支架下沉量较大的部位先浇筑混凝土，使应该产生的下沉及早发生。

当模板一端支撑在桥墩或坚实的地基上，另一端支撑在较弱的地基上，由于新浇筑混凝土的重量和施工荷载引起的支架下沉，对浇完的混凝土内部将造成不良影响，故下沉量较大的支架部位应先行浇筑混凝土。

c. 特殊情况的浇筑顺序，如图7-7所示。例如倾斜面上浇筑混凝土，若从较高地方开始向低处浇筑，因混凝土向低处流动时受钢筋骨架或预埋件等阻碍，易发生离析，造成混凝土不均质，这是不正确的。正确的方法是从较低处向较高处浇筑，使混凝土浇筑面始终接近同一水平面，后浇筑混凝土的自重和振动作用，能使先浇筑混凝土更密实。

d. 从小车中倾卸混凝土时，最好对着浇完的混凝土面，一

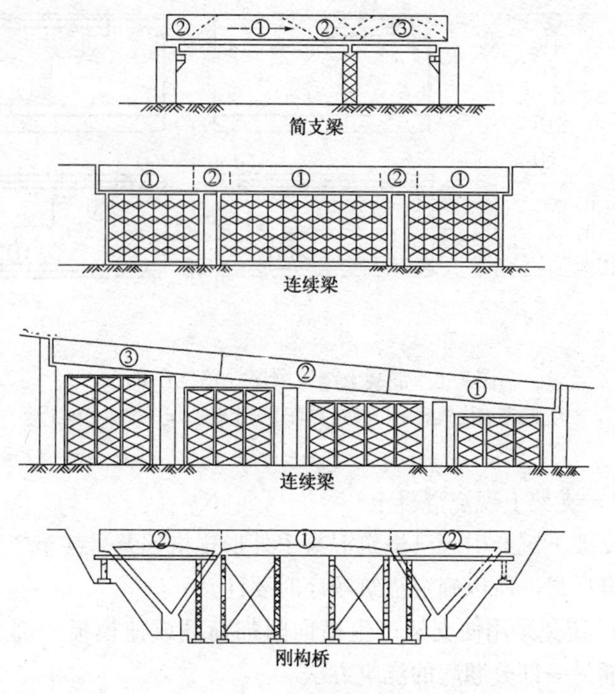

图 7-7　在支架上浇筑混凝土的顺序

边浇筑一边后退。若采用相反方法倾卸，混凝土将离析，使其质量不均匀，这是必须避免的。

e. 箱形截面梁，为防止浇筑混凝土引起模板变形，要注意截面上各处浇筑的混凝土高度要均匀，避免在横断面上一头高一头低或成倾斜状。

f. 同一部位的混凝土应分层水平浇筑，分层厚度根据振动方法决定。混凝土必须连续浇筑。分层浇筑时，必须在下层混凝土初凝前浇筑上层混凝土，以确保混凝土的整体性。

3. 施工缝处理失误

（1）现象

施工缝的位置选择或处理工艺不当；施工缝两侧新旧混凝土的衔接处理方法失误；预制构件间湿接头浇筑方法失当。

（2）原因分析

1）结构物的混凝土水平、垂直施工缝是其薄弱截面，由于盲目相信新、旧混凝土可以良好结合，随意设置施工缝。

2）不认真执行有关施工技术规程，混凝土在施工缝处发生离析；旧混凝土表面处理不好。

3）预制构件间湿接头的相互位置不准确，接合面没有凿毛，模板安装不良，湿接头浇筑的混凝土质量不好。

4）冬期施工时施工缝被雪覆盖，或表面温度低，新浇混凝土在施工缝处急剧降温，形成一层冰膜，待春季混凝土硬化且冰雪融化流失后，在两次混凝土间形成空隙，使结构的整体性被破坏。

（3）预防措施

1）必须以对结构强度与外观损害最少为原则合理选择施工缝位置。接头方向应与轴向压力方向垂直，接头应尽量选在容易操作的地方。在垂直方向设接头，其位置应尽量避开截面突变部分，防止应力集中形成薄弱截面。钢筋混凝土梁应避免在较大弯矩截面及由于结构形状变化而可能受混凝土干缩引起的二次应力作用的截面设缝。

2）施工缝处为减小旧混凝土表面的浮浆与软弱砂浆层，要严格控制混凝土配合比和浇筑速度，其质量应保证内坚外少浮浆，避免接缝部位发生混凝土离析；接缝表面应没有松动骨料颗粒，硬化后尽早用钢丝刷将表面打毛，并在充分湿润状态下养生。

3）浇筑新混凝土前，除凿毛外还应做好以下工作：

a. 为消除前期混凝土浇筑所引起的模板变形，应重新紧固模板；

b. 用压缩空气或高压射水清除旧混凝土表面杂物及模板上粘的水泥浆；

c. 使旧混凝土表面充分吸水润湿但无多余水分；

d. 先浇筑一层水泥砂浆；浇筑新混凝土时，要充分振动施工缝两侧，使结合范围内的新混凝土密实；

e. 新浇混凝土必须在旧混凝土强度达到2.5MPa后，才能进行，以防旧混凝土产生振裂及其他缺陷。

4）为减小新旧混凝土温差，采取将接缝新混凝土降温或旧混凝土升温的方法。当实施这一方法有困难时，可采用在接缝处增设较多箍筋承受温差应力的工程措施；设垂直接缝时，必须补插钢筋，其直径为12～16mm，长度为500～600mm，间距为50mm，并将接头面凿毛。

5）预制拼装结构的湿接头施工时，受力钢筋的位置应相一致（不论是板还是横梁，或是T形梁横隔板的钢筋），块件相互间位置要准确，接合面要凿毛，接合面旧混凝土吸足水分后方能浇筑接头混凝土。湿接头部分不宜过宽，否则易因新旧混凝土的干燥收缩差而形成裂缝，所以应增设构造钢筋，并在混凝土浇筑后充分湿润养生。

6）冬期施工，为防止在施工缝处出现明显的水纹，需将旧混凝土加热，加热深度不得小于30cm，加热温度不得高于45℃。在新浇混凝土未达要求强度前，不得受冻。如遇大雪，应将旧混凝土表面积雪清扫干净，并进行加温，避免在新旧混凝土间形成冰膜。

4. 使用预拌混凝土及泵送混凝土时的质量问题

（1）现象

1）预拌混凝土强度离散程度大，坍落度波动大。坍落度小时，造成卸料、泵送困难；坍落度过大时，振动时间难以掌握。

2）因混凝土搅拌站机械设备发生故障、停电或交通堵塞，造成混凝土不能连续供应。

3）预拌混凝土浇筑的结构表面可能出现收缩裂纹。

4）混凝土的质量保证资料项目不齐全。

5）泵送混凝土气泡多，混凝土产生麻面、气孔。

（2）原因分析

1）由于目前混凝土搅拌站技术水平相差悬殊，造成混凝土强度控制水平差异大。坍落度波动大，主要由于搅拌用砂、石质量波动大，或加水量控制不严格。坍落度偏大，浇筑时分层困难，易出现离析现象；而振动时间往往仍按目标坍落度控制，因而造成“过振”现象。

2）混凝土搅拌站设备能力小，当某台机械发生故障时，就不能保障连续供料。混凝土浇筑过程中，由于混凝土罐车接不上，泵送被迫间断，易使混凝土在管道内凝结，造成堵管。

3）预拌混凝土一般水泥用量大，易使混凝土硬化中出现较大干缩而形成裂纹。

4）由不同行业的混凝土搅拌站供应混凝土，因行业要求不同，提供的混凝土质量保证资料项目往往不尽相同，容易产生质量保证资料漏项不全。

5）泵送混凝土因掺用引气型减水剂等原因，产生较多气泡且不易消散。

（3）预防措施

1）施工单位应建立本系统的混凝土搅拌站，并加强管理，严格控制混凝土配合比和坍落度，使其混凝土生产质量水平稳定且符合要求。如使用外系统混凝土搅拌站的预拌混凝土，应全面了解该搅拌站生产的混凝土质量水平，并在协议或合同中明确规定质量责任及质量保证措施。

2）供料搅拌站应加强设备的维修保养。选用设备能力有后备余量的预拌混凝土供应单位。为防止堵车，应注意运输路线的踏勘和选择，并应与公安交通管理部门取得联系。

3）预拌混凝土最大单方水泥用量，一般不宜超过500kg/m^3，大体积混凝土不宜超过300kg/m^3。应优先采用高标号水泥，加强配合比设计，加强振动和养护，以防裂纹发生。

4）在签订供货协议时附上本行业混凝土质量保证资料的要求，请供料单位予以协作配合。

5）对泵送混凝土采用二次振动，消散气泡，防止形成混凝土麻面、气孔等缺陷。

5. 大体积混凝土浇筑的质量问题

(1) 现象

大体积混凝土浇筑后，因水化热未能有效地降低或混凝土内部与表面之间的温差过大，引起混凝土开裂。

(2) 原因分析

1) 降低水化热的措施不当。

2) 大体积混凝土浇筑的顺序和方法不当，分块位置不合理。

(3) 预防措施

1) 降低大体积混凝土水化热的方法

a. 改善骨料级配、降低水灰比，用掺入掺加料和外加剂(如粉煤灰、TMS 复合减水剂)，嵌入毛石等各种方法减少水泥用量。

b. 采用水化热低的矿渣水泥、粉煤灰水泥。

c. 减小浇筑层的厚度。

d. 骨料储存处尽量加盖遮阳，降低骨料本身的温度，以降低混凝土入模温度。必要时可采用冰水拌制混凝土。

e. 在混凝土内埋设冷却水管通水冷却。

f. 采取表面降温措施，降低混凝土中心与表面的温差。

2) 大体积混凝土分块应合理布置并合理确定其浇筑顺序和浇筑时间。各分块面积不宜小于 $50m^2$，每块高度不宜超过 2m。

3) 块间的竖向接缝面应平行于平面短边，上下层混凝土间的竖向接缝应错开位置做成企口。接缝按施工缝处理，其位置和各分块浇筑顺序应在施工组织设计中表示出来，并征求设计、监理单位同意后方能组织实施。

四、混凝土振动

当混凝土拌合料具有良好和易性时，钢筋混凝土、预应力混凝土是否密实，关键在于振动质量。振动质量决定于振动器的能力及配置，混凝土入模方式，振动顺序与时间，振动器的操作方式。特别当构件、结构截面较薄，且钢筋及预埋件、预留孔密集时，上述因素的影响更为突出。

根据振动性能可分为内部振动和外部振动两种，前者使用振动棒（插入式振动器），后者采用附着式振动器、平板振动器及振动台。

1. 振动不足或漏振

（1）现象

1）混凝土不密实，存在蜂窝、麻面甚至有空洞。

2）砂、石骨料在混凝土表面未被水泥砂浆包裹，甚至在底脚、角落及钢筋密集处露筋。

（2）原因分析

1）混凝土的一次浇筑厚度过大，未作水平分层或分层不清。

2）振动间距过大，在振动器振动不到的地方形成漏振。

3）预留孔、预埋件及钢筋过密处浇筑及振动方法不当。

（3）预防措施

1）对于壁厚较薄，高度较大的结构或构件，钢筋及预埋管道多的部位，采用直径30mm和直径50mm两种规格振动棒振动为主，同时在模板上安置功率为1.5kW的附着式振动器每次振动时间控制在5～10s；对于锚固区等钢筋、管道密集处，除用振动棒充分振动外，还可配以人工插捣及橡皮锤敲击等辅助手段。

2）对于箱梁截面，为保证底板与腹板相交处密实，底板混凝土宜先由梁腹板下料，再由梁底板下料。使用插入式振动器振动，使腹板下部混凝土溢流出来与箱梁底板混凝土相结合，然后再次充分振动，使两部分混凝土完全融合在一起，消除底板和腹板之间出现脱节和空虚不实的现象，以确保阳角的外观质量，见图7-8。

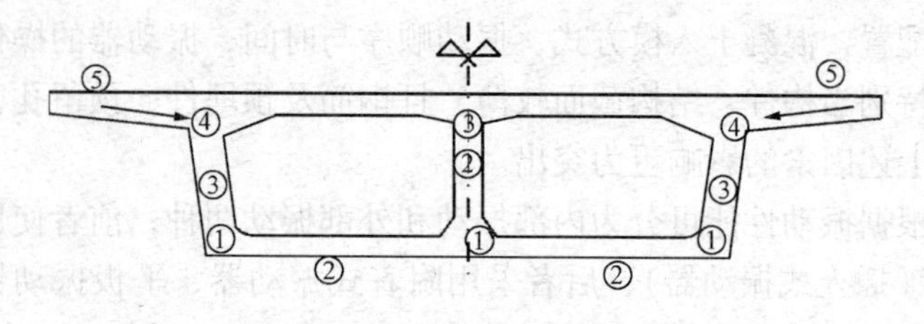

图7-8　箱梁截面

3）注意掌握振动间距。插入式振动器的插点间距不超过其作用半径的1.5倍（方格形排列）或1.75倍（交错形排列）；平板振动器应分段振动，相邻两段间应搭接振动5cm左右；附着式振动器安装间距为1.0 ~1.5m。

4）掌握插入式振动器的操作方法。应采用垂直振动或斜向振动法，振动棒要快插、慢拔，上下抽动5 ~10cm。分层浇筑时，振动棒应插入已振完的下层混凝土5cm左右，这样可基本消除分层接缝；掌握好振动时间，观察混凝土表面是否不再下降，不再出现气泡，表面是否呈水平面，是否泛出水泥浆。每插点振动约为20 ~30s。

5）建立岗位责任制，采取定人、定岗、定责任，现场挂牌监督。操作指挥原则是：混凝土入模人员服从振动人员指挥，后台人员服从前台人员指挥，下级人员服从上级人员指挥，以防组织混乱。避免浇筑时分层分块不清，造成漏振。

2. 过振

（1）现象

混凝土表面出现鱼鳞纹，甚至有轻微离析为过振。

（2）原因分析

1）振动时间过长，尤其对一般塑性混凝土，往往易造成离析。

2）振动插点不均匀，产生插点疏处振动不足，密处过振。

（3）预防措施

1）严格掌握振动时间和间距。

2）建立和健全岗位责任制。

3. 掏浆

（1）现象

截面积较大的薄墩柱，高度较大的薄壁台身或墙身，浇筑混凝土时泌水过多，水悬浮在混凝土表面。为防止改变后浇混凝土的配合比，用工具人工将浮浆清除称为“掏浆”。

（2）原因分析

1）采用钢模板时，混凝土拌合料在振动中泛水并沿模板冒到混凝土表面，由于外露截面积有限，集聚成一层水泥浮浆。人工清除浮浆，实际减少了混凝土中水泥浆的含量，对混凝土强度是不利的。

2）泌水性强的水泥，容易造成较多浮浆。

（3）预防措施

1）调整混凝土的配合比，降低水灰比。为减少影响混凝土的用水量，采用外掺减水剂来改善混凝土的和易性。

2）使用泌水性小的水泥，严格控制搅拌时的加水量。有条件可掺入粉煤灰或塑化剂、引气剂来减少泌水。

（4）治理方法

1）当出现需要掏浆时，应拌合干硬性同强度混凝土，浇筑在原水泥浮浆层内。

2）宜从上部采用吸管等方法排除泌水，然后再振动一遍。

五、混凝土养生

养生的目的是为硬化的混凝土提供适宜的温度和湿度，防止受低温、干燥，温度变化激烈等不良影响。还可避免受到振动。在湿度大的环境中养生是克服干缩开裂的重要方法。

混凝土养生需要大量连续的人工作业，往往因管理人员管理不到位或监督措施不力，而引起混凝土的质量缺陷。

1. 干燥季节养生失误

（1）现象

桥墩柱、桥台、墙身、盖梁等不易养生部位，难以保证混凝土硬化过程中有充足的湿润环境。混凝土裸露在空气中，或虽有覆盖但保湿方法不当，混凝土表面时干时湿。

（2）原因分析

不重视混凝土养生。用草帘子覆盖人工洒水，往往造成时干时湿。没有严格的养生责任制；或者方法失当，既费工，效果又不好。

（3）预防措施

1）进行混凝土养护的技术交底，提高做好养生工作的自觉性；强化养生质量责任制。

2）在混凝土浇筑后5~7d内，要采用行之有效的办法，保持混凝土表面始终潮湿。为防止水分蒸发，可使用覆盖塑料薄膜或混凝土养护剂的方法（大量用水有困难时）。有条件的宜安装洒水器连续往混凝土表面洒水。

2. 炎热季节养生失当

（1）现象

炎热季节混凝土拌合物易早凝，硬化后水分易过分损失，造成表面起砂。

（2）原因分析

1）炎热季节，阴凉处气温达30℃以上时，进行混凝土浇筑但未采用任何降温措施。

2）使用早强水泥等水化热较大的水泥，造成升高混凝土温度产生早凝。

3）暴露面较大的部位及构件，刚浇完的混凝土在日晒和高温下水分大量蒸发，造成混凝土失水过多、干燥。

（3）预防措施

1）炎热季节，选择温度较低时浇筑，使混凝土浇筑温度低于32℃，并多做坍落度试验，及时调整配合比。

2）采用多种措施降低温度。如防止骨料或水等受阳光直射；用加冰水法降低骨料温度；为减小构件截面的内外温差，可用草帘、苫布或麻袋覆盖构件，隔断外界气温影响，避免阳光直射。

3）暴露面较大的部位及构件，对刚浇筑的混凝土，可边用喷雾器补充水分，边同时进行施工。为加强湿润养生的效果，使用喷洒塑料薄膜或养护剂覆盖，或采用喷水、蓄水等方法，保持混凝土始终潮湿。

3. 冻害

（1）现象

1）混凝土表层受冻变酥，减小构件有效截面积。

2）裸露混凝土受冻。

3）大体积混凝土或大型构件出现裂纹。

（2）原因分析

1）模板保温失效。

2）混凝土覆盖措施不力。

3）大体积混凝土模板保温不良，拆模后覆盖不好，或构件预制时蒸养方法失当，均使混凝土产生裂纹。

（3）预防措施

1）模板，特别是钢模板外面应缠绕、覆盖麻袋、草垫或草帘；在双层模板中填锯末等进行蓄热；结构物迎风面搭设防风设施；混凝土浇筑后应立即保温防寒，为防止弄脏表面，可先覆盖一层塑料薄膜。

2）新浇筑混凝土与早已硬化部分的接合处 1.5m 范围内及外露粗钢筋或其他铁件的 1m 左右范围部应适当保温。有条件时，可采用电热毯法。混凝土浇筑时间宜避开温度较低的早、晚。

3）大体积混凝土，水泥水化热较高，中心附近温度很高，表面必须注意模板保温及拆模后覆盖，避免混凝土表层因温度低体积膨胀小产生拉应力而开裂。也要避免拆模后表面混凝土很快干缩，出现拉应力裂纹。必须有效防止混凝土内外温差过大。

4）大型构件预制的蒸汽养生，要掌握好升、降温的变化梯度及冷养时间，防止温度急剧变化形成裂纹。

六、混凝土裂缝

混凝土是一种非匀质脆性材料，由骨料、水泥以及存留其中的气体和水组成，在温度和湿度变化的条件下硬化并产生体积变形。由于各种材料变形不一致。互相约束而产生初始应力（拉应力或剪应力），造成在骨料与水泥石粘结面或水泥石本身之间出现肉眼看不见的微细裂缝，一般称为微裂。这种微细裂缝的分布是不规则的，且不连贯，但在荷载作用下或进一步产生温差、干缩的情况下，裂缝开始扩展，并逐渐互相串通，从而出现较大的肉眼可见的裂缝（一般肉眼可见裂缝宽度约为 0.03 ~ 0.05mm），称为宏观裂缝，即通常所说的裂缝。因此混凝土的裂缝，实际是微裂的扩展。

裂缝按产生的原因有：由外荷载（包括施工和使用阶段的静荷载、动荷载）引起的裂缝；由变形（包括温度、湿度变形、不均匀沉降等）引起的裂缝；由施工操作（如制作、脱模、养护、堆放、运输、吊装等）引起的裂缝。

按裂缝的方向、形状有：水平裂缝，垂直裂缝，纵向裂缝，横向裂缝，斜向裂缝以及放射状裂缝等（图 7-9*a*）。按裂缝深度有：表面裂缝，深进裂缝和贯穿裂缝等（图 7-9*b*）。

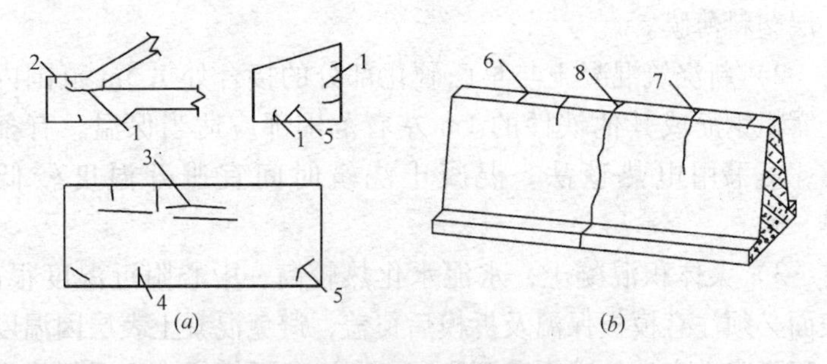

图 7-9　混凝土裂缝示意图

（*a*）裂缝的方向和形状；（*b*）裂缝的深度

1—水平裂缝；2—垂直裂缝；3—纵向裂缝；4—横向裂缝；

5—斜向裂缝；6—表面裂缝；7—深进裂缝；8—贯穿裂缝

1. 塑性收缩裂缝（龟裂）

（1）现象

裂缝在结构表面出现，形状很不规则，类似干燥的泥浆面。大多在混凝土浇筑初期（一般在浇筑后 4h 左右），当混凝土本身与外界气温相差悬殊，或本身温度长时间过高（40℃ 以上），而气候干燥、气温高、风速大的情况下出现。塑性裂缝又称龟裂，严格而言属于干缩裂缝，出现很普遍。裂缝较浅，多为中间宽两端窄，且长短不一，互不贯通，如图 7-10 所示。

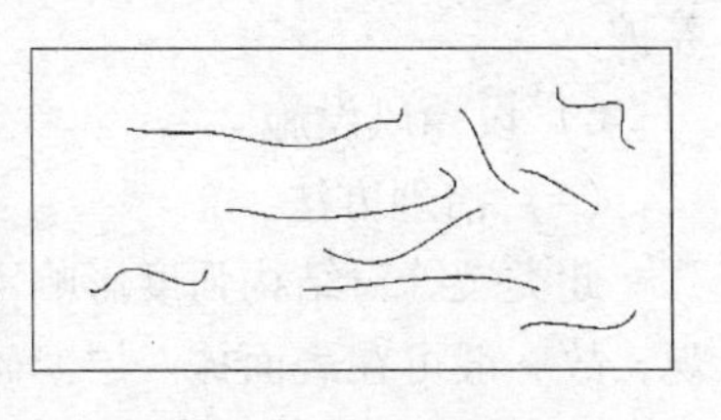

图 7-10 塑性收缩裂缝

（2）原因分析

1）混凝土浇筑后，早期养生不良，表面没有及时覆盖，受风吹日晒，表面游离水分蒸发过快，产生急剧的体积收缩，而此时混凝土早期强度低，不能抵抗这种变形应力而导致开裂。

2）使用收缩率较大的水泥，水泥用量过多，或使用过量的粉砂。

3）混凝土水灰比过大，模板、垫层过于干燥，吸水量大，也是导致这类裂缝出现的因素。

4）斜坡上浇筑混凝土，由于重力作用混凝土有向下流动的倾向，亦会产生收缩裂缝。

（3）预防措施

1）配制混凝土时，应严格控制水灰比和水泥用量，选择级配良好的石子，减小空隙率和砂率；同时要捣固密实，以减少收缩量，提高混凝土抗裂强度。

2）浇筑混凝土前，将基层和模板浇水湿透。

3）混凝土浇筑后，对裸露表面应及时用潮湿材料覆盖，认真养护。

4）在气温高、湿度低或风速大的天气施工，混凝土浇筑后，应及早进行洒水养护，使其保持湿润；大面积混凝土宜浇完一段，养护一段。此外，要加强表面的抹压和成品保护工作。

5）混凝土养护可采用喷洒养护剂，或覆盖湿麻袋、塑料薄膜等方法；当表面发现微细裂缝时，应及时抹压一次，再覆盖养护。

6）设挡风设施。

（4）治理方法

此类裂缝对结构强度影响不大，但会使钢筋锈蚀，且有损美观，故一般可在表面抹一层薄砂浆进行处理。对于预制构件，也可在裂缝表面涂环氧胶泥或粘贴环氧玻璃布进行封闭处理。

2. 干缩裂缝

（1）现象

裂缝为表面性的，宽度较细，多在0.05~0.2mm之间。其走向纵横交错，没有规律性。较薄的梁、板类构件（或桁架杆件），多沿短方向分布，整体性结构多发生在结构变截面处；平面裂缝多延伸到变截面部位或块体边缘；大体积混凝土在平面部位较为多见，侧面也常出现；预制构件多产生在箍筋位置。这类裂缝一般在混凝土露天养护完毕经一段时间后，在表层或侧面出现，并随湿度和温度变化而逐渐发展。

（2）原因分析

混凝土收缩分为湿度收缩（即干缩）和自收缩。湿度收缩是混凝土中多余水分蒸发，随湿度降低体积减小而产生的收缩，其收缩量占整个收缩量的绝大部分。自收缩为水泥水化作用引起的体积收缩，收缩量只有前者的1/5~1/10，一般可包括在湿度收缩内一起考虑。干缩裂缝产生的原因是：

1）混凝土成型后，养护不当，受到风吹日晒，表面水分散失快，体热收缩大，而内部湿度变化很小，收缩也小，因而表面收缩变形受到内部混凝土的约束，出现拉应力，引起混凝土表面开裂；或者平卧薄型构件水分蒸发，产生的体积收缩受到地基、垫层或台座的约束，而出现干缩裂缝。

2）混凝土构件长期露天堆放，表面湿度经常发生剧烈变化。

3）采用含泥量大的粉砂配制混凝土。

4）混凝土经过度振动，表面形成水泥含量较多的砂浆层，收缩量加大。

5）后张法预应力构件露天生产后没有及时张拉等。

（3）预防措施

1）混凝土水泥用量、水灰比和砂率不能过大；严格控制砂、石含泥量，避免使用过量粉砂。混凝土应振动密实，并注意对表面进行二次抹压（在混凝土初凝后终凝前，进行二次抹压），以提高混凝土抗拉强度，减少收缩量。

2）加强混凝土早期养护，并适当延长养护时间。长期露天堆放的预制构件，可覆盖草帘、麻袋，避免曝晒，并定期适当洒水养护，保持湿润。薄壁构件应在阴凉之处堆放并覆盖，避免发生过大的湿度变化。

3）参见 1“塑性收缩裂缝”的预防措施 2）~5）。

3. 塑性沉降收缩裂缝

（1）现象

裂缝多沿结构上表面钢筋通长方向或箍筋上断续出现，如图 7-11 或在预埋件附近周围出现。裂缝呈梭形，宽度不等，深度不一，一般到钢筋上表面为止。裂缝多在混凝土浇筑后发生，混凝土硬化后即停止。

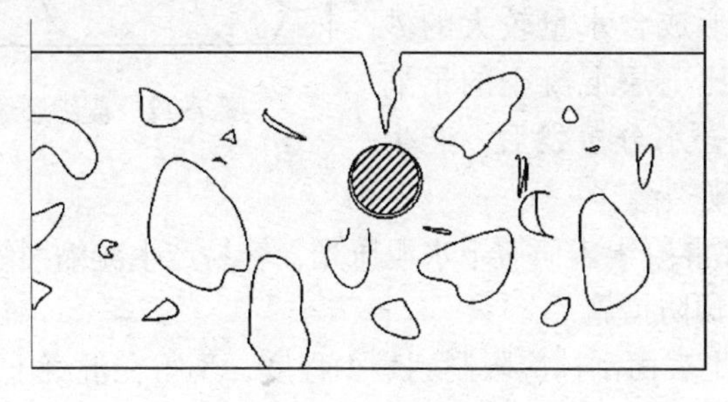

图 7-11　沉降裂缝

(2) 原因分析

混凝土浇筑振动后，粗骨料沉落，挤出水分和空气，表面出现泌水，形成竖向体积收缩沉落。这种沉降受钢筋、预埋件、模板或粒径大的粗骨料以及已凝固混凝土的局部阻碍或约束，或因混凝土内部各部位相对沉降量过大，而引起裂缝。

(3) 预防措施

1) 加强混凝土配制和施工操作控制，水灰比、砂率、坍落度不应过大。

2) 振动充分，避免漏振及过振。

3) 截面高度相差过大的构筑物，宜先浇筑较深部位的混凝土，静置2~3h待混凝土沉降稳定后，再与上部薄截面混凝土同时浇筑。

4) 适当增加混凝土保护层的厚度。

(4) 治理方法

参见“1. 塑性收缩裂缝”的治理方法。

4. 凝缩裂缝

(1) 现象

在混凝土初凝期间，表面呈现细小六角形花纹状裂缝，如图7-12

(2) 原因分析

1) 混凝土表面过度抹平压光，使水泥和细骨料过多地浮到表面，形成含水量较大的砂浆层，它比下层混凝土的干缩性能更大，水分蒸发后，产生凝缩而出现裂缝。

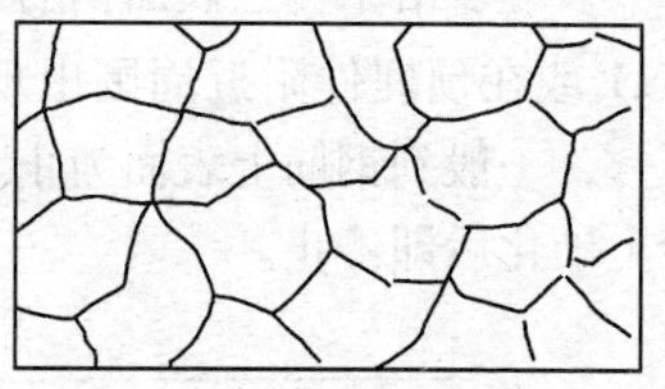

图7-12 凝缩裂缝

2) 在混凝土表面撒干水泥压光，容易产生凝缩裂缝。

(3) 预防措施

混凝土表面刮抹应限制到最少程度，不得在混凝土表面撒干水泥抹压，如表面粗糙，含水量大，可撒较稠的水泥砂浆或干水泥砂再压光。

4）治理方法

此类裂缝不影响强度，一般可不作处理。对外观质量要求高者，可在表面加抹薄层水泥砂浆。

5. 碳化收缩裂缝

（1）现象

在结构表面出现，呈花纹状，无规律性，如图7-13。裂缝深1～5mm，有些在结构表面出现，呈花纹状，无规律直至钢筋保护层的全深；裂缝宽0.05～1mm，多数发生在混凝土浇筑后数周或更长时间。

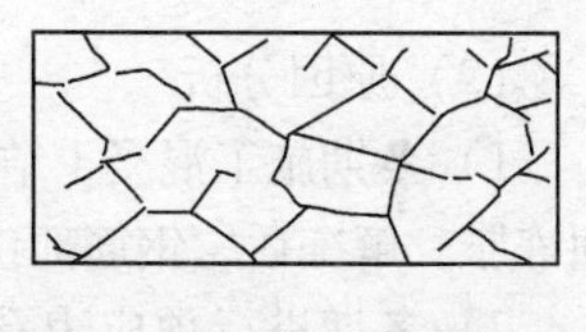

图7-13　碳化收缩裂缝

（2）原因分析

1）混凝土的水泥浆中氢氧化钙与空气中二氧化碳作用，生成碳酸钙，引起表面体积收缩，受到结构内部未碳化混凝土的约束而引起表面龟裂。在空气相对湿度为30%～50%的干燥环境中尤为显著。

2）在密闭不通风的地方用火炉加热保温，产生大量二氧化碳，使混凝土表面加速碳化，产生此类裂缝。

（3）预防措施

1）避免过度振动，不使表面形成砂浆层。加强养护，提高混凝土表面强度。

2）避免在不通风之处采用火炉加热保温。

（4）治理方法

与“2. 干缩裂缝”相同。

6. 冻胀裂缝

（1）现象

结构构件表面沿主筋、箍筋方向出现宽窄不一的裂缝，裂缝深度一般达到主筋。后张法预应力构件，沿预应力钢材孔道方向出现纵向裂缝，见图7-14。

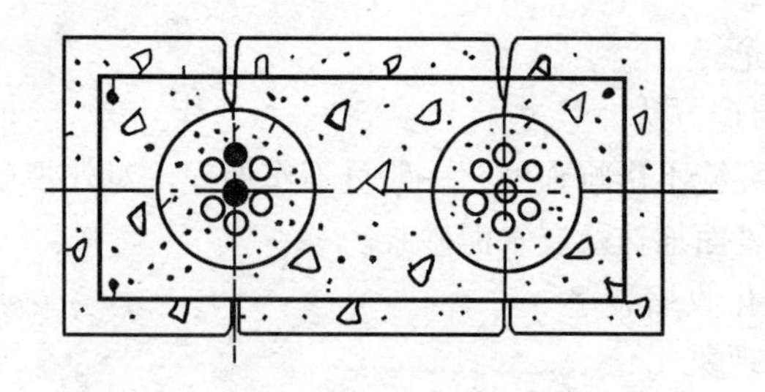

图 7-14　冻胀裂缝

（2）原因分析

1）冬期施工混凝土结构未保温，混凝土早期遭受冻结，表面冻胀。解冻后，钢筋部位的变形仍不能恢复而出现裂缝。

2）冬期进行预应力孔道灌浆，未采取保温措施或保温不善，孔道内水泥浆含游离水分较多，受冻体积膨胀，沿预应力钢材孔道方向薄弱部位胀裂。

（3）预防措施

加强冬期施工工艺技术措施的落实和控制。

1）用普通水泥拌制混凝土，水灰比要低并掺入适量的早强型、抗冻型外加剂，以提高混凝土的早期强度。

2）对混凝土进行蓄热保温或加温养护，直至强度达到设计强度的 40%。

3）尽量避免在冬期进行预应力孔道灌浆。必须灌浆时，应在水泥浆中掺加早强型防冻减水剂或加气剂，防止水泥沉淀产生游离水，灌浆后进行加热养护，直至规定的强度。

4）治理方法

一般裂缝可用环氧胶泥封闭；较宽较深的裂缝，用环氧砂浆补缝或再加环氧玻璃布处理；较严重的裂缝，应将剥落疏松部分凿除，加焊钢筋网后，重新浇筑一层细石混凝土，并加强养护。

第五节　预应力混凝土

本节以预应力混凝土工程施工的特殊技术和它的特殊质量通病为主，预应力混凝土的模板、支架、非预应力钢筋和混凝土等一般工程施工，可参照本章有关模板支架、混凝土有关内容。

一、先张法

先张法适用于预制厂集中制作，成批生产。先张法预应力混凝土梁、板，多采用高强钢丝。钢绞线及Ⅳ、Ⅴ级的预应力钢筋。空心箱梁、板的内模多采用充气胶囊，由于胶囊固定方式欠佳，易产生胶囊的下沉及上浮，造成空心梁、板的顶板及底板的厚度难于控制，这些缺陷在本章第二节中已经讨论。在先张预应力混凝土施工中，要特别注意胶囊支设及左右位置固定的效果，防止产生胶囊的移位。其他质量通病多发生于预应力钢材张拉后和混凝土浇筑后。

1. 断丝

（1）现象

张拉高强钢丝或预应力粗钢筋时，产生预应力钢丝或粗钢筋裂断。

（2）原因分析

1）粗钢筋多因材质不均，在材质较差处裂断。

2）高强钢丝由于夹固时钢丝未理顺或松紧不一致，张拉后受力不匀，使受力大的钢丝断丝。

3）因夹具不良，被卡断。

4）铺设预应力钢材后，使用电焊，损伤了预应力钢材。

（3）预防措施

1）严格预应力钢材进场检验制度。

2）预应力钢材从铺设到浇筑混凝土期间，不得使用电焊、气焊（割）。

3）多根高强钢丝张拉前，要把钢丝理顺，使其松紧一致。张拉中始终保持活动横梁与固定横梁平行。为预防各根钢丝受力不匀，必须事先调整初应力，调整应从中间开始向两侧对称进行；并防止活动横梁受力不匀偏位。

4）做好夹具的检验，防止因夹具不良造成断丝。

2. 构件顶面及侧面横向裂缝

（1）现象

在空心梁、板的顶面及侧面产生垂直构件轴线的横向裂缝，其分布没有规律，裂缝深12mm以内。受季节影响较大，干燥多风时常有发生。

（2）原因分析

属于沉陷裂缝、塑性收缩裂缝、干缩裂缝和表层温度裂缝。

（3）预防措施

1）对构件表面，在混凝土浇筑后40min，用塑料抹子进行第二次成活，可加大混凝土表面的密实性，防止出现沉陷裂缝。

2）混凝土浇筑后，尤其是多风干燥季节，要及时用潮湿麻袋或草袋覆盖，保温养生，防止塑性收缩裂缝和干缩裂缝过早出现。

3）梁、板构件的侧模拆除后，应及时覆盖和防风，避免混凝土内部与表面温差过大，防止表面温度裂缝。

3. 梁、板端头劈裂

（1）现象

构件放张后，在空心梁、板的两端头劈裂。

（2）原因分析

构件放张，空心梁、板的端头受到压缩变形，预应力钢材产生的剪应力和放张引起的拉应力在该部位均为最大。由于放张偏早，混凝土强度不足而开裂。

（3）预防措施

1）设计应加厚梁、板的端肋。

2）预应力钢材按设计规定布置传递长度和套塑料管，并做到塑料套管不漏不裂，位置准确。

3）预应力放张必须在混凝土抗压强度不小于70%～80%设计强度后进行，并保证放张均匀、缓慢，以采用砂箱放松法为宜。如采用千斤顶先拉后松法时，所施加的应力值不得超过原张拉控制应力的1.05倍。采用逐根切割法放松时，切割位置宜在两台座的中间。

4. 梁腹侧面水平裂缝

（1）原因分析

浇筑混凝土时为保证成型度，胶囊要保证在2h内具有一定气压范围，因此设专人定时对胶囊补气。施工中易出现所设专人离岗，当发现亏气时已超过补气的规定时间。此时若进行强制补气，则使已初凝的混凝土被胶囊胀裂，产生侧向水平裂缝。

（2）预防措施

所设专人不得离岗，为维持胶囊气压稳定应随时补气，并注意补气后的气压不得超过浇筑混凝土期间所规定的最大值。

5. 孔内露筋

（1）现象

空心箱梁、空心板的孔内一侧露箍筋。

（2）原因分析

由于浇筑混凝土时，胶囊被挤向一边，紧贴箍筋造成孔内一侧箍筋外露。

（3）预防措施

1）胶囊的左右定位应采用有效措施，如采用井字固定筋，或U形定位钢筋架等，其间距不大于50cm。

2）混凝土入模应分层进行，先入模到模高的1/2，并注意胶囊左右均匀下料，均匀振动，避免一侧混凝土入模量过大挤偏胶囊。

6. 钢丝滑动

（1）现象

预应力钢丝放张时，钢丝与混凝土之间的粘结力遭到破坏，钢丝向构件内回缩。

（2）原因分析

钢丝表面不洁净，沾上油污；混凝土强度低、密实性差；钢丝放松速度过快，张拉值过大。

（3）预防措施

1）保持钢丝表面洁净，严防油污。冷拉钢丝在使用前可进行4h汽蒸或水煮，温度保持在90°C以上。

2）隔离剂宜用皂角类。采用废机油时，必须待台面上的油稍干后，洒上滑石粉才能铺放钢丝，并以木条将钢丝与台面隔开。

3）混凝土必须振动密实；防止踩踏、敲击刚浇捣好混凝土的构件两端的外露钢丝。

4）预应力钢材的放松一般应在混凝土达到设计强度的70%以上时进行（叠层生产的构件，则应待最后一层构件混凝土达到设计标号的70%以后）。放张时，最好先试剪1～2根预应力钢材。如无滑动现象，再继续进行，并尽量保持平衡对称放张，以防产生裂缝和薄壁构件翘曲。

5）光面碳素钢丝强度高，与混凝土粘结力差，一般在使用前应进行刻痕加工，以增强钢丝与混凝土的粘结力，提离钢丝抗滑能力。选用原材料强度高的钢筋来冷拔，而不得采取增加冷拔次数的方法来提高冷拔钢丝所必需的强度。

二、后张法构件

后张法用于现场制作大型构件和整体结构，如大跨度连续梁、T梁、板等。根据预应力钢材与周围混凝土之间粘结程度可分后张有粘结预应力混凝土和后张无粘结预应力混凝土；按照张拉方法不同分机械张拉和电热张拉。这类构件生产中的质量通病主要是：

1. 孔道塌陷

（1）现象

预留孔道塌陷或堵塞，预应力钢材不能顺利穿过，不能保证灌浆质量。

（2）原因分析

1）抽芯过早，混凝土尚未凝固。

2）孔壁受外力和振动影响，如抽管时因方向不正而产生的挤压力和附加振动等。

（3）预防措施

1）钢管抽芯宜在混凝土初凝后、终凝前进行，一般以用手指按压混凝土表面不显凹痕时为宜；胶管抽芯时间可适当推迟。

2）浇筑混凝土后，钢管要每隔 10～15min 转动一次，转动应始终顺同一方向；用两根钢管对接的管子，两根管的旋转方向应相反；转管时应防止管子沿端头外滑，事先最好在管子上作记号，以观察有无外滑现象。

3）抽管程序宜先上后下，先曲后直；抽管速度要均匀，其方向要与孔道走向保持一致。

4）单根钢管长度不得大于 15m；胶管长度不得大于 30m；较长构件可用两根管子对接。对接处宜用 0.5mm 厚白薄钢板做成的套管连接，套管长 30～40cm，套管内壁应与芯管外表紧密贴合，防止漏浆。

5）夏季高温下浇筑混凝土应考虑合理的程序，避免构件尚未全部浇筑完毕就急需抽管。否则，邻近的振动易使孔道塌陷。

6）芯管描出后，应及时检查孔道成型质量，局部塌陷处可用特制长杆及时加以疏通。

2. 孔道位置不正

（1）现象

孔道位置不正（左右移动、上下波动）引起构件在施加应力时发生侧弯和开裂。

（2）原因分析

1）芯管固定不牢，“井”字架及其他形状的定位架间距大。

2）浇筑混凝土时，振动棒振动芯管。

（3）预防措施

1）芯管应用钢筋制成的定位架支垫。定位架尺寸应正确，且绑扎在钢筋骨架上。其间距分别为：采用钢管芯管时不得大于100cm；采用胶管且为直线孔道时不得大于50cm，若为曲线孔道时取15～20cm。

2）孔道之间的净距、孔道壁至构件边缘的距离应不小于25mm，且不小于孔道直径的一半。

3）浇筑混凝土时，切勿用振动棒振动，以防芯管偏移。

4）需要起拱的构件，芯管应随构件同时起拱，以保证预应力钢材所要求的保护层厚度。

5）在浇筑混凝土前检查预埋件及芯管位置是否正确。预埋件应牢牢固定在模板上。

3. 孔道堵塞

（1）现象

孔道被混凝土或水泥浆堵塞，预应力钢材无法穿过。

（2）原因分析

1）套管被电焊火花击穿后形成小孔而又未及时发现，套管锈蚀引起砂眼。

2）浇筑混凝土时，振动棒碰坏套管，造成管身变形、裂缝，使水泥浆渗入。

3）锚下垫板的喇叭管与套管连接不牢固，套管之间连接不牢，浇筑混凝土时接口处混凝土浆液流入孔道内。

4）安装梁内、外模板用对拉螺栓，钻对拉螺栓孔时钻头碰坏套管。

（3）预防措施

1）套管安装前要进行逐根检查，并逐根做U形满水试验，安装时所有管口处用胶带封严。

2）入模后套管在浇筑混凝土前要做灌水试验，在套管接口处加接口套管。

3）浇筑混凝土过程中和浇筑完毕后都要反复拉孔，以防孔道堵塞。

4）锚垫板预先用螺栓固定在构件端模板上，缝隙夹紧泡沫塑料片，防止漏浆。

5）穿束前要试拉通孔或充水检查管道是否有不严密和堵塞处。在张拉锚固区内为加强锚垫板喇叭管与套管结合处的刚度，由锚垫板外口部插入直径5cm 钢管深约1～1.5m，可有效防止接口脱节。

6）铺设套管后严格控制电焊机的使用，防电焊火花击穿孔道。

4. 预应力锚具锚固缺陷

（1）现象

锚垫板位置不准确；锚固区漏埋锚固构造钢筋；张拉锚固端松动或封锚区混凝土不密实。

（2）原因分析

1）施工管理不严格。浇筑混凝土前，未进行钢筋及预埋件位置的隐蔽检验，以致没有发现锚垫板移位或漏埋锚固构造钢筋。

2）由于预埋套管位置变化，造成锚垫板不垂直套管轴线或偏离设计位置过大，影响锚头正常安装。

3）封锚区由于空隙小，振动措施不适当，造成混凝土不密实。

（3）预防措施

1）钢筋绑孔及预埋件安装工作必须向操作人员交底清楚，责任到人，坚持互检、交接检，层层把关。

2）必须经隐验钢筋及预埋件后，方可浇筑混凝土。

3）封锚区采用粒径小的骨料配制混凝土，隐验时如认为有不能充分振动处，应设计同意重新布置钢束套管及钢筋，并加强振动，确保该区域混凝土密实。

5. 丢束或漏张

(1) 现象

后张预应力混凝土结构穿束时，漏掉一束或一股，张拉后才发现漏张拉钢束一束甚至数束。

(2) 原因分析

施工管理混乱，或预应力钢丝（或钢绞线）编束时未编号，穿束人员或张位人员对钢束数目不清楚。

(3) 预防措施

1）钢丝（或钢绞线）束编束时，应将钢丝（或钢绞线）逐根排列理顺，编扎成束，并按设计不同规格依次编号，对照设计图检查无误，方可进行穿束。

2）张拉前，质检人员应对穿束情况进行检查，防止发生丢束或丢股。

3）张拉时对照图纸认真检查，并做好张拉记录。灌浆前必须对照张拉记录再仔细检查。

6. 张拉中滑丝（滑束）

(1) 现象

1）预应力钢材在锚具处锚固失效，随千斤顶回油而回缩。

2）预应力钢材在锚具处暂时锚固住，但当卸顶时却发生滑丝，还有的工作锚的楔片凹入锚环中。

(2) 原因分析

1）顶楔器在顶压时不伸出，则工作锚变成利用滑动楔原理自锚的锚具。由于XM锚不宜于以滑动楔原理锚固，而且施工时又不是按滑动楔锚固操作，形成预应力钢材或楔片的滑移量大，超过了回缩值允许范围而表现为滑丝；楔片被回缩钢束拖入锚环内。

2）工作锚的锚环与楔片之间有铁锈、泥沙或毛刺等污物存在，造成横向压力不能满足锚固时的要求，特别是锚固开始处不能牢固啮合，结果当预应力转换时出现滑丝。

3）工具锚与工作锚之间的钢丝束编排不平行，有交叉现象，则卸顶时钢束有自动调整应力的趋势，可能因钢束轴线不平行于锚环孔轴线，使楔片受力不均而锚固失效或发生滑丝现象。

（3）预防措施

1）安装顶楔器前进行试顶，检查其顶压时是否伸出。

2）锚具安装前对锚环孔和楔片进行清洗打磨，工具锚锚环孔、楔片用油石打磨。

3）工具锚的楔片要与工作锚的楔片分开放置，不得混淆。每次安装前要对楔片进行检查，看是否有裂纹及齿尖损坏等现象。若发现此现象，应及时更换楔片。

4）严格检查钢丝束编排情况，防止交叉现象发生。

（4）治理方法

1）张拉完毕，卸下千斤顶及工具锚后，要检查工具锚处每根钢绞线上夹片的刻痕是否平齐。若不平齐则说明有滑束现象，应用千斤顶对溜束进行补拉，使其达到控制应力。

2）如用XM锚时，可对已锚固的钢束，用卸锚器进行卸锚，然后重新进行张拉锚固。

7. 张拉中断丝

（1）现象

张拉预应力钢丝或钢绞线，顶锚或稳压时发生钢丝或钢绞线断掉，其发生部位多在工具锚或联结器夹片前端。

（2）原因分析

1）对于钢质锥形锚具而言，由于锚圈上口倒角不圆顺，加上顶锚力过大使钢丝发生断丝。或因钢绞线材质不均，钢绞线全断飞出。或由于钢绞线、钢丝束受力不匀，如钢丝束或钢绞线有扭拧麻花现象，导致张拉受力不均。或因锚塞过硬有刻伤，造成钢绞线破断。

2）对于XM锚具，多由于千斤顶位置不正，造成夹片一侧入钢丝过深或顶楔时对钢丝产生应力集中而发生断丝（如钢丝下料后，保管不好，有硬伤、死弯）。

3）高强钢丝碳化造成冷脆，张拉时断丝或粗预应力钢筋材质不匀，张拉时断裂。

(3) 预防措施

1) 检测张拉槽与锚垫板垂直面的平整度，保证锚垫板与千斤顶顶面在张拉过程中始终平行。

2) 严格检查锚具，倒角不圆顺、锚具热处理太硬的都不能使用。对预应力钢材在材质方面应严格把关。

3) 对钢绞线和钢丝束采用预拉工艺，使其钢丝理顺，以便均匀受力，张拉时适当减慢加载速度，避免钢丝内应力增长过快。

(4) 治理方法

切除锚头，换新束重新张拉。

8. 孔道摩阻值过大

(1) 现象

后张预应力混凝土预埋波纹管孔道实测摩阻值大大超过设计值。

(2) 原因分析

1) 波纹管安装时水平变位或振动时造成水平变位过大。

2) 波纹管本身及其接头漏入水泥浆，使孔道管壁不光滑。

3) 预埋金属软管轴向刚度太小，绑扎间距较大时，绑扎点间波纹管呈明显的曲线形，造成管道局部偏差过大。

4) 预应力束编束时，各根钢丝（或钢绞线）不顺直，呈麻花状，增大摩阻值。

(3) 预防措施

1) 波纹管使用前，要进行严格的质量检验，检查有无开裂、缝隙，有无小坑凹陷现象及接口是否牢固等。

2) 波纹管铺设中要确保管道内无杂物，严防波纹管碰撞变形，防止被电焊烧穿。管道安装完毕尚未穿束前，要临时封堵管口，严防杂物进入孔道。施工中要保护好波纹管，严防踩踏弄扁。

3) 管道就位后，要做通水检查，检查是否漏水。发现漏水及时修补。要进行试通，并应对有阻塞的孔道进行处理。

4）改善波纹管的直顺度，减小造成孔道局部变位的因素。

5）钢筋骨架中波纹管的绑扎间距改为0.5m，并增设导向钢筋提高软管的轴向刚度。管道在弯道段应加密固定设施。

6）钢束穿束前应进行预拉，在预拉过程使扭绞在一起的钢丝（或钢绞线）得以顺直。

7）锚垫板附近的喇叭口与波纹管相接处，要用塑料布缠裹严密，防止水泥浆流入管道。

8）混凝土浇筑过程中和浇筑完毕后，要及时清理孔道内可能漏入的水泥浆。可在构件两端专人用绑海绵的铅丝往复拉动，直至孔道顺畅为止。

（4）治理方法

采用超张拉来抵消摩阻过大产生的预应力损失。

9. 张拉伸长率未达到规定要求

（1）现象

张拉时，实行张拉应力与伸长率双控制，出现张拉应力值达到要求但伸长率未达到或超过规定要求的情况。

（2）原因分析

1）张拉系统未进行整体标定，压力油表读数不准确。

2）张拉系统中，未按标定配套的千斤顶、油泵、压力表进行安装，造成压力油表读数与实际压力数的偏差。

3）计算理论伸长值所用的弹性模量和预应力钢材面积不准确；或冷拉钢筋强度不足。

4）伸长值量测不准。

5）预埋管道质量差，形成管道摩阻大。

（3）预防措施

1）张拉设备应配套定期校验和标定。校验时，应使千斤顶活塞的运行方向与实际张拉工作状态一致。张拉前，检查各设备是否按编号配套使用，若发现不配套应及时调整。

2）张拉人员必须经过培训，合格后方可上岗，并且人员应相对固定。张拉有专人记录，专人测量伸长值，专人开油泵。测量伸长值要用钢尺，读数要准确，并及时进行伸长值复核。一旦发现伸长值超过规定要求应马上停下来分析原因，解决问题后才继续张拉。

3）要用准确的弹性模量和预应力钢材面积，按实际张拉力扣除摩阻损失值及混凝土弹性压缩值来计算理论伸长值。

4）量测伸长值时，为减少初应力对实测伸长值的影响，可先张拉，使之达到初始应力（一般取 10% ~25% 作为初始应力），然后分级量出相应伸长值，用作图法求出总伸长值。

5）操作时应缓慢回油，勿使油表指针受撞击，以免影响仪表精度。

10. 孔道灌浆不密实

（1）现象

水泥浆凝固后的强度低，不饱满。

（2）原因分析

1）灌浆水泥标号低，或过期、受潮、失效。

2）灌浆顺序不当，先灌上层后灌下层，将下层孔道堵塞。

3）灌浆压力过小。

4）未设排气孔，部分孔道被空气阻塞。

5）灌浆没有连续进行，部分孔道被水泥浆堵塞。

（3）预防措施

1）灌浆用水泥应采用标号不低于 325 号的硅酸盐水泥、普通水泥或采用矿渣水泥，要防止材性不稳定。水泥浆强度满足设计和规范要求。

2）水泥浆水灰比宜控制在 0.4 ~0.45 之间，3h 后泌水率不宜大于 2%，最大值不超过 3%。24h 后泌水应全部被浆吸回。为减少水泥浆收缩，可掺入膨胀剂，但其自由膨胀率应不小于 10%。

3）灌浆前用压力水冲洗孔道，灌浆压力以 0.5 ~0.7MPa 为宜。灌浆顺序应先下后上，直线孔道灌浆可从构件一端到另一端，曲线孔道应从最低点开始向两端进行。

4）孔道末端和高点应设置排气孔。灌浆时待排气孔溢出浓浆后，才能将排气孔堵住继续加 压到0.5～0.6MPa，并稳压2min。每条孔道应一次灌成，中途不应停顿，否则需将已压灌部分的水泥浆冲洗干净，从头开始灌浆。

5）重要预应力构件可进行二次灌浆，在第一次灌浆初凝后再灌第二次浆。

11. 沿管道的裂缝

（1）现象

构件灌浆前后，沿管道方向产生水平裂缝。

（2）原因分析

1）抽管、灌浆操作不当产生裂缝。

2）冬期施工水泥浆受冻膨胀，将管道胀裂。

（3）预防措施

1）混凝土应振动密实，特别是保证孔道下部的混凝土密实。

2）避免在冬期进行灌浆。确实需要时，应在灌浆前在孔道内通入蒸汽或热水，进行预热，然后用空压机将孔道中的水吹出，孔道最低点设泄水孔，做好构件保温措施。

3）防止抽管或灌浆操作不当使管道产生裂缝，措施同“孔道塌陷”的预防措施。

12. 预应力梁侧向弯曲

（1）现象

露天平卧支模生产的预应力梁特别是预应力薄腹梁在安装状态下，侧面全长与相对的平行直线之间存在偏差，即平面外的弯曲。这种现象在吊装前各个阶段都可能出现（如梁体成型、张拉预应力主筋、码放、运输等）。一般轻微的侧向弯曲不到梁长的1‰，严重时可达梁长的1/300。

（2）原因分析

1）由于台座沉陷或模板龙骨不在同一水平面，在浇筑和振动混凝土后，因混凝土自重使模板下垂，产生侧向弯曲。

2）用后张法生产，预留孔道产生向上或向下偏移。由于孔道不正，使预应力钢材位置偏移，张拉时构件受力不均匀，引起侧向弯曲。

3）没有采用两束钢丝同时张拉的方法，张拉时构件偏心受力，后张拉的一侧往往出现弯曲。

4）用先张法生产时，由于放张时没有从梁的左右两边同时进行，使构件受力不匀，产生向后放张的一边弯曲。

（3）预防措施

1）生产台座必须坚实牢固，不允许有下沉和变形现象。模板龙骨下面要垫实，上表面用水准仪找平，确保在同一水平面上。

2）后张法张拉钢材时，构件最好处在立放位置。当采用平卧码放张拉时，应检查构件的支点是否落实在垫木上。没垫实的可用木楔垫实，并用水准仪检查构件是否卧平，在确保无下垂时方可张拉预应力主筋。

3）后张法生产时，预留孔道位置必须准确，并要求平直。孔道可以采用铝丝绑扎固定或用钢筋马凳支起，支承间距以200～400mm为宜。

4）张拉预应力钢筋（束）时，要两端相对同时张拉，

5）先张法放张预应力主筋时，应先放松上翼缘的预应力筋。放松下部主筋时，应从中间开始，然后由内向外、左右两边同时进行。

第六节　架设工程

架设工程是钢结构、预制钢筋混凝土和预应力混凝土构筑物在其各构件（如墩柱、梁体、梁体拼装段）或整体预制完成后，采用一系列作业，使其就位的工程总称。架设工程中包括吊装箱涵顶进，公路和铁路系统使用的梁桥顶推及悬臂拼装等，本节重点介绍构件吊装质量通病。

吊装是架设工程中最普遍采用的一种施工方法。构件吊装可采用汽车起重机或履带起重机安装法、人字扒杆安装法、导梁安装法、联合架桥机架设法及船只浮运安装法等。无论采用哪一种方法，均应严格遵守施工组织设计或施工方案中的各项规定及满足施工技术规程的各项要求。

构件安装阶段的质量通病

1. 安装后裂缝超过允许值

(1) 现象

构件安装后发现裂缝超过允许值。

(2) 原因分析

1) 吊装时构件混凝土强度未达到要求，如未达到设计标号的70%便吊装。

2) 设计忽略了吊装所需要的构造筋。

3) 吊装前未按施工状态校核构件的刚度及抗裂性能，且没有采取加固措施。

4) 重叠生产构件，隔离剂失效或涂刷不均造成粘连，起吊翻身时将构件拉裂。

5) 吊装时受外力碰撞；构件吊环或吊点位置不正确，使构件受力不匀。

6) 构件堆放不平稳或偏心过大，堆放场地地基下沉，使构件受力不匀。

7) 梁板类构件安装后未及时浇筑混凝土或灌缝整体刚度差，施工临时堆载过大，造成构件中部裂缝。

8) 起吊时滑脱，或吊机突然急刹，使桁架类构件下弦杆受振或碰裂。

9) 采用钢筋或钢板连接的构件，由于焊接应力过大，将梁、柱混凝土角部拉裂。

(3) 预防措施

1) 构件混凝强度必须达到规定强度（如柱要达到设计强度的70%、梁达到100%）方能吊装。

2）构件吊装前应按施工状态校核其抗裂性能。如裂缝宽度大于0.2 ~0.3mm，应采取加固措施或调整吊点位置、增加吊点等。

3）构件吊装时要防止碰撞，必要时应设拉绳。吊点位置应经过计算，使构件截面的弯矩最小或在允许范围内。如构件吊环或吊点位置不当而形成歪斜，应更换吊点，使构件重心与吊钩在同一垂直线上。

4）重叠生产构件应涂隔离剂，并涂刷均匀；构件堆放要平稳，防止偏斜。

5）梁、板类构件部分未浇筑拼缝混凝土（或灌浆），或混凝土（灌浆材料）未达到要求的强度时，不允许承受过大的施工荷载。

6）采用钢筋或钢板焊接连接时，严格执行焊接工艺，采用轮流间歇施焊方法以减小焊接压力。

2. 构件断裂

（1）现象

空心板、叠合梁安装后发生断裂。

（2）原因分析

1）板两端支承高低不平或板本身翘曲，造成仅板角两点受力。

2）构件强度不够，构件本身存在微裂。

3）叠合梁和空心板的现浇缝未及时填灌混凝土形成整体，梁、板不能同时工作。当堆载或施工荷载过大时，造成断裂。

（3）预防措施

1）支承处应用砂浆找平；板端不密实者，用楔形铁片垫实。

2）构件强度不够或构件本身有微裂应补强或修补后，方可吊装。

3）叠合梁现浇前，跨中应没支架，并避免承受过大的施工荷载。

4）及时灌缝，灌缝应用细石混凝土填灌严实。

3. 构件安装后不稳定

（1）现象

构件安装后其四个角不在一个平面内，人在构件上走动时，构件上下位移。

（2）原因分析

1）构件预制时板底支承面翘曲不平。

2）板底砂浆铺垫不平或支座不平。

（3）预防措施

1）预制构件安装前进行检验，板底面支承部位应平整，不符合要求者应进行修整。

2）垫底砂浆应摊铺平整；支座要安装平稳。

（4）治理方法

对不稳定的板应吊起重新垫塞使其安装稳定。

4. 梁顶盖梁、台帽或梁顶梁

（1）现象

预制梁的梁端与盖梁或台帽间缝过小，相邻两跨的梁与梁之间的缝隙太少，甚至有时互相顶碰。

（2）原因分析

1）盖梁或台帽的外形尺寸（尤其现浇时）控制不严，使盖梁或台帽顺桥向尺寸偏差未控制在+0，-10mm之间。

2）预制梁的梁端尺寸控制不严，盖梁或台帽现浇时胀模造成尺寸偏差过大。

3）墩柱安装或现浇后，桥墩轴线纵向距离出现负偏差，而预制梁梁长出现正偏差，造成吊装后梁顶盖梁或梁顶梁。

（3）预防措施

1）严格进行现浇盖梁、台帽模板的检查，确保模板不变形，支撑不移动，防止胀模、跑模现象发生。盖梁、台帽之间的距离偏差宜为正偏差。

2）对预制盖梁及预制梁要把好进场检验关，及时发现外形尺寸偏差过大的构件，且控制梁长和盖梁宽的偏差为负偏差。

3）墩柱安装前后应测量间距，防止出现负偏差及超过允许误差的正偏差。

4）吊梁前在盖梁上放出桥轴线与每片梁的中线，并在预制梁两端上划出中线。吊装中首先注意梁的编号避免用错位置，其次保证梁就位时的中线偏差和梁支座偏差小于规定要求，并注意控制梁端面与盖梁的间隙不小于规定要求。克服温差变形产生的顶梁现象。

5. 预制 T 梁横隔板连接错位、横隔板相互顶碰

（1）现象

预制 T 梁吊装后，横隔板平面位置相差较大，或横隔板底面不在同一水平面上。

（2）原因分析

1）预制时，横隔板与梁端间距控制不严。安装后为保证梁间缝等宽，形成横隔板错位。横隔板模板跑模、预埋件移位，安装后横隔板出现错台、相互顶碰及预埋件无法焊接相联。

2）预应力混凝土梁张拉后起拱度不同，形成横隔板下缘不在同一水平面上；或横隔板高度掌握不严，造成下缘不齐。

3）接近 45° 交角的斜交桥预制 T 梁横隔板方向往往容易搞错。

4）设计中用调整支座垫石高度的方法形成桥面横坡，预制 T 梁按设计图示的标准件制作，安装后横隔板不在同一水平面上。

（3）预防措施

1）严格控制横隔板位置、外型尺寸及预埋件位置，尤其在斜交桥 T 梁预制时应反复校核横隔板的方向。

2）控制预应力混凝土梁张拉后的起拱度。梁安装时注意起拱度的偏差。

3）横隔板横向长度偏差宜用负偏差，模板及预埋件应安装牢固、防止跑模和预埋件位移。

6. 摔梁事故

（1）现象

吊装中，由于各种原因造成的梁掉落损坏的事故。

（2）原因分析

1）桥墩上门式架梁设备在横移构件过程中，因门式架梁设备支承在盖梁上的承压面过小，使盖梁端部混凝土受剪破坏，导致架梁设备倾倒而摔梁。

2）吊梁时，由于梁横向刚度小，起吊偏离重心，造成梁倾斜面损坏。

3）两台或多台吊车架梁作业，由于相互配合不妥，造成一台吊车吊臂与桥墩相撞或因起吊力矩超过该吊车的使用范围而造成落梁。

4）吊具（钢丝绳、绳扣、绳夹、吊环及卡环等）强度不足，或受损伤。

5）横移梁时两端前移不同步，使梁体偏离正常位置移动。由于T梁重心高，横向抗倾覆稳定性低，两端移动未同步或受侧向荷载作用时，T梁容易倾覆。

（3）预防措施

1）当盖梁长不足布置门式架梁设备时，可用附加托架的方法加强盖梁端部，防止盖梁端部被剪断。

2）采用吊装架或横担来克服单片梁的横向刚度不足。

3）制定吊装方案时，认真制订两台或多台吊车的配合要求，选择有富裕吊装能力的吊车，并安排好各台吊车起吊时的就位位置。

4）起吊前认真检查各种吊具。吊环必须用光面钢筋制作，不得用螺纹钢筋制作。

5）横移梁时，严格控制两端同步平移。其不平衡的最大允许偏差应事先经过计算，并在横移梁过程中密切监测控制，横移梁应设限位设施。T梁应加设横向稳定设施，如将边梁与其相邻的中梁两梁联成TT型结构后再横移等。

第七节　桥面铺装及桥梁附属构筑物

桥梁的桥面铺装、防撞护栏，栏杆、伸缩缝支座等虽不属于桥梁的主体结构，但它们所带来的麻烦差不多比桥梁任何其他部件都要多。桥梁的使用寿命在很大程度上与合理采用规范、细部设计质量及桥面铺装、支座、伸缩缝和排水设施的施工质量有关，栏杆、排水设施和桥梁附属构筑物的装饰，直接影响整座桥梁的外观，在城市桥梁和高速公路桥梁中，是决定工程质量评价的重要因素。

一、桥面铺装的质量通病

桥面铺装包括水泥混凝土铺装和沥青混凝土铺装，桥面铺装层联结桥梁结构层，并与伸缩缝相接，其施工质量对桥梁的外观质量和实测实量结果有直接的影响，铺装层的平整度直接影响行车速度和舒适感。桥面铺装层施工质量控制，除参阅第六章“道路路面”的有关内容外，还具有其自身的特殊性。

1. 水泥混凝土铺装层开裂

(1) 现象

桥面水泥混凝土铺装层在通车一至数月后，首先在车轮经常经过的板角产生裂缝，并很快发展为纵横交错的裂缝，一至二年发生严重碎裂，以至脱落形成坑洼。

(2) 原因分析

1) 桥面平整度差或桥面伸缩缝附近不平整，车辆行驶产生较大的冲击荷载。

2) 主梁顶面和桥面水泥混凝土铺装层间联结不好，将铺装层与主梁分为两个独立体系，在车辆荷载作用下两个体系变形不一致，形成铺装层与主梁顶面间的空隙。

3) 铺装层厚度仅6~10cm，若混凝土强度低，板角及板缝处的应力集中将引起板角裂缝出现。

4）主梁刚度小、变形大，行车振动大，加速了铺装层裂缝发展的速度。

5）施工方法不当：混凝土水灰比大、坍落度过大，铺装层钢筋或钢筋网片下沉；混凝土振动不密实。

6）养护不足，桥面纵坡较大处用人工养护往往较难保持混凝土在养护期间处于湿润状态。

（3）预防措施

1）设计方面，水泥混凝土铺装层按弹性地基上的水泥混凝土路面没汁，厚度不宜太薄。采用钢纤维混凝土或塑料纤维混凝土铺装层可提高其抗裂性能。沥青混凝土桥面铺装，可消除水泥混凝土铺装的干缩及温度裂缝，但要处理好沥青混凝土的质量通病。

2）改进施工工艺，减轻或延缓铺装层开裂。

a. 桥面结构层认真凿毛，彻底清除结构层顶面的泥土、灰尘、混凝土浮浆等杂物，加强结构层与铺装层的联结。

b. 严格控制铺装层钢筋网片的安装标高，其净保护层（对铺装层顶面即桥的完成面而言）不宜大于3cm。确实保证浇筑混凝土时钢筋网片不下沉。

c. 严格控制混凝土的水灰比。结构层上不能有积水。

d. 加强混凝土的振动及养护。由于铺装层面积大，尤其在夏季施工时采用覆盖养护。

e. 及时压纹切缝并做好桥面成型后的保护。

3）严格质量控制，确保桥面平整度和桥面伸缩缝与其两侧桥面的平顺度。减小行车时的冲击力。

2. 水泥混凝土铺装层太光滑

（1）现象

水泥混凝土铺装层犹如镜面，粗糙度不足，在多雨地区难以刹车，影响行车安全。

（2）原因分析

1）水泥混凝土铺装层做面工艺不良，只图做面光滑，忽视了桥面粗糙度。

2）采用压纹加糙时，因压纹机具太轻、凸齿磨耗或压纹时机掌握不好，形成压纹不均匀，或割线太浅。

3）混凝土振动不良，成活后表面水泥砂浆层厚度太薄，不足5mm。

（3）预防措施

1）加强对水泥混凝土路面工艺的控制，抹面时应用木抹子而不得用铁抹子抹面压实。

2）用压纹加糙时，必须掌握好压纹时机，并改革压纹机具以保证压纹的深度、纹宽和纹距。

3）试验拉毛加糙工艺。纵坡大的下坡路段采用搓板式路面加糙时，行车跳动、噪音较大，故有待改进。

3. 桥头跳车

（1）现象

桥头引道填土由于其沉降与桥台沉降有差异，在桥台附近形成一个台阶。这种台阶影响行车的舒适和安全，引起桥头跳车，并对桥梁产生很大的冲击力；或者在桥头处形成斜坡，车辆在斜坡进入处的凹角受到垂直振动，然后在斜坡顶端凸角处又受到垂直振动而产生跳车。

（2）原因分析

1）桥头引道路基由于路堤填土本身及路堤下地基两者的沉降而产生大于桥台沉降的沉降差，尤其当桥台基础是桩基时，这一沉降差会更大。国外试验资料表明，路堤填土密实度从最佳密度的90%增至98%时，其沉降量可减少3/5~2/3。这说明提高桥台后背填土密实度，可减少填土的沉降量。路堤下地基的沉降取决于土质、气候、水文地质条件，而且路堤与路堤下地基的沉降稳定时间随土质黏性的增加而加长。因此桥头处台身与填土间的沉降差只能减至最小，而不可能完全没有。

2）桥面伸缩缝不顺或者损坏，造成桥头跳车。埋置式伸缩缝，钢板、型钢镶边伸缩缝由于缝中的塑料胶泥在梁热胀时被挤出，填料高于桥面造成跳车；橡胶条伸缩缝受橡胶性能限制，导致夏季梁热胀使橡胶条被挤压而高于桥面、冬期冷缩橡胶条与型钢拉开，都会发生跳车。

3）桥面铺装碎裂脱落，出现坑洼也会产生跳车。

（3）预防措施

1）桥台后一定范围内的填料选用排水和压实性能好的回填材料如级配砂砾、级配碎石等，并达到最佳压实度，以减少路堤填土的沉降量。换土范围宜为路堤高度的2~3倍。

2）在桥台等结构物与填土部分的连接处设置钢筋混凝土桥头搭板，桥头搭板采用埋入式或半埋入式，并做成一定斜度，使车辆在上桥过程中路面刚度逐渐增大至桥面刚度，提高行车的舒适度。为消除桥头搭板的下沉，可向板下压入水泥泥浆。桥头搭板长度为3~8m。

3）桩柱式桥台，可先进行填方，待填方充分沉降稳定后，再修建桩柱式桥台，从而减少结构物与填土的沉降差。

4）选择使用性能较好的伸缩缝，严格控制伸缩缝的检验和安装施工质量，保证桥面伸缩缝处的平整性和完好性。

5）采用有效措施，尽量减少桥面铺装层的裂缝。对于已出现的裂缝，要及时进行修理，防止产生碎裂或脱落。

4. 沥青混凝土铺装拥包、搓板

（1）现象

桥面沥青混凝土铺装经过通车后一段时间，由于刹车或减速产生的水平力形成突起或波浪状的起伏。

（2）原因分析

1）沥青混凝土面层由于局部与路面基层的粘结力削弱，造成结合不牢或沥青混凝土的热稳定性差而形成拥包、搓板。

2）铺筑沥青混凝土前桥面板潮湿或有水，桥面板变形大。

（3）预防措施

1）严格控制沥青混合料的油石比和石料级配，确保其符合设计要求的马歇尔系数、流值、空隙率、饱和度及残留稳定度等技术指标。

2）做好沥青混凝土摊铺各工序的质量控制，提高摊铺质量并在铺筑沥青混凝土前喷洒粘层油使其与桥面牢固粘结。

（4）治理方法

1）属于基层原因引起的拥包，可用挖补法先处理基层，然后再做面层。

2）由于面层沥青混凝土热稳定性不好或油石比不合适造成的拥包，可用挖补法修补，也可在高温季节将拥包铲平。

二、栏杆地梁及隔离带的质量通病

混凝土栏杆、防撞栏和护栏的模板应光洁度较高、刚度较大且支撑牢固，以保持其线型顺直流畅、表面平整光洁，顶面平顺、标高正确。栏杆的伸缩缝应与桥面伸缩缝在同一直线上。

1. 栏杆柱外观粗糙，规格尺寸误差大

（1）现象

栏杆端拄、中柱及栏心立柱棱角不清晰，表面不光洁、不平整，有蜂窝麻面、缺浆、甚至个别露筋，断面形状及尺寸误差大。

（2）原因分析

1）模板零部件刚度不足变形，组装不紧固，接缝不严造成尺寸误差大；模板支撑不牢，振动混凝土时模板变形；或振动时间过长等造成跑浆漏浆引起掉皮、变形。

2）混凝土和易性掌握不好。如混凝土坍落度太大，脱模后混凝土自行沉坍，造成高度小，长宽尺寸偏大；混凝土流动性差或振动时间不足，造成缺浆蜂窝麻面，棱角不饱满、不清晰。

3）预制过程中，抹面高于模板上平面，容易出飞边；低于模板上平面，将造成翘边。

4）成品外观缺陷未及时修整或修整不细，造成外观粗糙。

5）模板上的砂浆、杂物清除不干净，浇筑混凝土前模板内表面隔离剂涂刷不匀。

(3) 预防措施

1) 加强模板的维护保养，做到配件齐全，无损伤变形；浇筑和振动混凝土过程中不损伤模板，发现问题立即维修。

2) 模板组装、拼合要紧固严密，缝隙不得大于2mm；并校正对角线长。

3) 根据不同工艺条件及生产方法确定混凝土的坍落度，并从严控制。

4) 抹灰要坚持拍实抹平，使模板端头和四周边沿砂浆饱满，表面平整，做到振动成活后的混凝土与模板上口平顺。

5) 模板清除灰渣要干净、涂刷隔离剂要均匀，拆模、脱模时，不得用撬棍或其他工具猛撬和击砸边角。

2. 钢筋骨架变形或主筋移位

(1) 现象

栏杆柱、地梁的钢筋骨架扭翘、歪斜。

(2) 原因分析

1) 钢筋骨架绑扎或焊接不牢，搬运、入模时操作不当造成扭翘、歪斜、脱焊、主筋移位，保护层过厚或过薄。

2) 浇筑混凝土时钢筋骨架被砸压、踩踏，振动时钢筋被振动器顶挤。

(3) 预防措施

1) 钢筋骨架绑扎、焊接必须牢固，搬运时应轻拿轻放，码放要平直整齐。

2) 钢筋骨架底面、侧面要有足够带钢丝的混凝土垫块。

3) 浇筑混凝土时，要按顺序由一端向另一端均匀摊平，混凝土切不可随意摊铺，更不能集中堆于模内某一部位，防止因砸压造成钢筋局部变形。

3. 栏杆柱安装质量缺陷

(1) 现象

栏心柱间距不匀；不垂直；安装不牢固；栏心柱安装于伸缩缝上；栏心柱轴线不在同一平面内。

（2）原因分析

1）按图纸的设计间距自桥一端划端柱、中柱位置线，未考虑对应主梁伸缩缝所应留出的栏杆伸缩缝位置；或按施工班组分段安装时，各自确定栏心柱间距数，在安装前未全面统一协调，造成栏心柱间距大小不匀。

2）栏心柱安装未用经纬仪统一定轴线。

3）栏心柱在安装至现浇完扶手混凝土阶段固定不牢，保护不好，造成栏心柱不垂直、间距未能保持均匀等通病。

4）栏杆柱承插方式不当或预留钢筋与地梁钢筋连接不牢，易形成栏杆柱的不牢固。

（3）预防措施

1）桥的每侧用经纬仪定出栏杆柱安装中心线控制点，宜每5m一点。然后按栏杆伸缩缝分段决定栏心柱数量（栏心柱间距可根据全桥情况统一按设计图考虑）。

2）栏杆柱应自一端柱开始向另一端按顺序安装；栏杆柱的垂直度可用“双十字”靠尺控制，逐根栏杆柱边安装边检查。“双十字”靠尺高度比栏杆高略高，其水平尺长按栏杆柱最大间隙确定，靠尺断面厚度按栏杆柱最小间隙确定。用“双十字”靠尺水平尺长控制栏杆柱最大间距，用靠尺厚度控制栏杆柱的小间距，用垂线控制栏杆柱在桥纵、横向的垂直度。每根栏杆柱的标高用标尺接通线控制，标尺距离不大于20m。

3）栏杆柱插入地梁凹槽，调整好间距及垂直度后用木楔背紧。在支设栏杆扶手模板时，可在地梁面以上20cm沿顺长用两根木枋固定栏杆柱的位置。浇筑扶手混凝土前用细石混凝土将地梁与栏杆柱间空隙灌注密实。

4. 栏杆扶手质量缺陷

（1）现象

现浇栏杆扶手不顺直，不圆滑，棱线不清晰，扶手高低起伏，表面麻面、错台等。

（2）原因分析

1）预制安装的栏杆柱柱顶不在同一条直线上，栏杆柱顶标高不一致，造成扶手棱线不直顺。

2）现浇扶手模板固定不牢，浇筑中发生移动变形。曲线处模板不圆顺，形成死弯、折线。

3）扶手模板拼接缝不严密或模板内表面不光滑造成错台、麻面等缺陷。

4）栏杆安装工艺不合理，使栏杆柱在浇筑扶手混凝土前难于调整。

（3）预防措施

1）未现浇栏杆扶手混凝土前，栏杆柱均不固定死，使之有余地调整，但位置应能有效控制。

2）栏杆柱顶面两侧，顺桥纵轴线方向用两根木枋夹紧，该木枋也作为柱间扶手底模的支撑梁。扶手侧向宜采用定型钢模板。扶手标高用柱间间距处支设木枋和抄木楔来调整。

5. 外挂地梁质量缺陷

（1）现象

为遮盖主梁悬臂翼板的缺点，桥梁尤其是城市立交普遍设计外挂地梁。外挂地梁常出现错台，棱线有死弯不顺直，曲线不圆滑等外观缺陷。影响桥梁的整体外观质量。

（2）原因分析

1）预制地梁构件的尺寸、形状偏差，造成挂拼后顶面、侧面不能形成规矩直顺的线型。

2）挂拼时未挂通线，各通线起点未用仪器校正或通线过长，通线下垂造成误差。

3）挂拼操作不细致，检查不严格，形成缝宽不一致、错台、顶面不平顺不整齐等成品缺陷。

（3）预防措施

1）预制地梁构件加工时要详细制定质量标准和加工要求。无论外加工还是自行预制，均应严格进行成品检验，确保预制件符合设计要求，便于安装。

2）挂拼地梁时，每20m左右设一标高点。用经纬仪调整起点地梁棱线，使之在一条直线上。然后挂通线逐块安挂地梁。弯道处用经纬仪在悬臂板上定出地梁内侧下脚边线，然后逐块安挂。为保持缝宽和无错台，可用板厚等于缝宽的小木尺控制相邻地梁缝宽和顶面平顺。

3）要交待清楚质量标准及技术要点，劳动组织应分段定人且与经济挂钩，并加强检查，使安挂的缺陷消灭在施工过程中。

6. 混凝土防撞栏质量缺陷

（1）现象

防撞栏轮廓线（顶线、腰线、底线）不流畅、错台。防撞栏顶宽及高度偏差超过规定要求。桥面宽小于设计宽度。栏杆中的真缝、假缝垂直度、顺直度未达到质量标准。有气泡、麻面及蜂窝。防撞栏有裂缝，甚至有全栏高度贯穿的裂缝。

（2）原因分析

1）设计方面。防撞栏真缝、假缝位置设置不当。

2）模板支撑系统制作、安装误差。当防撞板内模板支撑不牢时，跑模后桥面宽度不能保证。

3）真缝、假缝处支撑不当，浇混凝土时的侧压力使缝的模板倾斜或扭曲。真缝处纵向通长钢筋未断开，没有真正形成断缝。

4）混凝土水灰比过大，骨料级配差，养护不良。

5）脱模剂选择不当或涂抹不均匀。

6）过振或漏振。

7）因防撞栏模板底部与结构层顶面的空隙（吊脚）处理不当而漏浆，底部形成麻面及蜂窝，严重时出现孔洞或露筋。

8）混凝土供应不均衡，不能满足连续浇筑的要求，而产生人为施工缝。

（3）预防措施

1）设置真缝、假缝是减少和避免混凝土防撞栏裂缝的有效措施之一。应根据桥梁墩柱、主梁的结构形式和受力特点，合理设置真缝和假缝的位置。

2）真缝模板必须用钢筋支撑固定。假缝模板必须与防撞栏两侧模板连接牢固。

3）模板支撑牢固。防撞栏顶应设对顶或限宽设施，以控制顶宽。

4）浇筑混凝土前向操作人员认真交底，确保分层浇筑及振动质量。

5）防撞栏内模吊脚可用低标号水泥砂浆或砌砖作找平层，以确保其标高和浇筑混凝土时不漏浆。

6）严格控制混凝土骨料的级配、施工配合比、坍落度及和易性。重复使用的钢模板使用前必须清理粘附在其表面的浮浆及混凝土渣，安装前均匀涂沫脱模剂。

7）认真检查钢筋的制作安装质量。真缝处纵向钢筋必须切断，进水口和集水井处的加强筋、预埋件不得遗漏。保护层应符合要求。钢筋经验收合格后方能安装内侧模板。

8）加强施工管理，保证混凝土供应及混凝土的养护质量。

9）为提高混凝土防撞栏的外观质量，现浇施工时防撞栏内外两侧宜全部采用钢模板（转弯半径太小的弯道段除外）；预制安装施工，应严格控制预制件的规格尺寸、减小制作误差，合理设置预制件的安装支承点，编制预制件的吊装程序、定位措施和质量标准以及临时固定措施。

7. 护栏隔离墩质量缺陷

（1）现象

护栏、隔离墩混凝土外表面麻面，露石，外观粗糙；护栏座、隔离墩安装错台、不直顺，曲线不圆顺。护栏板（管）不直顺。

（2）原因分析

1）预制护栏座和隔离墩的尺寸、形状偏差过大，使其安装时不直顺、有错台。

2）护栏座、隔离墩预制时混凝土配合比及坍落度控制不好，或模板接缝不严而漏浆形成麻面、露石。

3）桥面伸出的护栏，在桥面浇筑混凝土时锚固筋错位，护栏座上预留孔偏差过大将造成护栏板安装困难，并形成波浪、死弯等质量缺陷。

（3）预防措施

1）严格控制预制混凝土的配合比及坍落度。严格检验模板及其安装质量，避免产生预制件的尺寸及形状偏差过大以及外观缺陷。

2）桥面伸出的锚固筋或预埋的连接铁件，在浇筑桥面混凝土前应调整至正确位置上并焊接稳固。

3）护栏座的预留孔位置及倾斜度在预制时要严格控制，保证其与护栏板的对应螺栓孔位置吻合，且保证栏底安装后预留孔呈竖直状态。

三、伸缩缝安装质量通病

伸缩缝常常由于安设时操作不细带来不少质量缺陷，影响桥梁的使用效果，使桥梁构筑物过早破坏，提高伸缩缝的使用效果（包括行车舒适、伸缩缝使用寿命及桥梁的整体质量）是一个由伸缩缝制造厂商、桥梁设计单位、施工单位和监理单位多方共同协作，进行技术攻关的课题。

1. 伸缩缝不贯通

（1）现象

桥台与梁端相接处及各联（桥面连续的几跨称为一联）间的伸缩缝处，常发生桥台侧翼墙和地梁、防护栏，护栏及栏杆扶手在伸缩缝处不断开的通病。

（2）原因分析

桥主体上部结构完成后，进行附属设施施工时，技术交底未提出设置伸缩缝的要求。

（3）预防措施

1）附属构筑物施工的技术交底要强调桥面伸缩缝处各种桥

面构筑物要完全断开，使伸缩缝在桥的横向完全贯通。

2）附属构筑物施工中，要进行伸缩缝是否贯通的检查。

（4）治理方法

可对伸缩缝部位的桥台侧翼墙及地梁、栏杆等进行局部返工，留出伸缩缝。

2. 伸缩缝安装及使用质量缺陷

（1）现象

1）伸缩缝下的导水槽脱落。

2）齿形板伸缩缝、橡胶伸缩缝的预埋件标高不符合设计要求。

3）主梁预埋钢筋与伸缩缝的联结角钢、底层钢板焊接不牢及焊接变形。

4）伸缩缝或其两侧刚性带的混凝土不密实甚至开裂、破碎，造成伸缩缝脱锚或伸缩缝与混凝土之间有空隙。

（2）原因分析

1）导水U形槽锚固或粘贴不牢，造成导水槽脱落。

2）齿形板伸缩缝的锚板，滑板伸缩缝的联结角钢，橡胶伸缩缝的衔接梁与主梁预埋件焊接前，未核查标高。

3）伸缩缝的各种焊接件表面未除锈，施焊时焊接缝长度和高度不够，造成焊接不牢；施焊未跳焊，造成焊件变形大。

4）两侧混凝土刚性带没有用膨胀混凝土浇筑，振动不密实。

5）伸缩缝的安装温度和安装宽度值不合适，或未按规定的安装温度安装，除造成安装施工困难外，还影响安装质量。

（3）预防措施

1）采取有效措施，锚牢或粘贴牢导水U形槽。

2）焊件表面彻底除锈，点焊间距不大于50cm，控制施焊温度在+5～+30℃之间，加固焊接要双面焊、跳焊，最后塞孔焊，确保焊接变形小、焊接强度符合要求。

3）在主梁预埋件上焊锚板、联结角钢、衔接梁钢件时，要保持伸缩缝两侧同高，且顶面标高符合根据桥面纵、横坡推算出的标高。

4）橡胶伸缩缝采用后嵌法施工。板式伸缩缝初装完毕后，拆除橡胶板，混凝土浇筑至橡胶底面标高之上1～2mm。待混凝土干缩完成且徐变大部分完成后，再重新安装伸缩缝橡胶板。

5）按设计人员或生产厂家提供的安装温度与伸缩缝宽度的关系，根据施工季节的气温确定安装温度，再定出缝宽。施工时严格掌握安装温度，使之与原定的安装温度偏差在允许范围之内。

3. 橡胶伸缩缝雨水漫流

（1）现象

橡胶伸缩缝缝内堵塞树叶、泥砂、垃圾等杂物，桥面雨水流入后没有适当的排水通路，造成雨水漫流。

（2）原因分析

1）设计不够完善，缝内水没有排水通道，地表水只能从伸缩缝最低端与桥面混凝土的接缝处流出。

2）施工中止水带安装不当或存在缝隙。

3）伸缩缝或其配套的集水井、落水管被泥砂、垃圾等杂物堵塞。

（3）预防措施

1）设计图纸中应标明伸缩缝排水的设计大样，并加强与生产厂家联系，合理确定伸缩量（伸缩缝宽度）。

2）加强施工各工序的质量控制。

3）在地表水汇流的低处设置的集水井、落水管及其下游的排水通道应经常清疏，防止堵塞。落水管的桥底弯头附近宜加设清疏孔。

四、桥梁支座

桥梁支座必须按设计非常准确地安装在预定位置上，支座的安装标高、倾斜度和方向都应很好满足设计要求。在弯道、斜坡桥上，还应十分注意支座垫石的厚度，保证梁安装后，不会发生墩台边缘支垫梁底的问题。支座安装还要为更换支座预留足够安放千斤顶的面积和空间，支座上所有钢构件都必须涂刷防锈漆。

1. 板梁横移

(1) 现象

跨径在6m以下的钢筋混凝土板梁发生横移。

(2) 原因分析

通过桥梁的车辆行驶时的冲击振动引起板梁横移。

(3) 预防措施

板梁端两侧设置限制横移的预埋螺栓或在盖梁两侧设限位防振挡块。

2. 支座锚栓折断

(1) 原因分析

1) 弧形支座弧面制作粗糙不能保证正常位移或弧面已锈死，桥梁梁体伸缩时锚栓被剪断。

2) 支座施工时未计算活动支座位移量，没有按施工气温设置支座下板的位置，以致在最高或最低气温时支座位移受阻，锚栓剪断。

3) 上板锚栓与支座栓孔位移有误，用锤强行安装打伤螺栓。

(2) 预防措施

1) 保证弧形支座弧面光滑，避免弧面生锈。安装前可用丙酮或酒精清洁支座的各相对滑动面和其他零部件。

2) 安装活动支座时，要按最高或最低气温与施工气温之间的最大差值计算支座位移量，确定安装位置。

3) 支座上板中心和下板中心纵向安装偏移值，应考虑梁体施加预应力后，混凝土的弹性压缩、收缩、徐变和温度变化引起的位移量，以保证梁中心符合设计要求。

4) 安装支座时，上下各个部件的纵轴线必须对正。

5) 要保证上板锚栓与支座栓孔位置准确，减少偏差，以保证安装顺利。

3. 支座安装不平整、积水

（1）现象

支座安装定位及紧固不良；墩台顶面不平整引起积水。

（2）原因分析

施工时墩台顶面未进行认真抹平，使支座垫板各螺栓受力不均衡。

（3）预防措施

1）支座安装前仔细核对设计图标注的支座位置与方向，然后经过精确的测量放样，在墩台面上标明支座中心。

2）按设计图制作支座下垫板和锚固螺栓的预留孔，此时要考虑与下部构造钢筋的关系。根据便于调整安装位置和能够往孔内填充砂浆的原则来决定预留孔尺寸。

3）安装钢支座，多使用衬垫调整支座位置、标高以及倾斜度等。衬垫必须设预留孔，并安装在即使填充砂浆后也能拆除的位置上。待砂浆硬化后迅速撤掉衬垫，暂时安装好支座，从预留孔将砂浆灌入支座垫板内。

4）支座垫石应高出墩台顶面3~5cm，并将支座平台外的墩台顶面做成双向横坡，以便于排水。

4. 板式橡胶支座质量缺陷

（1）现象

板式橡胶支座的橡胶或橡胶与加强钢板的固结被剪切破坏；梁对两个橡胶支座的压缩不等，甚至个别支座有缝隙。

（2）原因分析

1）板式橡胶支座安放位置偏差较大；虽原定位准确，但吊梁时支座发生移动，使支座在梁胀缩时剪切变形过大而被剪坏。

2）梁底面翘曲，造成支座受力不匀。

（3）预防措施

1）梁底支承部位要平整、水平，支承部位相对标高误差应不大于0.5mm；桥墩、台支承垫石顶面标高应准确，且上表面要平整，每个墩台上同一片梁的支承垫石顶面相对标高误差不大于1mm，相邻两墩台同一片梁下支承垫石顶面相对标高误差不大于3 mm。

2）橡胶支座安放时应按设计要求在墩台顶面标出其纵、横中心线，安放后位移偏差不得大于5 mm；不允许橡胶支座与梁底或支承垫石间发生任何方向的相对移动。

3）支座与梁底或支承垫石顶面应全部紧密接触，局部缝隙宽不得超过0. 5mm。

4）安装支座最好在年平均气温时进行。否则可使支座产生预变位，即将梁一端就位压住支座，对梁施加纵向推力，产生计算要求的变位值，再将梁的另一端坐落到支座上。

五、桥梁排水

桥梁排水有桥面排水，桥台和翼墙后回填土排水，伸缩缝排水，下穿式通道桥、地道桥路面的泵房排水，以及地下铁道、隧洞排水。桥面排水设施包括进水口、桥面排水管、集水井落水管及与地面排水设施衔接的构筑物，其质量要求是排水通畅、接口严密不漏水。

1. 桥面排水反坡

（1）现象

桥面排水的进水口处于较高处，造成桥面排水不畅及积水。

（2）原因分析

铺筑桥面铺装层时，纵向路边未向进水口倾斜。

（3）预防措施

桥面铺装层施工时，应用水准仪在路边一侧纵向分段控制桥面标高，使桥面排水进水口处于各段的最低点。

2. 桥台排水不畅，漫流污染台面

（1）原因分析

桥台支座面、翼墙等顶面上带杂质及铁锈的水，不能从台后反滤层经排水管排出桥外，而是漫流污染桥台前墙面。

（2）预防措施

1）桥台支座面、翼墙等顶面都做成向后倾斜的平面，使水向台后排走。

2）台后反滤层必须按操作规程施工，并做到顶面封闭，防止地面水从其顶面流入，造成反滤层失效。

3）做好反滤层下的防水层。安装桥台后排水管时，要控制好坡度和管节间的连接。

（3）目前桥面伸缩缝内部，尚未能在制造伸缩缝时或设计中解决排水出路问题，有待专题研究加以解决。

3. 排水管道缺陷

（1）现象

管道不直顺，管内接口有错台或舌头灰，造成流水不畅。

（2）原因分析

安管操作不细致；管壁厚薄不匀；管道接缝处施工不细致不密实。

（3）预防措施

1）严格按操作规程操作。

2）管道进场后进行检查，不合格者不能使用。

3）敷设在混凝土防撞栏内的硬塑排水管，应采用套管对接，套管与主管接缝处用封口胶带封严密，防止浇筑混凝土时漏浆，造成排水不畅。

4. 桥面漏设排水管或集水井

（1）原因分析

桥面防撞栏或铺装层施工时，组织工作不细，未能及时发现漏埋排水管或未按设计要求预留集水井安装部位。

（2）预防措施

加强桥面防撞栏或铺装层施工前的检查，及时补敷设漏装的排水管，并认真按集水井设计要求预留位置和安装预埋件。

第八章 排水工程质量通病及防治

排水工程作为市政工程的一部分，近年来随着市政行业的迅速发展，其施工技术水平和施工质量均有了很大的提高。排水工程除具有市政工程的特点之外，在施工安排和质量控制上具有其特有的特征：

1. 排水工程除各类检查井、雨水口表面或渠箱盖板外，均属隐蔽工程，施工单位容易认为其施工技术要求不如桥梁工程高，而重视程度不够，往往因施工管理力量较弱、管理措施不够严细而引起质量缺陷。

2. 排水管线与原有地下管线均布置在路床内。排水管线施工中，经常遇到与原有或新敷的地下管线正交或斜交的情况，故施工过程中，首先必须制定严密的、可靠的且可行的保护各种地下管线的措施，并予以认真贯彻落实。

3. 排水管线与新铺设的其他管线，尤其是供水管线往往同期施工。施工单位之间的协调配合工作尤为突出。

4. 排水工程质量检验评定时，实测实量项目选取的检测点数并不多。尤其象“管内底高程”这一类带“△”符号的检测项目，每个井段只取两点检测。故施工中必须严格控制，如果其中某一点的管底标高偏差超过允许值，对整个排水工程的质量等级将造成极大的影响。

本章主要介绍排水工程施工中的质量通病及其防治。

第一节 施 工 排 水

排水工程都在地表以下施工，沟槽（基坑）开挖前后会遇到施工排水这一重要的施工环节，施工期间必须重视和预防地面积水，确保雨期、汛期施工范围的工厂、房屋、道路及其他构筑物的安全和交通顺利疏导。在施工前必须认真做好施工区域排水现状的勘察和调查，包括地形、地质条件、地下水情况、现有的排水系统、上游及施工范围的来水情况及下游去水状况等。并根据估算施工期可能出现的最大暴雨强度，配备一定数量的水泵排水。施工地段排水方法根据沟槽深度、地下水水文条件、土质及其渗透系数、工程结构、工期等要求综合考虑后选择。

一、施工排水方法

施工排水方法的选用，根据工程中需要解决的技术问题不同以及不同的现场条件，而选用相应的排水方案。常见的主要方法有：明沟排水、轻型井点降水（滤井降水）、管井井点降水和深井降水等，下面就这几种常见的排水方法，分别进行叙述：

二、轻型井点

主要设备包括井点管、集水总管和水泵等。地下水主要依靠真空形成的负压提升到地面。真空由水泵产生。轻型井点因水泵类型不同分为干式真空井点、射流泵井点和隔膜泵井点。它们的排气排水方式不同，常见故障和防治方法亦不同。

1. 真空度失常

（1）现象

1）真空度很小、真空表指针剧烈抖动，抽出水量很少。

2）真空度异常大，但抽不出水。

3）地下水位降不下去，基坑边坡失稳，有流砂现象。

（2）原因分析

1）井点设备安装不严密，管路系统大量漏气。

2）水泵零、部件磨损或发生故障。

3）井点滤网、滤管、集水总管和过滤器被泥砂淤塞，或砂滤层含泥量过大等，以致水泵上的真空表指针读数异常，但抽不出地下水。

（3）预防措施

1）井点管路安装必须严密。

2）水泵安装前必须全面保养，空运转时的真空度应大于700mm汞柱高。

3）轻型井点系统的全部管路，在安装前均应把管内的铁锈、淤泥等杂物清除干净，并加以防护。井点冲孔深度应比滤管底端深50cm以上，冲孔直径应不小于30cm。单根井点埋设后要检查它的渗水能力，一套井点埋设后要及时试抽，全面检查管路接头安装质量、井点出水状况和水泵运转情况，发现漏气和“死井”等问题应立即处理。

（4）治理方法

1）真空度失常而又一时不易辨别故障的具体部位时，可先将集水总管和水泵之间的阀门关闭。如果真空度仍然很小，属于水泵故障；如果真空度由小突然变大，属于水泵以外的管路漏气。

2）集水总管漏气可根据漏气声音逐段检查，在漏气点根据情况或拧紧螺栓，或用白漆（必要时加麻丝）嵌堵缝隙或管子丝扣漏气部位。

3）井点管因淤塞而抽不出水的检查办法有：手摸井管时冬天不暖夏天不凉，井管顶端弯头不呈现潮湿；用短钢管一端触在井管弯头上，另一端侧耳细听，无流水声；通过透明的塑料弯联管察看，不见有水流动；向井点管内灌水，水不下渗。基坑未开挖前可用高压水冲洗井点滤管内淤积泥砂，必要时拔出井点，洗净井点滤管后重新水冲下沉。

2. 水质浑浊

（1）现象

1）抽出的地下水始终不清，水中含砂量较多。

2）基坑附近地表沉降较大。

（2）原因分析

1）井点滤网破损。

2）井点滤网和砂滤料规格太粗，失去过滤作用，土层中的大量泥砂随地下水被抽出。

（3）预防措施

1）下井点管前必须严格检查滤网，发现破损或包扎不严密应及时修补。

2）井点滤网和砂滤料应根据土质条件选用，当土层为亚砂土或粉砂时，根据经验一般可选用60～80目的滤网，砂滤料可选中粗砂。

（4）治理方法

始终抽出浑浊水的井点，必须停止使用。

3. 井点降水局部异常

（1）现象

基坑局部边坡有流砂堆积或出现滑裂险情。

（2）原因分析

1）失稳边坡一侧有大量井点管淤塞或真空度太小。

2）基坑附近有河流或临时挖掘的积存有水的深水沟，这些水向基坑渗漏补给，使动水压力增高。

3）基坑附近地面因堆料超载或机械振动等，引起地表裂缝和坍陷，如果同时又有地表水向裂缝渗漏。则流砂堆积或滑裂险情将更严重。

（3）预防措施

1）详见"1、真空度失常"的预防措施。

2）在水源补给较多一侧，加密井点间距，在基坑开挖期间禁止邻近边坡挖沟积水。

3）基坑附近地面避免堆料超载，并尽量避免机械振动过剧。

（4）治理方法

1）封堵地表裂缝，把地表水引往离基坑较远处，找出水源予以处理，必要时用水泥灌浆等措施填塞地下空洞裂隙。

2）在失稳边坡一侧，增设水泵分担部分井点管，提高这一段井点管的抽吸能力。

3）在有滑裂险情边坡附近卸载，防止险情加剧，造成井点严重位移而产生的恶性循环。

三、深井井点

主要设备包括深井、深井泵（或深井潜水泵）和排水管路等。地下水依靠深井泵（或深井潜水泵）叶轮的机械力量直接从深井内扬升到地面排出。

深井泵的电动机安装在地面上它通过长轴传动使深井内的水泵叶轮旋转。而电动机和水泵均淹没在深井内工作的，则称为深井潜水泵。常见故障和防治方法与成井质量、泵的安装和使用密切相关。

1. 地下水位降不下去

(1) 现象

深井泵（或深井潜水泵）的排水能力有余，但井的实际出水量很少，因而地下水位降不下去。

(2) 原因分析

1）洗井质量不良。砂滤层含泥量过高，孔壁泥皮在洗井过程中尚未破坏掉，孔壁附近土层在钻孔时遗留下来的泥浆没有除净，结果使地下水向井内渗透的通道不畅，严重影响单井集水能力。

2）滤网和砂滤料规格未按照土层实际情况选用，渗透能力差。

3）水文地质资料与实际情况不符，井点滤管实际埋设位置不在透水性较好的含水层中。

(3) 预防措施

1）在井点管四周灌砂滤料后应立即洗井。使附近土层内未吸净的泥浆依靠地下水不断向井内流动而清洗出来，以达到地下水渗流畅通。抽出的地下水应排放到深井抽水影响范围以外。

2）滤网和砂滤料规格应根据含水层土质颗粒分析选定。

3）在土层复杂或缺乏确切水文地质资料时，应按照降水要求进行专门钻探，对重大降水工程应做现场抽水试验。在钻孔过程中，应对每一个井孔取样，核对原有水文地质资料。在下井点管前，应复测井孔实际深度，结合设计要求和实际水文地质情况配井管和滤管，并按照沉放先后顺序把各段井管、滤管和沉淀管依次编号，堆放在孔口附近，避免错放或漏放滤管。

（4）治理方法

1）重新洗井要求达到水清砂净，出水量正常。

2）在适当位置补打井点。

2. 地下水位降深不足

（1）现象

1）观测孔水位未降低到设计要求。

2）基坑内涌水、冒砂，施工困难。

（2）原因分析

1）基坑局部地段的井点根数不足。

2）深井泵（或深井潜水泵）型号选用不当，井点排水能力太低。

3）单井排水能力未充分发挥。

4）水文地质资料不确切，基坑实际涌水量超过计算涌水量。

（3）预防措施

1）先按照实际水文地质资料计算降水范围总涌水量、深井单位进水能力、抽水时所需过滤部分总长度、井点根数、间距及单井出水量。复核井点过滤部分长度、井点进出水量及井点降深要求，以达到规定要求为止。一般情况是在基坑转角处、地下水流的上游、临近江河等的地下水源补给一侧的涌水量较大，应加密井点间距。

2）选择深井泵（或深井潜水泵）时应考虑到满足不同降水阶段的涌水量和降深要求。一般在降水初期因地下水位高，泵的出水量大，但在降水后期因地下水位降深增大，泵的出水量会相应变小。

3）改善和提高单井排水能力。可根据含水层条件设置必要长度的滤水管；增大滤层厚度。

（4）治理方法

1）在降水深度不够部位，增加井点根数。

2）在单井最大集水能力的许可范围内，可更换排水能力较大的深井泵（或深井潜水泵）。

3）洗井不合格时应重新洗，以提高单井滤管的集水能力。

第二节　沟槽开挖

沟槽开挖的质量通病及防治

1. 沟槽断面过窄、支撑过弱

（1）现象

沟槽支撑强度、刚度或稳定性不足，各类支撑构件变形过大甚至折断、损坏，致使沟槽开挖边坡塌方。

（2）原因分析

1）只图省工而蛮干或在侥幸心理指导下不按施工规程和安全规定施工。

2）对沟槽的土质条件、地下水情况及施工环境了解不够，致使施工方案，尤其是支撑方案不当。

3）开槽断面过窄，无法进行合理支撑或支撑强度不足。

（3）预防措施

1）挖沟槽前认真调查沟槽所在地段的土质、地下水、地面及地下构筑物、周围的环境（包括道路交通）等情况，制定合理的施工组织设计和施工方案。

2）沟槽及检查井的开挖宽度必须考虑后续工序的操作方便和有利于施工排水，开挖宽度应根据土壤性质、地下水情况、排水管管径（或渠箱宽度）、埋深及施工方法、交通要求等条件综合考虑。

3）深槽开挖应分层进行。易塌方地段应先打板桩后挖土，随挖随装顶撑加固。

2. 沟槽积水

（1）原因分析

1）对基坑排水（降水）的重要性认识不足，施工排水措施选择不当。

2）对上游地区和原有排水系统的来水、施工区域汇集的地表水及下游去水情况掌握不准确。

3）未设排水设施，或降水方法不当。

（2）预防措施

1）根据施工区域地形条件和原有排水设施的现状进行施工排水设计，尽量使上游地区和原有排水系统的来水改道而不进入施工地段。

2）参考本章第一节“施工排水”确定施工排水方法，并保证排水或降水设施有效工作。

3）采用沟槽内明沟排水时，排水沟应设置在构筑物基础范围之外，并应设集水井。明沟和集水井宜随沟槽挖深而逐步加深。

4）雨期施工时，沟槽顶上四周应设置截水沟，若不能及时浇筑垫层基础混凝土时，沟槽宜预留20cm左右一层暂不开挖，待后续工序动工前挖除。

3. 基坑超挖

（1）原因分析

标高测量错误或机械挖土时标高控制不准确。

（2）预防措施

1）基坑预留20cm左右人工清底。

2）若基底超挖或被扰动，则清除被扰动部分，并将超挖部位和已清除受扰动土的位置回填石屑、碎石或砂并夯实。超挖不大于15cm且无地下水时，可用原土回填夯实。

3）基底土质松软时，可夯实或换填石屑、砂等处理。

4）基坑开挖至设计标高并验收合格后，应迅速浇筑垫层混凝土。

第三节　平基、管座

平基、管座及管带等工序中，有关圬工砌筑、模板、支架、钢筋及混凝土的施工，详见以上各有关章节的内容。这里仅介绍常见质量通病及防治措施。

1. 带水浇筑混凝土平基

（1）原因分析

图省事，违反规程操作。

（2）预防措施

1）浇筑混凝土前，必须排除基坑积水，堵截或排除流入基坑的地表水或地下水。必须使浇筑混凝土时不受水干扰，混凝土终凝前不受水泡或水冲。

2）渠箱侧墙浇至一定高度后，混凝土面上积聚浆水过多而影响上层混凝土水灰比时，宜适量减少混凝土配合比中的用水量。

3）雨天浇筑混凝土时必须有防雨遮盖措施，防止雨水冲刷未终凝的混凝土。

2. 强行安管

（1）原因分析

急于求成或因土方边坡出现塌方的可能时，不得不加快施工速度。

（2）预防措施

1）加强基础混凝土的养护，混凝土平基必须达到足够的强度方能安管。

2）采用“四合一”工艺，所谓“四合一”工艺是指先在土基上用砖或用石块把排水管道支承起来，安装模板后浇筑混凝凝土，使基础、管座、安管及接口四道工序一次成活。

3. 新旧混凝土结合不良

(1) 现象

跑模、漏浆、根部混凝土有蜂窝孔洞、基础不直顺、基础中线偏移。

(2) 原因分析

没有严格按新旧混凝土结合处施工缝的处理要求施工。

(3) 预防措施

1) 参见第七章第四节"混凝土浇筑及施工缝"中有关新旧混凝土结合的内容。

2) 旧混凝土表面必须凿毛，清除泥浆、松动的石子及木块、木屑等杂物，浇筑混凝土前必须将结合面洗刷干净。

3) 模板要连接牢固、支撑可靠。尤其是施工缝两侧的模板，接缝必须严密且与混凝土表面贴紧。

4. "四合一"工艺不规范

(1) 现象

管轴线偏差大（包括中线偏差及标高偏差大），混凝土不平顺。

(2) 原因分析

1) 管道支承砖石的砌筑质量差，无法使管道固定。

2) 管座包角较大时，管底部分混凝土浇筑和振动较为困难。

3) 管径大于或等于60cm时。仍采用"四合一"施工。

(3) 预防措施

1) 砖石支承墩砌筑前后均须进行测量，及时调整施工中出现的偏差，消除产生累积误差的直接和间接原因。

2) 浇筑平基混凝土时，混凝土坍落度宜为2~4cm，可使混凝土面高于设计平基面2~4 cm，以备安管后管道下沉。并在靠近管口部分铺与混凝土同配合比的水泥砂浆。

3) 浇捣混凝土后用揉挤法施工，即慢慢揉动管子、边揉边对线，揉至比设计标高高1~2mm且校核边线无误，即可将管子就位。当揉管下沉超过规定要求时，应将管道撬起，在管槽中补填少许混凝土或砂浆，然后重新放管并揉至符合要求为止。

4）管座包角等于或大于180°时，模板宜分段安装。先装平基混凝土部分的模板，浇筑完平基混凝土后再装管座模板。混凝土应连续浇筑，在下层混凝土初凝前覆盖上层混凝土，否则要留施工缝。

5）稳管过程不得提前，抹带在管座混凝土浇捣完毕后立即进行。

6）注意管底混凝土振动质量，加强模板包角外形尺寸的复核。

5. 检查井与管道的基础未连成整体

（1）原因分析

1）检查井未作扩大基础或没有与管道基础有效连接。严重者会导致井身下沉。

2）开槽宽度不足，模板支撑不牢。

（2）预防措施

1）检查井设扩大基础，基坑开挖时与管道开槽一次成型。

2）检查井基础混凝土与管道基础混凝土一起浇筑。

第四节　管 道 安 装

一、管道安装质量通病

下管和安管应自下游向上游进行。下管可采用人力下管、手动起重装置下管及吊机下管三种方法。安管过程中应以管内底标高为控制依据。承插管安管应承口向上游、插口向下游。将一节承插管凿成两节调整井段管道安装长度时，带承口的半节管应安装在检查井的进水方向。而带插口的半节管则应安装在检查井的出水方向。管道混凝土基础强度达到5MPa方能安管；若因气温低，水泥早强差、凝固慢，至少也要待基础结硬，人站在上面不出现脚印后一天方能下管。

1. 管道破损

（1）原因分析

1）管道预制、堆放、运输或吊装时，因方法不当产生破损(含开裂)。

2）下管前对管的内外壁检查不细致。

（2）预防措施

1）选购预制管时要认真检查。管道堆放、运输及吊装过程中要按有关技术要求操作。特别是预应力管的堆放、吊装更要注意防止运吊过程中悬臂段过长而产生裂缝。

2）下管前认真检查，有破损的管子不能使用，或截断破损段后安装在适当的部位。

2. 管内流水面不平、管内底标高偏差过大

（1）现象

管间接缝处错口；甚至管道下游高于上游。

（2）原因分析

1）管道外径一致内径不一，施工前未作认真检验，致使安装位置不合理。

2）管道流水面的标高控制不严，或安管前未认真复测基础的标高。

（3）预防措施

1）若遇内径不一的管道，则将内径相等者安装在同一井段内。

2）安管前认真复测管道基础实际标高，并安装坡架，逐节检查管内底高程，稳管后必须再次校核流水位标高，绝对禁止上游低于下游的现象。

3）若个别内径不等的两种规格管道只能安在同一井段内时，应保证流水面相平，错口不得超过规定的要求。

4）稳大口径管道时，必须入管逐一检查接口处有无错口。

一旦发现，应及时调整。

5）承插管安装时，要用混凝土垫块垫高管身。垫块厚度为承口外径减去管身外径之差的一半。在承口下部铺接口砂浆后再套入插口，通线校正后再垫稳管身。

6）支管与主管相接处，应确保流水面标高偏差不超过要求。

3. 中心线偏折

（1）原因分析

1）测量放样误差。受房屋及其他建筑物拆迁影响不能通视的井段测量辅助线的实测误差过大或计算错误。测量基点桩或放样桩被施工机械或人为扰动未能及时发现。

2）安管过程没有通线检查就稳管。

（2）预防措施

1）加强施工过程中的测量监控。已通视的井段，必须通线测量以控制管道中心线和标高。分段施工的管道，必须弄清测量辅助线与设计管轴线间的相互关系。

2）安管后用对角线法逐节校正管位。分段安装的管道续装时必须校测中线和标高，并与已装管道取直接顺。

4. 管道外露超长

（1）现象

管道与检查井相交处、管道与墙体相交处，管道外露段超长。

（2）原因分析

1）管道安装前未对相交处的短节进行接口处理。

2）相交部位安装完毕后，未及时截除接头管超长的部分。

（3）预防措施

1）相交处尽量采用短管，且将其破口部分放在非外露的内侧。

2）圆形检查井与管相接处，使管外径两侧刚好与井壁内壁接触。

3）排水管与渠箱侧墙相交时按下列要求施工：

a. 直线段墙身与管道正交时，管头与墙面齐平。

b. 弧线段墙身与管道正交时，要保证管头 180°处与墙面齐平。

c. 墙身与管道斜交时做成马蹄接口。

二、顶管质量通病

1. 顶进方向或标高偏差

（1）原因分析

1）前方挖土一边宽一边窄，使管周围阻力不等。

2）千斤顶位置不对称，或顶进速度不一致；顶铁着力点偏低或偏高。

3）后背土质软硬不一致，后背变形，导致顶管偏侧。

4）管前土壤过软或是松回填土；前方出现流砂，而致使管愈顶愈低。

5）管底多挖而出现“低头”，或管底土壤坚实少挖而引起“抬头”。

（2）治理方法

1）挖土校正法。偏左挖右，偏右挖左。“低头”挖顶且底部清淤垫石，“抬头”挖底。

2）木柱支顶法。挖土校正法无效时，用直径 10cm 的圆木或方木，一端顶在管子偏差的一侧内壁，另一端支在垫有钢板或木板的管前方，开动千斤顶，使管子被木柱徐徐顶起逐渐复位。

3）千斤顶支托法。如木柱支顶法用圆木或方木支顶，但顶脚用小千斤顶支托，小千斤顶用钢板或木板支在管前，启动小千斤顶，使管子徐徐复位。如“低头”较严重，可在管前土面及第二节管内底垫工字钢，再在工字钢面上设上千斤顶把第一节管顶高复位。

2. 长距离顶进困难

（1）原因分析

顶程较长，中间又不能设立工作坑，因顶进摩阻力过大，使顶进困难。

（2）预防措施

1）注入触变泥浆减小管道顶进的摩阻力。触变泥浆主要由膨润土组成，由管前端的工具管与水泥管的套接处设置的注浆口，用0.1MPa左右的压力压入管外壁周围。随管子不断顶进而注入，使全段管外壁周围都满布。

2）润滑剂涂管外壁，可涂蜡覆盖管外壁，也可用沥青配成润滑剂。

3）双向顶进。在两端各开工作坑，两端同时向内顶进。顶进时必须认真控制顶进方向，以免会合处偏差过大而难以处理。

4）设中继间增加顶进长度。事先算准中继间位置，在顶进一半左右长度以后置入中继间继续顶进。设置中继间后的施工程序改变为：

a. 在管前端挖土；

b. 由中继间的千斤顶将中继间前的管子推进；

c. 工作坑的千斤顶将中继间后的管子推前，如此循环往复，直到顶管完成为止。

第五节　管道接口

平口管及企口管的接口，采用水泥砂浆、钢丝网水泥砂浆等刚性接头及沥青玻璃纤维布柔性接口。承插口则采用沥青玛瑶脂或橡胶圈等柔性接口及石棉水泥刚性接口。刚性接口装模板前必须将管接口洗净并凿毛。按模板、钢筋、混凝土等有关施工工艺及质量控制措施控制质量。除管带裂缝、混凝土的质量通病外，应特别注意下述通病。

1. 内缝处理不良

（1）现象

内缝不严密平滑，影响外观质量，严重者引起管口漏水，一旦降水措施撤除或通水后补救较为困难。

（2）原因分析

1）内缝没有与管带一次性同步处理。

2）内缝根本没有勾抹，或勾内缝马虎，造成露管口或露筋。

（3）预防措施

1）内缝必须与管带同步处理，勾内缝要严实平滑。

2）内缝处理完毕后，逐一检查并清理残留的水泥砂浆，保持管内整洁以利排水畅顺。

2. 内缝不平整

（1）现象

小管径管内有舌灰或管壁相交处有错茬。

（2）原因分析

操作不细，措施不力。

（3）预防措施

1）舌灰在浇筑混凝土时同时清除。

2）及时检查，修补缺陷。

第六节　排水沟渠工程

一、排水沟渠基础的质量通病及防治

排水沟渠基础有砖、石基础和钢筋混凝土基础，钢筋混凝土作基础的排水沟渠，一般结构断面较大，施工工艺较复杂，容易产生一些质量通病，本节重点介绍钢筋混凝土基础的质量通病。

1. 钢筋位置发生位移

（1）现象

沟渠钢筋混凝土基础的钢筋网片的位置，是在基础板上面的，工程中常发现，钢筋下移，有的接近中部区，见图8-1。

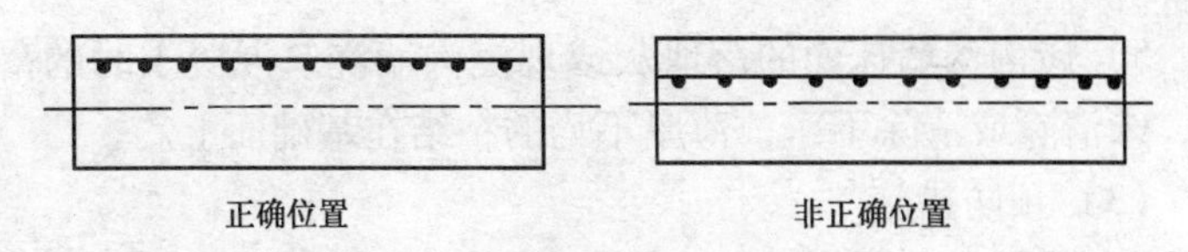

图 8-1　钢筋网片位置正误图

（2）原因分析

钢筋网片下无支撑，浇筑混凝土时，违犯操作规程，人、车任意踩踏和滚压钢筋网片，加上振动时的沉落，致使钢筋下沉。

（3）预防措施

1）要根据钢筋直径的大小，能支撑不可避免的外力影响，按适当间距支撑马凳，使钢筋保持设计所要求的保护层厚度。如设计无要求时，应符合《钢筋混凝土结构施工及验收规范》的要求，即有垫层的，保护层35mm；无垫层的70mm。

2）在浇筑混凝土时，应支搭跳板，人、车应站在跳板上操作和通过跳板供料，不能踩踏和滚压钢筋。

2. 基础表面不平顺

（1）现象

1）基础表面不平整，甚至出现凸凹和脚印。

2）基础坡度不顺，呈波浪状态。

（2）原因分析

1）捣实不均匀，有的部分振实，有的部分未振实，甚至有的部分漏振。未振实部分收缩大，还会有自重沉降，与振实部分相比，相对变低。

2）混凝土局部离析，或骨料不均匀，粗、细料集中，骨料少、砂浆多的部分，收缩大，就低于骨料多、收缩小的部分。造成凝固后高低不平。

3）混凝土没有达到一定强度，就上人行走、操作或运料，将基础面破坏，造成凹凸不平。

4）基础板面标高控制有误或控制不细不严，造成波浪状态。

5）砖沟沟墙抹面的落地灰或现浇沟墙浇筑混凝土时的落地灰，未清除或清除不净，薄厚不均的粘结在基础面上。

（3）预防措施

1）使用插入式振动器时，振动时的移动间距不应大于作用半径的1.5倍；平板振动器的移动间距，应保证振动器的平板，能覆盖已振动的区段的边缘部分。在每一位置上的延续振动时间，应能使混凝土表面呈现水泥浆和不再沉落为准。

2）对混凝土离析或粗细料集中的现象，要做二次搅拌，使其均匀。成活时对低洼处要用带骨料的混凝土进行填补。

3）必须在混凝土强度达到1.2MPa以后，方可在上面走动，如必须行人通过时，可在其上垫放木板。

4）在支搭模板前应认真复核基底高程，浇筑混凝土前要认真复核坡度板或高程桩。高程线要绷紧挂牢。

5）对沟底的落地灰，要随撒落随清理，至少应对当日完活的段落，当日彻底清理干净。

3. 基础养护不好

（1）现象

基础板面出现发裂或裂缝。

（2）原因分析

1）对沟渠基础混凝土养护不重视，在覆盖养护期间无专人负责，或有专人而不负责任，如不按时洒水，覆盖物被风吹掀，不能及时覆盖，造成长时间的曝晒和风干。

2）施工单位未采取有效经济技术措施，只强调水源困难，不按规定进行养护。

（3）防治措施

1）混凝土浇筑后12h内，即应覆盖和浇水。如在炎热有风的天气，浇筑完后，应立即覆盖，并在2~3h后进行浇水养护。

2）养护工作应有专人负责，养护期间应经常保持混凝土湿润。对被风吹掀起或遗失的覆盖物要及时补充盖严。

二、排水沟墙砌筑和浇筑质量通病及防治

1. 砂浆的和易性差

（1）现象

1）砂浆的和易性不好，砌筑时铺浆挤浆困难。

2）砂浆保水性差，产生沉淀泌水现象，或者灰槽中砂浆存放时间过长结硬。

（2）原因分析

1）强度等级较低的水泥砂浆，由于采用了过细的砂子与高标号的水泥拌合，使砂子颗粒间起润滑作用的水泥用量减小，因而砂子颗粒之间的摩擦力加大，造成砂浆和易性差。而且由于砂子颗粒之间缺少足够的胶结材料，起悬浮支托作用，使砂浆容易出现沉淀和泌水现象。

2）配合比不准确，搅拌不均匀。

3）拌合好的砂浆，存放时间过长，或灰槽中的砂浆长时间不清理，砂浆沉底结硬。

4）拌制砂浆计划性不强，在规定时间内无法用完，使砂浆积剩过多，第二天捣碎加水再用。

（3）预防措施

1）严格执行施工技术规程，按设计配合比拌制砂浆，不宜使用过细的砂子和高标号水泥配制砌筑砂浆。并保证搅拌均匀。

2）灰槽中的砂浆，使用中应经常用大铲翻拌清底，应将灰槽内边角处的砂浆刮净，随时与新拌砂浆混合在一起使用。

3）拌制砂浆应加强计划性，每日拌制量应根据砌筑量和砌筑部位决定。尽量做到随拌随用，少量储存，使灰槽中保持经常有新拌制的砂浆。砂浆的使用时间，在一般气温条件下，可控制在3～4h内用完，气温较高时可控制在2～3h用完。严禁使用隔日砂浆。

4）冬期施工时，拌合砂浆的砂子中不得含有冰块及大于1cm的冻块。拌合热砂浆时，水的温度不得超过80℃，砂子的

温度不得超过40℃。

2. 砌筑砂浆不饱满，砂浆与砖粘结不好

（1）现象

砖砌沟墙灰缝砂浆不饱满，竖缝内砂浆不实或无砂浆，形成透明缝。所砌砖面与砂浆未粘牢。

（2）原因分析

1）拌成的砂浆和易性差，砌筑时挤压费劲操作人员铺刮砂浆后，使底灰产生空穴。

2）铺浆后，光揉不挤，造成竖缝空无砂浆。

3）用干砖砌筑，砂浆水分被干砖吸收，砂浆失去塑性，无法揉挤；干砖表面的粉屑起隔离作用，削弱了砖与砂浆的粘结。

4）铺灰距离长，砌砖速度跟不上，砂浆中的水分被底砖吸收，使砌上的砖面与砂浆失去粘结力。

（3）预防措施

1）改善砂浆的和易性，使砂浆符合规定的流动性要求，一般应为7~10cm。

2）不应采用长距离铺浆，摆砖砌筑的方法，应采用“三·一砌砖法”即一铲（大铲）灰，一块砖，一揉挤的砌筑方法。严禁用水冲浆灌缝，应用流动性好的砂浆灌严砖缝。

3）常温季节严禁用干砖砌墙，砌筑前应将砖洇透，使砌筑时黏土砖的含水率达到10%~15%，不得有干心现象。冬期施工不洇砖，可适当加大砂浆的流动性，采用加氯盐的抗冻砂浆。

3. 沟墙抹面空鼓裂缝

（1）现象

沟墙水泥砂浆抹面，出现局部空鼓裂缝。

（2）原因分析

1）沟墙抹面是在沟盖封盖之前进行的，抹面后又未覆盖洒水养护，遭遇风干曝晒。

2）抹面前未洒水湿润基底，抹面砂浆水分被干墙吸附失水，不能与砖面粘牢。出现干缩、空鼓、裂缝。

3）虽然已封盖沟盖，但抹面后受井口、两端沟口进来的风吹干，也会造成局部空鼓裂缝。

（3）防治措施

1）如在未加沟盖前进行抹面，成活后要挂草帘或其他覆盖物洒水养护。

2）最好是在封盖沟盖后抹面（同样需要清除净墙面残留砂浆，并洒水湿润），抹面成活后，要将与外界相通的井口、沟口、各管口一律进行封堵，以保持抹面砂浆内的水分不致大量蒸发，并保持沟内具有一定的湿度，以利砂浆凝固。

3）对于发生局部和个别处的空鼓裂缝，要认真检查，彻底修理，不要遗漏。

4. 沟墙倾覆

（1）现象

砌好的沟墙局部和大段向沟内或向沟外倾倒。

（2）原因分析

1）违反施工程序，未盖沟盖板即往沟墙外回填土，或墙外槽帮坍塌，或大雨将槽帮大量土冲刷至墙外，使墙外侧受土较强的侧压力，墙易向里倾覆。

2）在盖沟盖板前，骤降大雨，较大水流量从尚未加沟盖的沟内通过，沟墙承受不住侧向水压力，墙易向外倾覆。

（3）预防措施

1）砖砌沟墙的回填土，一定要在沟盖板盖好，盖板端头三角灰抹好，凝固后，再进行回填土。

2）雨期施工，要根据雨情，分段施工，每做完一段，就盖一段沟盖板；如果需要在新沟内泄洪，也必须在盖好沟盖板的沟内行洪。

3）开槽边坡的坡度，按有关规定执行，以保证边坡的稳定性，不塌方。

5. 现浇沟墙倾斜、跑模

（1）现象

高度较大的现浇钢筋混凝土沟壁，局部段向沟内倾斜，垂直度严重超差，局部胀出鼓肚。

（2）原因分析

现浇钢筋混凝土沟壁，一般是在两沉降缝之间一次浇筑到顶，混凝土自重压力大，模板高度又较高，拉结和支撑杆件间距偏大或有联结的固结件不够牢固，致使模板结构牢固性和稳定性差。

（3）预防措施

1）现浇钢筋混凝土沟渠的模板应有专项设计，将混凝土的自重力，浇筑和振动的冲击力，操作过程中，人为不可避免的碰撞等影响模板稳定性的因素，要考虑周全。

2）支搭模板时，要按模板设计施工，对每个结点，每个紧固件，要拧紧（钢模）钉牢（木模），浇筑前不仅对几何尺寸进行检查验收，还要对各个结点和紧固件进行检查验收。

三、排水沟盖板安装或现浇的质量通病及防治

沟盖板大多采用预制吊装钢筋混凝土盖板，或个别不便使用预制盖板处，采用现浇钢筋混凝土沟盖板，或者全部为现浇钢筋混凝土沟。

1. 预制或现浇沟盖板的钢筋保护层过薄，甚至露筋

（1）现象

预制吊装完成后的盖板（现浇的也有）从底面看，局部甚至大部钢筋外露。有的保护层过薄，且不密实，经过沟内潮气的侵入，钢筋锈迹从砂浆孔隙中溢出。

（2）原因分析

1）厂家预制加工的或工地现场浇筑的钢筋混凝土盖板，对钢筋网片垫块的材质和几何形状不规范，且间距大，不牢靠。在浇筑混凝土时滑脱或被挤跑，致使钢筋局部或大部贴靠底模。

2）采购人员和施工管理人员检查不严，甚至盖到沟上还未发现。

(3) 预防措施

1) 施工单位向厂家预订沟盖板制品时，除注意要求混凝土强度、配筋情况、几何尺寸、外观质量外，要特别注意强调厂家加工时对钢筋保护层厚度的保证措施，一定要按设计要求的厚度，制作规范的砂浆垫块，根据主筋长度、直径，恰当布置垫块，并绑牢在钢筋上。

2) 采购人员必须要有质量人员配合，对所采购的构件应该做首件验收，构件进场，除了要检验混凝土强度资料、配筋情况、几何尺寸、外观质量外，在装车或卸车吊起时，加做对盖板底面是否保护层过薄或有否露筋情况的检查。

2. 盖板底面使用土模不平

(1) 现象

预制钢筋混凝土盖板，底面凹凸不平或底面表层混凝土有失水、不够密实的现象。个别处还可能有露筋。

(2) 原因分析

1) 钢筋混凝土盖板预制场地，是没有经过铺装的土地或用砂层找平的地坪。经过混凝土浇筑和振动器振动的冲击，底面形成凹凸，甚至鼓起较大包块；混凝土中的水分大量渗入土砂层，使混凝土板底面严重失水，造成底面表层不密实、不光洁。

2) 有的虽有混凝土地坪，但是平整度很差，地坪又太干，也会形成板底面平整度差，造成混凝土失水不密实、强度低。

3) 有的在土砂地坪上加铺油毡或塑料薄膜，虽解决了混凝土的失水问题，但保护层的厚度仍薄厚不一致。

(3) 预防措施

1) 排水沟渠的钢筋混凝土沟盖，其边模、底模均应采用钢模板，一方面能保证保护层混凝土厚度、密实度、强度、平整光洁度，另一方面能保证边角直顺度。

2) 如不具备钢底模条件，也应保证具备平整度较好的混凝土地坪，在此基础上再使用油毡或塑料薄膜铺垫，防止构件混凝土水分散失。应禁止将混凝土直接浇筑在土砂底模上。

3. 钢筋混凝土沟盖板洇漏水

（1）现象

预制和现浇钢筋混凝土沟盖上面的地面有积水、或沼泽地，或沟盖顶面在地下水位线以下或长期存在饱和土，沟盖底有渗漏情况。

（2）原因分析

1）沟盖混凝土局部振动不实，或局部漏振，混凝土体内局部不密实，甚至有空洞或孔隙，地面上一旦有水渗至沟盖板上，便发生盖板局部渗漏。

2）预制盖板或现浇顶板，本不是抗渗混凝土，一旦遇沟顶地面积水或是常年存水的水塘，在盖板的混凝土密实度稍差或粗骨料集中的部位，便可能发生渗漏。

（3）预防措施

1）不论是预制或现浇混凝土，其配合比、和易性、材料的均匀性和捣实，均是操作上和管理上应注意的问题，不得漏振，对于离析的混凝土应该重新搅拌均匀。

2）对于常年积水的池塘、沼泽地地下所使用的沟盖板，应考虑用抗渗混凝土，或加局部沟段防水措施。

3）对于不是暂时的，而是永久的渗漏部分，应该从地面挖开，采取隔断水源的防水措施。或从内部采取往缝隙内压浆的办法。

第七节 检查井、雨水口

检查井的结构形式有砖砌、钢筋混凝土现浇、砖砌与钢筋混凝土混合结构及混凝土预制拼装四类。检查井和雨水口应按设计图纸和排水管道通用图集规定的适用范围，结合现场情况选用。检查井、雨水口的砌筑质量不仅关系到排水管道或渠箱的使用功能及其维修管理，而且对行车的舒适感、安全性有直接影响。

一、检查井的质量通病

排水管道的检查井有圆形、方形和扇形三种形式，砌筑时应严格按设计提供的标准图集施工。

1. 井身砌筑不规范

（1）现象

井身收口不匀、砖层不对、对缝砌砖形成上下通缝。

（2）原因分析

1）对标准图集了解不足不细。

2）计算错误致使收口高度不够。

3）操作马虎，使上下层砖缝贯通。

（3）预防措施

1）施工前根据标准图集准确计算砖的层数。

2）砌筑时认真检查井身圆度及内径，收口段应每皮检查。砌砖应做到墙面平直、边角整齐、宽度一致，夹角对齐，上下错缝内外搭接，保证井体不走样。

3）收口高度事先计算好，按标准图集要求砌筑。

4）有管道进出口部分的井身及收口段的井身每层的砌筑形状或周长不同，容易出现对缝。为避免对缝，必要时每层要凿砖砌筑。

5）沟管上半圈的检查井墙体宜砌砖拱圈。砌砖时由两侧向顶部合拢，并保证砖位正确，管口干净。

2. 支管流槽缺陷

（1）现象

90°三通井支线出口位置不对，流槽顺水流方向造成直角。

（2）原因分析

对标准图不熟悉，操作不认真；参见第六章第四节“三、支管安装不直顺”的原因分析。

（3）预防措施

1）按图施工。支管出口不应居中，流槽顺水流方向砌抹成弧形。

2）流槽施工要符合直顺圆滑的要求。

3）参见第六章第四节“三、管道安装不直顺”的预防措施。

3. 破损口外露

（1）原因分析

操作时没有认真检查。

（2）预防措施

安管时注意将破损位置朝向管沟，并参见第六章第四节“三、支管管头外露过多或破口朝外”的预防措施。

4. 跌差及流槽高度不当

（1）现象

常规跌差或变径管流槽高度施工不当，出现错误。

（2）原因分析

对维护要求不够了解，施工不精细。

（3）预防措施

1）常规跌差应做成直跌不得做成斜坡。

2）流槽高度以下游管径为准。如设计无特殊要求，污水管流槽应与管道内径齐平。雨水管或雨污合流管流槽高度为管道外径之半。流槽两肩略向中间落水，且用1∶2水泥砂浆抹面。

5. 井、管流水面正负差

（1）原因分析

施工粗糙、检查不勤不严。井室或管底有施工残留物。

（2）预防措施

1）挂线施工及时校核，特别是管道流水面及井底标高要用水准仪测量。

2）井室、管口的落地砂浆必须在凝固前清理平净，使井底标高与管底标高的测量值能如实反映实际值。流水面应光洁直顺，坡度符合设计要求。

6. 井盖、井盖座缺陷

（1）现象

井盖使用不当；车行道的井盖座未作加强处理；井盖与井盖座安装不平稳。

（2）原因分析

1）操作前未认真检查，将轻型井盖与重型井盖搞错位置或将雨水井盖与污水井盖搞错位置。

2）井盖座安装不平实，井盖座与井盖不配套，致使井盖与井座接触不紧密、贴切，行车通过井盖时引起井盖跳动。

3）不了解车行道井盖座加强的作用，未认真按图施工。

（3）预防措施

1）认真读图并按图施工。如遇轻重型井盖位置搞错时，必须重新调整正确，以防行车压坏不合格的井盖。

2）安装井座井盖前检查其接触情况。清除井座支承面个别凸起处。井座必须安装牢固、平稳。

3）行车道上的井座必须配置钢筋作加强处理，以防路面出现横向裂缝。

二、雨水口

雨水口必须按照标准图集施工。侧入式雨水口竖隔栅的压顶面与侧石顶面应水平一致，进水面应比两侧平石低3cm，平入式雨水口平隔栅的井环应安装稳固，井环顶面应与两端路面或平石平顺。进水井井壁必须垂直，方型井井形方正且井身长轴线与侧石平行，圆形井必须保证内径和圆度符合要求。进水井砌筑的质量控制除本章“检查井”所述的有关内容以外，还有其他自身的特点。

1. 位置偏离

（1）现象

雨水口、进水井与侧石斜交或偏离设计位置，弯道处尤为容易发生此类缺陷。

（2）原因分析

1）测量放线误差过大。

2）安装预制件不够平稳。砌筑砂浆（或混凝土）未达到足够强度，隔栅就受行车碰撞或碾压。

（3）预防措施

1）认真按设计图纸放样。特别是道路施工和排水施工之间交接的部位，必须核对清楚且准确无误后，方进行施工。

2）竖隔栅安装垂直稳固，其压顶面与侧石顶面齐平，竖隔栅前进水位置应比两侧的平石低3cm。平隔栅（平入式）井座安装平稳，井座顶面应与路面或平石平顺。

3）侧入式与平入式联合进水井施工时，应注意竖隔栅与卧隔栅安装的相对位置。

2. 支管位置不妥

（1）现象

进水井支管位置不妥，造成日后清疏困难。

（2）原因分析

操作不够认真或支管长度计算错误。

（3）预防措施

1）接入进水井的支管长度要计算准确，随砌井随装管，管口与井内壁齐平。

2）竖隔栅进水井的支管不要置于过梁之下。

3）多个平入式平隔栅组成的进水口，更要注意支管安装位置，避免相互交叉碰撞。

3. 砌体质量缺陷

（1）现象

1）墙身倾斜，井形不方正；井身尺寸偏差超过规定要求。

2）每层砖砌筑后墙高凹凸不平或砌成“螺旋墙”。

3）勾缝或抹灰粗糙；管口与井身连接处没有砌筑密实。

4）隔栅超高，影响进水。

（2）原因分析

1）对标准图了解不细。

2）施工不精细。

（3）预防措施

1）根据设计图及标准图严格控制雨水口和进水井的几何形状、尺寸及标高。

2）提高施工过程的工艺技术水平并加强质量监控。

3）详见第六章第四节“雨水口及支管”及本节“检查井”中的有关预防措施。

三、沟槽回填的质量通病

管沟回填与土方回填一样，回填质量的主要控制因素是回填料的质量（如回填土的土质及含水量）、虚铺层厚度及压实方法。管沟回填时，管道受回填土的侧压力作用，当两侧回填的高度相差较大时，管道可能产生位移甚至破裂。故施工中要特别注意保护已敷设好的管道。

1. 胸腔回填土压实度不满足要求

（1）现象

回填土土质及压实处理不妥，致使支管断裂及干管纵向开裂。

（2）原因分析

施工方法不当，且对回填土工艺控制的作用认识不清，人为导致管道受不平衡的土压力作用。

（3）预防措施

1）回填土应避免单侧速度过快，控制两侧回填土的高度大致相同，以使管道所受的土压力基本平衡。

2）保证胸腔回填密实度。由于胸腔窄而深，难以使用机械压实。可用石屑或黄砂、回填，并充水振动使之密实。

2. 回填施工不规范

（1）现象

带水回填土，回填料含粒径较大的石子，使管道受碰撞或不分层回填夯(压)实。

（2）原因分析

不按施工规范施工。

（3）预防措施

1）回填土前必须排干槽内积水。控制回填料中石子、碎砖、建筑垃圾等杂物的粒径。

2）采用井点降水措施施工时，回填至地下水位以上50cm后再撤除降水措施。

3）详见第六章第一节“路基土方回填”中的各项预防措施。

3. 上机碾压过早

（1）现象

管顶回填厚度较小就过早上机碾压，严重时将管道压裂。

（2）原因分析

不按施工规程或施工方案要求而轻率决定在管顶上机碾压。

（3）预防措施

根据覆土厚度、土质和压路机的型号、压实功能合理决定管顶行驶各种类型碾压机械或机具所必须的最小覆土高度。当管顶回填未达到压路机要求的最小覆土高度时，只能用人工夯实或小型夯实机具夯实。

参考文献

1 茅梅芬编. 路基路面工程质量检测. 南京：东南大学出版社，1998

2 北京市市政工程局编. 市政工程质量检验方法. 北京：中国建筑工业出版社，1991

3 胡大琳编，交通部基本建设质量监督总站审定. 桥涵工程试验检测技术. 北京：人民交通出版社，2004